水体污染控制与治理丛书

湖泊底栖生态修复与健康评估

王　颖等　著

科学出版社
北　京

内 容 简 介

湖泊生态修复是指在充分发挥生态系统自修复功能的基础上，采取工程和非工程措施改善其生态完整性和可持续性的一种生态保护行动。本书在调研分析白洋淀底栖生物群落变化的基础上，对白洋淀底栖生态健康进行了评估，并提出了原位修复策略。本书揭示了白洋淀生物群落的变化规律与分布特征；讨论了影响生物群落生长分布的关键环境因子；构建了白洋淀不同时期生态系统的 Ecopath 物质平衡模型，深入分析了白洋淀食物网物质输送和能量流动过程；建立了白洋淀水质及底栖生态健康指标体系法，对不同季节不同底栖生物完整性指数进行了健康评价；提出了针对湖泊不同生境情况的各种生物修复、理化修复等原位修复策略；介绍了基于水下光场和植物特点的沉水植物修复技术以及底栖动物恢复重建及管理优化方法。

本书融入了作者多年的研究成果，借鉴和应用了国内外湖泊生态修复领域的最新理论和方法，既具理论系统性，又具技术实用性，可供水利、生态、环境、园林和国土规划等领域的工程技术人员、科研人员和管理人员参考，也可作为高等院校相关专业的教学参考。

审图号：GS 京（2024）2223 号

图书在版编目（CIP）数据

湖泊底栖生态修复与健康评估／王颖等著 . -- 北京：科学出版社，2024. 11. -- ISBN 978-7-03-080355-9

Ⅰ. X832

中国国家版本馆 CIP 数据核字第 20241J6M27 号

责任编辑：刘　超／责任校对：樊雅琼
责任印制：赵　博／封面设计：无极书装

科学出版社 出版
北京东黄城根北街 16 号
邮政编码：100717
http://www.sciencep.com

涿州市殷润文化传播有限公司印刷
科学出版社发行　各地新华书店经销
*
2024 年 11 月第　一　版　开本：787×1092　1/16
2025 年 1 月第二次印刷　印张：18 3/4
字数：450 000

定价：225.00 元
（如有印装质量问题，我社负责调换）

前　言

　　湖泊是经济和社会发展重要的淡水资源之一。

　　作为水和物质的运载体，湖泊是地球上重要的淡水资源库、洪水调蓄库和物种基因库，是生物生存的重要生境之一。湖泊生态系统在满足人们生产生活用水、渔业养殖、减轻洪涝灾害和繁衍水生经济动植物等方面也发挥着不可替代的作用。

　　近40年来，我国经历了前所未有的城市化进程。城市化为社会经济发展带来正面效益的同时，也对自然环境形成了巨大压力。人类活动在许多方面影响了湖泊生态系统。人类将大量工业废水和生活污水排入湖泊造成点源污染，导致湖泊的水质恶化。农田径流、畜牧和水产养殖过程中过量的养分和动物的排泄物随地表径流进入湖泊，造成了湖泊的面源污染。养殖鱼类的大量投入挤占原生生态位，对浮游生物、底栖动物以及大型水生植物等的摄食超过承载量，致使湖泊生态系统崩溃，饵料喂食增加了湖泊的污染风险，加速水体富营养化。过度的水资源开发利用使得湖泊面积萎缩、水量减少，对湖泊生态系统产生了重大影响。湖泊生态系统的退化以及生物多样性的降低，不但危及当代人类福祉，也危及子孙后代的可持续发展。

　　保护地球家园，维系自然生态，坚持可持续发展，推动生态文明建设已经成为当代国际社会的共识和国家发展的大政方针。近年来，国家也陆续颁布了一系列水生态系统保护与修复方针政策，在保护生态的基础上积极开发水能资源，大力推进生态脆弱地区的生态修复工程。目前，国内缺乏湖泊生态环境修复相关研究，对湖泊生态环境修复技术和科学规律的整合研究较少，同时也迫切需要理论指导和技术支撑。

　　白洋淀的生态之变，是党的十八大以来我国生态文明建设成效的一个生动缩影。"华北明珠"白洋淀水质从劣Ⅴ类提升至Ⅲ类，进入全国良好湖泊行列，生物多样性显著增加，生态环境治理实现阶段性目标。

　　本书编写的目的是以白洋淀生态修复过程为例，为湖泊底栖生态修复与健康评估提供理论基础和技术方法。本书第1章揭示了白洋淀底栖生物的变化规律与分布特征，进而为科学、精准修复白洋淀底栖生态系统提供基础数据。第2章讨论了影响生物群落生长分布的关键环境因子，系统研究了水生植物、大型底栖动物和微生物群落与环境因子的季节变化关系，揭示了环境变化驱动生物群落组成变化的生态过程，明确了通过改善关键环境因子促进生境修复、为生物群落的恢复提供良好的栖息条件、进而恢复健康的底栖生态系统的重要意义。第3章构建了白洋淀不同时期生态系统的Ecopath物质平衡模型，深入分析了白洋淀食物网物质输送和能量流动过程，还研究了白洋淀富营养化对消费者群落碳源和氮源的影响，以期为白洋淀生态系统修复提供科学依据。第4章建立了基于白洋淀底栖特征的生态健康评估指标体系，对淀区底栖生态健康状况进行了评估，为白洋淀底栖生态健康评估提供基础资料和科技支持。第5章讨论了针对生境退化湖泊的生态修复策略，内容包括黏土快速净化-河蚌笼养稳定-食藻虫生态修复技术、底层绿色多功能释氧材料增氧技术、土著微生物修复多项协同技术体系的构建，改性磷吸附材料的筛选，缓释氧材料-芦苇秸秆固定化微生物联用技术的建立，铁改性生物炭活化缓释过硫酸盐耦合微生物的脱氮技术的开发。通过多项技术的协同，可实现水质净化、透明度和溶解氧提高，为水生植物和动物恢复提供有利条件。第6章介绍了沉水植物修复技术和底栖动物恢复重建及管理优化。

在相关章节链接中介绍了延伸内容。各章节有关勘察、调查、评估、规划和设计方法内容，如有国家或行业相关技术标准或规范，一般都予标明和简要介绍，以便读者阅读。本书图文并茂，插入了大量图表和精美照片，有助于读者理解和提高阅读兴趣。

本书吸收融入了作者近年来的科研成果，其中不乏创新内容，这些成果得益于国家"水专项"项目（白洋淀与大清河流域（雄安新区）水生态环境整治与水安全保障关键技术研究与示范（2018ZX07110））的支持。值得一提的是，作者有幸参与了白洋淀生态清淤关键技术研究与资源化工程示范（2018ZX07110004）工作，这些试点项目的实施为今后湖泊生态系统修复提供了丰富的实践经验。本书还吸收借鉴了发达国家在湖泊生态修复中的理论成果和技术经验。作者在参阅大量国内外科学论文和技术报告的基础上，对湖泊水生态修复方面的政策与技术新进展有了深度的理解，这些理解也融入到了本书中。可以说，在理论探索、实践经验总结以及国际交流合作三方面的努力，为本书奠定了基础。

本书力求在以下五个方面有所创新：一是引进、融入了生态学相关领域国际最新理念和成果，同时，密切结合我国的国情、水情和河流特点，提出了白洋淀水生态环境修复较为完整的生态修复理论和技术方法。二是推动学科的交叉与融合。湖泊生态修复是一个全新的科技领域，涉及生态学、生物学、生态水文学、生态水力学、生物化学、环境保护科学和水利工程学等，具有明显的跨学科特点，本书在综合应用这些学科知识方面做了大胆尝试。三是力求理论定量化。恢复生态学是一门新兴学科，其理论、范式和模型多为定性描述。本书尝试在生态要素计算分析和状况评价等方面引进更多数值分析方法和计算模型。四是突出生态修复技术综合性。五是本书除详细介绍了物理修复、化学修复和生物修复等常规技术以外，还介绍了本课题组研究开发的相关技术，着力于技术综合性和实用性。总之，本书力求尽可能全面地反映出湖泊生态修复领域的国内外科技发展前沿，期望对我国方兴未艾的湖泊生态修复工作有所裨益。

作者以极为严谨的科学态度完成了撰写工作。感谢中交（天津）生态环保设计研究院有限公司胡保安、黄佳音、肖博为本书出版做出的贡献。感谢中国矿业大学于妍老师参与有关微生物的相关内容。感谢刘娴静、陈泽豪、严俊、郭思雅、杨文等研究生的参与。在本书出版之际，谨向他们表示诚挚的谢忱。

我们在湖泊生态修复理论、方法、技术与实践等方面立足学科前沿，作了一些系统研究和探索。然而，由于时间、精力和专业知识水平等方面的限制，不足之处也难以避免。因此，我们衷心期待各界读者和同行们能够提出宝贵的批评意见，以便我们将来能够修订和完善。

作　者

2024 年 7 月

目　录

第1章 白洋淀生物群落更替历程

1.1 白洋淀概况

白洋淀是华北平原最大的天然淡水水体，是大清河水系重要的水量调节枢纽，作为"华北之肾"，是维持京津冀地区生态平衡的重要补给地之一。20世纪80年代以来，由于自然因素和人为干扰的影响，白洋淀水质下降、水资源匮乏、水生态系统发生退化。为贯彻落实习近平总书记"建设雄安新区，一定要把白洋淀修复好、保护好"的重要指示，《白洋淀生态环境治理和保护规划（2018—2035年）》得以实施，白洋淀生态环境综合治理和污染管控力度不断加大。但是当前多数研究和治理工作着重围绕白洋淀水质改善开展，对于隐藏于湖泊底层、具有重要生态功能的底栖生态环境关注偏少，而且白洋淀水体整治工作对于底栖生态环境的影响尚不明确。尽管目前白洋淀上游入淀水质已达到Ⅳ类标准，但治理前入淀水质长期处于Ⅴ类、劣Ⅴ类，并且含有污水处理厂难以去除的大量难降解有机污染物。同时，在整治前淀区村庄内大量生活、养殖污水直接排入淀中，污染物长期在底泥中蓄积，对白洋淀水质、水生态尤其是底栖生物群落势必造成很大的影响。

底栖生物群落对白洋淀生态系统健康至关重要，在整个湖泊生态系统物质循环和能量流动循环过程中发挥着重要作用。首先，底栖生物群落是水质安全、水生态健康的重要标志。底栖生物群落主要由底栖藻类和大型沉水植物、底栖动物和微生物构成。底栖生物作为水生态系统的重要组成部分，其分布和数量对于环境特别敏感，常常作为环境监测的指示物种，是生态系统健康评价的重要指标。

底栖藻类和大型沉水植物在其生长过程中能大量吸收水体中的碳、氮、磷等营养物质，是水生态系统中的化学调节者，在净化水质方面发挥着巨大作用，并且通过光合作用释放氧气，为水生动物提供必要的生存条件，是湖泊稳定发展的重要物种。底栖动物可以加速碎屑分解，调节水体–底泥界面的物质交换，促进水体自净，并且是鱼类等水生动物的天然饵料，许多经济水产动物如青鱼和鲤鱼主要以底栖动物为食。底栖微生物与湖泊系统中各种基本生物过程紧密相关，如参与有机物的降解、脱氮反应和温室气体甲烷的生成有关，可有效加速底泥中污染物的消解。

因此，加强白洋淀底栖生物群落的演替特征研究对促进水生态健康良性发展具有重要意义。本章主要对白洋淀区域底栖生物空间分布展开系统调查，结合历史数据分析，揭示白洋淀底栖生物的变化规律与分布特征，进而为科学、精准修复白洋淀底栖生态系统提供基础数据。

1.1.1 白洋淀概况

1. 地理位置

白洋淀地处华北平原中部（东经115°45′~116°07′，北纬38°44′~38°59′）（图1-1），隶属于海河流域的大清河南支水系，是143个位于保定市和沧州市交界处大大小小淀泊的总称。淀区总面积为366km²，分属保定市的安新县、容城县、雄县、高阳县、白沟新城和沧州市的任丘市管辖。在所有淀泊中，面积超过万亩①以上的有7个，分别为白洋淀、烧车淀、马棚淀、羊角淀、池鱼淀、石塘、小北淀，千亩至万亩的有24个，其余在千亩以下。由于白洋淀面积最大（19899.0亩），因此以白洋淀命名。

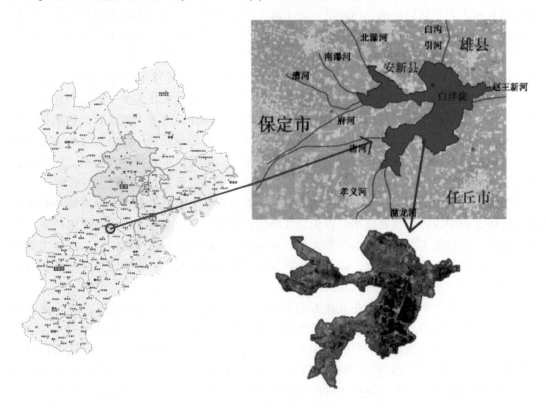

图1-1　白洋淀地理位置

2. 地形地貌

白洋淀区域在空间上的分布比较独特，淀区内河与淀相互连接。淀区沟壕相互交错，形成水域、田园、村庄、莲塘纵横交错、星罗棋布的局面，成为平原地表水密度最高的地

---

① 1亩=666.67m²。

区。从地理位置上看，白洋淀处于华北平原北部的白洋淀，是京津石三角的中心地区，也是平坦的河北平原上的一处积水洼地。白洋淀流域地形较为复杂，除了洼地外，还有山丘、丘陵、平原地形。

从卫星图片来看（图1-2），白洋淀比较有规律地分布于冀中平原的碟形洼地，各种淀塘显得零零散散，大小不一的沟谷连接着各个积水洼地，还可以看到一些洼地和水塘的残迹（王若柏和苏建锋，2008）。这种碟形洼地在航拍图片上表现为类似圆形状的洼地，中部区域属于低洼区，居民点较多，四周主要分散着不规则形状的水塘，洼地内有水填充。

图1-2 从冀西北高空俯瞰白洋淀图

3. 气象

从地理位置上看，白洋淀处在暖温带半干旱气候区，属于半湿润大陆季风气候。气候四季分明，春季雨量少，气候偏干，夏季气候较为炎热干燥，秋季气候凉爽，冬季寒冷并有降雪。多年平均气温在7.3~12.7℃，最高气温达40.7℃，最低气温为-26.7℃，年平均日照时数为2578.3h，为可照时数的58%。

多年平均降水量为563.9mm（刘春兰等，2007）。年内降水量分配不均，80%的雨量主要集中在每年的6~9月。由于年内降水量分布不均使得白洋淀水域在不同月份的水量差别较大。在冬季和春季时，白洋淀处于枯水期，水量降低明显，水域面积也明显减小；而在夏季，由于降水量的激增，整个白洋淀水域处于丰水期，水域面积也会增大（王京等，2010）。

4. 地下水和地质条件

白洋淀区内地势平坦，主要的土壤类型为褐土，潮土、沼泽土以及由沼泽土在后期人类活动的影响下逐渐发育成的水稻土。总的来看，潮土和沼泽土的分布范围比较大，而褐土和水稻土的范围较小。淀区内地质和土层随着历史的发展和时间的变迁更替变化明显，淀区泛洪的概率增加，土层相互交错沉积，使得白洋淀淀区内整个土体的强度变低、压缩性增高，地基土的整体承载能力下降（申国行，2019）。

白洋淀区内地下水的补充量和需求量年变化较大，使得该区域地下水年升降幅度波动大。在1988年，白洋淀地下水深达到8.7m，水源层主要是多结构含水岩系，主要开采的是浅层水，地下水变化较为稳定。1985年，白洋淀遭受了大干涸，地下水严重减少，淀南、寨里、三台地区明显成为漏斗形。1988年经过重新蓄水后，白洋淀周边地区地下水水位明显增加。然而由于雁翎油田的影响，深层地下水被大量开采，严重影响了地下水水位及其质量。目前，对淀区内地下水的开采，成井深度一般不超过150m，到达位置主要在第一、二含水层。并且砂层叠加厚度是从西北、西、西南方到东南、东、东北方变化，厚度从高（40m）到低（30m），粒径从大变小，机井采集的单位漏水量从30t/h降低到10t/h。

5. 入淀河流及主要水利枢纽

白洋淀具有缓解和控制洪水的作用。处于入淀8条河流的下梢部分，白洋淀与上游支流一同组成大清河水系的南支。入淀的8条河流分别为潴龙河、孝义河、唐河、府河、漕河、萍河、瀑河和白沟引河。由于一系列海河治理工程的建设，入淀河流与白洋淀的连通情况发生了变化。新盖房水利枢纽工程的建设和白沟引河的开挖、筑堤连通了原本不流入白洋淀的大清河北支。唐河新道的修建阻隔了金线河、清水河与白洋淀之间的连接。由于孝义河、萍河水枯流断的情况时有发生，所以实际流入白洋淀的只有6条河流。

白洋淀上下游有较多的水利设施。在白洋淀入淀河流处修建的蓄水量百万立方米以上的大、中、小型水库有53座，面积在千亩以上的灌溉区有36处，各种类型扬水站44个，灌溉面积达440万亩。在白洋淀下游出口处，有以枣林庄枢纽和赵北口溢流堰为主要的泄洪控制处（杨苗等，2020）。枣林庄枢纽（图1-3）位于河北省雄县枣林庄村南、枣庄分

图1-3　枣林庄枢纽各建筑分布

洪道进口，由 4 孔闸、船闸、25 孔闸和赵北口溢流堰组成。枣林庄枢纽的建设，使白洋淀的出口泄洪能力提高到 2700m³/s，是 1950 年的 20 多倍。不仅有效地预防了洪涝灾害，而且为白洋淀水资源的利用提供了更多选择和条件。

6. 自然资源

白洋淀由于地质构造独特，区域气候宜人，是各种动植物的理想生长和繁育之地，被赋予"华北明珠"之美称。淀区内植物种类丰富，生物物种多样性良好。其中大型水生植物有 47 种，包括莲（*Nelumbo nucifera*）、藕（*Nelumbo nucifera* Gaertn）、芡（*Euryale ferox*）等；浮游植物有 406 种，比如衣藻、狭形纤维藻（*Ankistrodesmus angustus*）、不定微囊藻（*Microcystis incerta*）等；水生动物有 43 种，包括中华园田螺（*Cipangopaludina cathayensis*）、中国园田螺（*Cipangopaludina chinensis*）和中华新米虾（*Neocaridina denticulata* sinensis）等经济动物；鱼类有 57 种，如鲤鱼（*Cyprinus catpio*）、鲫鱼（*Carassius auratus*）、白鲦（*Hemiculter leucisculus*）等，鲤科（Cyprinidae）鱼类最多，超过 60% 为经济鱼类。此外，白洋淀不仅是上百种鸟类的栖息地，也是候鸟迁徙内陆途中的重要通道。白洋淀丰富的植物资源和适宜的生活环境为各类动物提供了食物来源和生活场所，是自然资源的储存宝库和各种动植物的保护场所（张敏等，2016）。

除了生物资源外，白洋淀区还拥有丰富的地热和石油资源。著名的任丘油田和雁翎油田等优质的石油资源产地位于白洋淀区。安新县内富含宝贵地热资源，水质较好，水温较高，在医疗方面和科学研究与应用方面有较好的实用价值和前景，有利于生态养殖、温泉保健、旅游等经济项目的开发。

7. 人口及社会经济状况

白洋淀淀区内有 13 个乡镇、大小村庄共 92 个，人口总量达到 21.53 万人。淀区乡村类型分为环水村和临水村。四面环水村有 40 个，临水村有 52 个，人口数量分别为 9.1 万人和 12.43 万人。在四个管辖白洋淀的淀区中，安新县淀区面积最大，人口占比最高，为 83.1%，其次是雄县淀区，人口占比 6.0%，任丘市淀区和容城县淀区人口占比分别为 7.5% 和 3.4%（崔俊辉和董鑫，2020）。

白洋淀地区现有开发程度相对较低，各行各业在此地的发展空间大，其中，服装纺织业、旅游业、石油业、机械制造业和商品生产业等行业在该区域发展势头旺盛。例如，安新县在 2016 年实现生产总值（GDP）57.8 亿元，同比增长 4.8%。其中，第一产业增加值 10 亿元，同比增长 9.2%；第二产业增加值为 27.2 亿元，同比增长 2.4%。位于东北部的雄县，在 2018 年，生产总值完成 73.25 亿元，其中，第一产业增加值为 10.47 亿元，同比增长 6.6%；第二产业增加值为 35.47 亿元，同比下降 29.1%；第三产业增加值为 27.31 亿元，同比增长 13.8%。

此外，白洋淀的芦苇（Phragmites australis）经济早已负有盛名，从历史上看，白洋淀的优质芦苇是席、筐、篮、篓等民间工艺品的主要原料，与芦苇种植、加工等行业相关的收入曾占当地居民主要收入的一半以上。依附于芦苇荷塘的自然风光，旅游观光业以及养殖业逐渐成为白洋淀区产业的主导，也促进了其他粮食种植业的发展，比如小麦、玉米、水稻等（江波等，2017）。

8. 水质和生物变化概况

随着近年来我国社会的飞速进步以及人民生活质量的不断提高，白洋淀周围人口密度加大，其对工业、农业以及生活用水需求量不断增加，水资源的供给压力给白洋淀的水量带来巨大压力（图1-4）。随着工业废水和生活污水量的不断排入，白洋淀的水体质量下降，生态环境遭到了严重的破坏。淀区干枯和断流时有出现，水域面积出现萎缩，湿地面积大幅减少了33.91%，生物多样性受到巨大威胁。

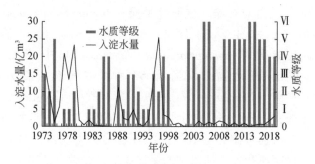

图1-4 白洋淀逐年水质等级与入淀水量（阳小兰等，2018）

早期（1973～1996年），除了由突发事件导致的水质恶化外，白洋淀各年水质情况良好，均高于或等于Ⅲ类水；21世纪初，随着入淀流量飞速下降，水质受到影响，多为Ⅳ类、Ⅴ类；2005年起，人为干扰活动的加剧导致了白洋淀水质急剧恶化，淀区水质常年属于Ⅴ类或劣Ⅴ类。通过"十三五"水专项的大力整治，目前白洋淀水质已明显改善。

水质的剧烈变化也影响了白洋淀水生生物的多样性。从20世纪80年代开始，白洋淀水生生物种类减少。沉水植物优势物种由竹叶眼子菜（*Potamogeton wrightii*）、菹草（*Potamogeton crispus*）、黑藻（*Hydrilla verticillata*）、穗状狐尾藻（*Myriophyllum spicatum*）和大茨藻（*Najgs marina*）转变为穗状狐尾藻（*Ceratophyllum demersum*）和轮藻（*Charophyceae*）；底栖动物主要以耐污性较高的摇蚊（Chiro）、颤蚓（Tubifex）为主，其他耐受性较低的底栖生物减少，生物多样性降低（朱金峰等，2019）；2010年水域鱼类只剩下33种，洄游性鱼以及一些大型的经济鱼类相继消失，鱼类资源逐渐减少，养殖的经济鱼类中，鲤科最多，为优势种；1990～2013年白洋淀浮游植物物种数急剧下降，且优势群落从硅藻门逐渐变化为蓝藻门和绿藻门，这主要是工农业排污加重白洋淀水体富营养化所致；在这种影响下，2015年浮游动物仅剩下25种，虽然后续有所回升，但是远低于1993年水平。

1.1.2 研究区域

2017～2019年对白洋淀区域开展了五次生态采样调研（图1-5、表1-1），总体工作分为两个阶段，根据白洋淀区底栖生物（包括底栖动物、大型沉水植物和底栖微生物）调查，结合历史分析，揭示了白洋淀底栖生物的时空变化规律。

第一阶段，展开白洋淀区域现状调查与底栖生物空间分布初步勘察，对白洋淀底栖生物的状况展开初步摸查。

第二阶段，依照国控水质监测点位和白洋淀区域特点，在白洋淀主淀区布设采样点位 22 个，在不同水期对白洋淀底栖生物进行调查，揭示底栖生物分布特征，评估底栖生态系统的健康状况。

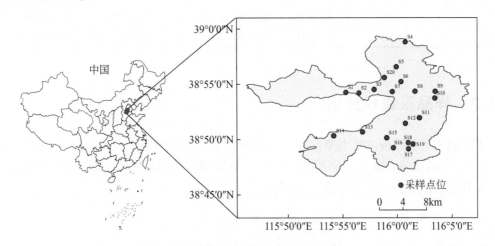

图 1-5 2017～2019 年白洋淀采样点位

表 1-1 2017～2019 年白洋淀采样点位信息

采样编号	采样点位	经度（E）	纬度（N）	采样点描述
S1	府河入淀口	115.9217°	38.9042°	开阔性水面
S2	南刘庄	115.9422°	38.9033°	临近村庄处，存在多处居民生活污水排污口
S3	鸳鸯岛	115.9653°	38.9087°	开阔性水面，一侧近旅游景区，一侧芦苇地
S4	白沟引河入淀口	116.0129°	38.9801°	出村庄下游处约200m处，航道交叉口处
S5	烧车淀	115.9991°	38.9426°	T字口河道近人工围堤
S6	王家寨	115.9928°	38.9054°	航道三叉口处
S7	寨南	116.0278°	38.9059°	王家寨村至寨南村航道，四周多为芦苇地
S8	光淀张庄	116.0579°	38.9059°	近村庄，处于村庄上游较开阔性水面处
S9	杨庄子	116.0573°	38.8958°	近村庄，一侧为芦苇林地，一侧为人工荷塘
S10	枣林庄	116.0343°	38.8657°	一侧林地，一侧芦苇
S11	圈头	115.9475°	38.8446°	圈头村附近
S12	圈头东	116.0127°	38.8575°	圈头村东边靠岸处
S13	端村	115.9033°	38.8389°	一侧为村庄，一侧为芦苇地
S14	唐河入淀口	115.9842°	38.8359°	开阔性水面
S15	东田庄	115.9941°	38.8209°	东田庄村东南处，两侧为不设围堤的荷塘
S16	后塘淀	116.0171°	38.8284°	开阔性水面，四周三侧村庄环绕，一侧为芦苇
S17	采蒲台	116.0243°	38.8263°	一侧近村庄林地，一侧为人工围堤

采样编号	采样点位	经度（E）	纬度（N）	采样点描述
S18	范峪淀	116.0178°	38.8193°	开阔性水面，临近航道，航道侧为林地
S19	金龙淀	115.9809°	38.9265°	临近村庄，近人工围堤，堤内为鱼塘
S20	小张庄	115.9729°	38.9189°	出村庄下游处约200m处，航道交叉口处
S21	捞王淀	116.0018°	38.8787°	三条航道交叉口，附近有鱼塘排水口及荷塘
S22	石侯淀	115.9888°	38.8428°	距村庄较近，水面开阔，整体位于淀中心区域

1.1.3　样品采集和分析

样品的采集及分析方法主要参考《湖泊富营养化调查规范》（刘鸿亮，1987）以及《湖泊生态系统观测方法》（陈伟民，2005），采样内容包括水样和沉积物样、浮游动物、浮游植物、底栖动物、沉水植物、鱼类等。

1. 水样和沉积物样品采样及分析方法

利用采水器取表面0.5m的表层水样。利用抓泥斗采集表层沉积物样品。水质和沉积物样品主要测定项目如表1-2和表1-3所示。

表1-2　水质指标测试方法

检测项目测试方法	采样点位
总磷（TP）	《水质 总磷的测定 钼酸铵分光光度法》（GB 11893—1989）
氨氮（NH_4^+-N）	《水质 氨氮的测定 纳氏试剂分光光度法》（HJ 535—2009）
总氮（TN）	《水质 氨氮的测定 碱性过硫酸钾消解紫外分光光度法》（HJ 636—2012）
硝氮（NO_3^--N）	《水质 硝酸盐氮的测定 酚二磺酸分光光度法》（GB 7480—1987）
亚硝氮（NO_2^--N）	《水质 亚硝酸盐氮的测定 分光光度法》（GB/T 7493—1987）
溶解氧（DO）、水温（T）	便携式溶解氧仪
化学需氧量（COD_{Cr}）	《水质 化学需氧量的测定 快速消解分光光度法》（HJ/T 339—2007）
总有机碳（TOC）	TOC 测定仪
透明度（SD）	30cm 塞氏盘
电导率（ORP）	DDS-001 型实验室电导率仪
酸碱（pH）	便携式 pH 计
水深（H）	徕斯达便捷式测深仪超声波水深

表1-3　沉积物指标测试方法

检测项目	测试方法
总氮（TN）、总磷（TP）	《水质 氨氮的测定 碱性过硫酸钾消解紫外分光光度法》（HJ 636—2012）

检测项目	测试方法
硝氮（NO_3^--N）、铵氮（NH_4^+-N）	《土壤 氨氮、硝酸盐氮的测定 氯化钾溶液提取–分光光度法》（HJ 634—2012）
有机磷（OP）	《土壤 有机磷的测定 碳酸氢钠浸提–钼锑抗分光光度法》（HJ 704—2014）
总有机碳（TOC）、总碳（TC）	碳分析仪

2. 水生植物采样及分析方法

1）样品采集和预处理

采样点设置三个样方（样方面积0.25m²）。无沉水植物的地域，根据调查规范可不设样方。样方距离一般在50~100cm，且呈"之"字形，用耙子采集沉水植物样本，去除淤泥等杂质，且进行现场物种鉴定并保存。

2）样品称重

湿重：沉水植物去除根部、枯叶以及其他杂质后，用吸水纸吸取植物表面水分，按照不同物种进行称重。

干重：取不少于10%的部分样品，称重后于105℃鼓风干燥箱中干燥，直至恒重后称量其干重。故样品干重可按以下公式进行统计：

$$G = \frac{G_1 G_2}{G_3} \tag{1-1}$$

式中，G为样品干重；G_1为样品鲜重；G_2为子样品干重；G_3为子样品鲜重。

根据每平方米各类植物的生物量和它们的分布面积，可求出该水体水生植物的总生物量和各类植物所占比例。

3. 底栖动物采样及分析方法

水生昆虫、寡毛类以及小型底栖动物用开口面积为1/16m²的改良式彼得森采泥器采集新鲜泥样，倒入收集桶中，用40目分样筛多次筛洗，用镊子挑出可见的全部动物，并用75%酒精溶液固定；大型底栖动物用索伯网（30cm×30cm）进行采样分选后固定。为减少误差，每个采样点均采集三个平行样。

将采集到的动物样本带回实验室，进行鉴定，将采集的底栖动物按不同种类进行统计。动物样本去除表面附着沉积物，吸水纸吸取多余水分后，用电子天平称重。

4. 鱼类采样及分析方法

通过调研安新县水产畜牧局发布的数据，以及在淀区内采样点布置渔网进行捕捞，统计鱼类种类、数量、生物量，并将其中一部分鱼类生物样品带回实验室，测定体重、长度等生物指标。

5. 藻类采样及分析方法

浮游藻类：用采水器采集水样1000mL，加入15mL的鲁哥氏碘液用以固定保存，沉淀浓缩至 30mL。浮游藻类定量计数，吸管吸取 0.1mL 充分混匀的样本，置于 20mm×20mm 计数框中，采用视野法进行计数和鉴定。

底栖藻类：在采样点采集完整沉水植物样本，刮下其上的所有着生生物，置于采样瓶中，用湖水稀释并加入鲁哥试剂固定，贴好标签，沉淀 24h，吸取上清液，定容至 30mL，吸管吸取 0.1mL 充分混匀的样本，置于 20mm×20mm 计数框中，采用视野法进行计数和鉴定。

6. 浮游动物采样及分析方法

原生动物和轮虫：用采水器采集水样 1000mL，加入 15mL 的鲁哥氏碘液用以固定保存，沉淀浓缩至 30mL，吸管吸取 0.1mL 充分混匀的样本，置于 20mm×20mm 计数框中，采用视野法进行计数和鉴定。

枝角类和桡足类：用采水器于采样点水下 0.5m 处采集 5L 水样，经 25 号浮游生物网过滤浓缩后，4% 福尔马林液固定，静置 24h，最后需定容至 30mL，吸管吸取 0.1mL 充分混匀的样本，置于 20mm×20mm 计数框中，采用视野法计数和鉴定。

7. 微生物采集及分析方法

1）微生物样品采集

用河水将采样瓶冲洗三遍后，采集水面以下 0.5m 处地表水，样品存储于聚丙烯采样瓶中，置于便携式低温样品收纳箱内密封运回实验室，用于进行微生物的测定。

同时用抓泥斗采集淀区底泥，去除植物残体、贝壳石砾等杂物，装入自封袋内用便携式低温样品收纳箱密封运回实验室，在 -80℃ 保存，用于进行微生物群落分析。

2）微生物样品分析

（1）样品总菌数测定。

A. 底泥样品含水率测定。

称取烘干后的滤纸质量记为 a，加入湿泥后称重记为 b，将其在恒温干燥箱中以 100～110℃ 条件下烘干 1.5h，称取烘干后的滤纸与干泥总质量记为 c。则底泥含水率 η 计算公式如下：

$$\eta = \frac{b-c}{b-a} \times 100\% \tag{1-2}$$

B. 底泥样品总菌数测定。

称取泥样（利用含水率换算为干泥重）10g，放入装有适量玻璃珠的 90mL 无菌水中，振荡 30min 使其分散于水中。用无菌吸管吸取 1mL 泥样悬浊液注入装有 9mL 无菌水的试管中，吹吸 3 次，振荡混匀，即得到体积分数为 10^{-1} 泥样溶液。同理，可得不同浓度梯度的泥样溶液。

取牛肉膏蛋白胨培养基、放线菌培养基和孟加拉红培养基各 3 个，吸取不同稀释梯度的泥样溶液加入平板，用无菌玻璃涂布器轻缓均匀涂开，盖好盖子，同时设置 3 个重复。牛肉膏蛋白胨培养基加入 10^{-4}、10^{-5}、10^{-6} 三个浓度梯度，以 37℃ 恒温培养；放线菌培养基加入 10^{-3}、10^{-4}、10^{-5} 三个浓度梯度，孟加拉红培养基加入 10^{-1}、10^{-2}、10^{-3} 三个浓度梯度，放线菌培养基和孟加拉红培养基放入30℃恒温培养箱进行培养。一段时间后拿出并对平板上的菌落数量进行计数。

（2）样品细菌群落结构分析。

本研究选用高通量测序技术（high-throughput sequencing），又称第二代测序技术，能够同时并行对几十万甚至几百万条DNA分子进行序列测定，从而实现对一个物种的转录组及其基因组进行细致全貌的分析（张彩霞，2012）。将样品进行Illumina Miseq高通量测序，并将分类单元与RDP（Real-time Data Pipeline, http：//rdp.cme.msu.edu/misc/resources.jsp）数据库进行比较，再通过Qiime软件的功能剔除疑问数列，统计分析其余的序列（许瑞等，2019），根据测序结果进行OUT（operational taxonomic units）聚类分析、Alpha多样性分析及物种分类分析等（唐慧芳等，2020）。利用Qiime软件计算反应样本细菌群落多样性的Shannon-Wiener指数及Chao1指数等。

1.2 沉水植物现状特征及历史演变

1.2.1 沉水植物研究概述

1. 沉水植物种类

沉水植物属于水生植物，水生植物并非分类学概念，它是生态学范畴的类群鉴定（吴振斌，2011）。王德华（1994）介绍了水生植物这一概念的发展，总结了国内外工程湿地描述手册中对水生植物的定义，现一般认为，凡生长在水中或湿土壤的植物均可称水生植物。水生植物根据生活型可分为挺水植物、浮叶植物、漂浮植物和沉水植物。

沉水植物是茎、叶沉没水中，多数根生于水底泥的植物，主要有轮藻科（Characeae）、毛茛科（Ranunculaceae）（水毛茛属（Batrachium））、金鱼藻科（Ceratophyllaceae）、小二仙草科（Halorgaceae）（狐尾藻属（Mgriophyllum L.））、狸藻科（Lentibularialeae）（黄花狸藻（Utricularia aurea）和狸藻）、水鳖科（Hyclrocharitaceae）（黑藻属（Hydrilla L.）、苦草属（Vallisneria L.）和水车前属（Ottelia））、眼子菜科（Potamogetonaceae）、川蔓藻科（Ruppiaceae）、角茨藻科（Zannichelliaceae）和茨藻科（Najadaceae）等（刁正俗，1990）。

沉水植物根据根的着生情况，可分为扎根沉水型与不扎根沉水型两类沉水植物，前者植物的根扎生于水底泥中，如苦草（Vallisneria natans）、尤舌草（Ottelia allismoides）等；后者植物的根悬沉于水中，如黄花狸藻等。沉水植物的器官形态和构造都是典型水生性的，叶片的构造无栅状组织和海绵组织的分化，细胞间隙大，无气孔，机械组织不发达，全部细胞均能进行光合作用。叶片的形状大多呈条带状，如眼子菜（Potamogeton distinctus）、苦草等；也有的呈丝状或线状，如金鱼藻、小茨藻（Najas minor）及川蔓藻（Ruppia maritima）等；或细裂呈狭条状，如狐尾藻属、水毛茛属及黄花狸藻等。叶型宽大的，如龙舌草等，但质薄柔软。这些形态特征都可以减少和避免水流引起的机械阻力和损伤，以利于植物在水中生活（吴征镒，1980）。

2. 沉水植物群落

沉水植物往往在水深的地方形成沉水植物群落，而且常以单优势群落出现。沉水水生植被由沉水植物组成，或伴生有浮水植物，很少有挺水植物伴生。大部分的沉水植物扎根水底泥中，在水域内垂直分布，从近水面 4~5m 的深水处往往有不同的群落；在一般的池塘、溪沟内，可以布满水底；分布在浅水区或近水面的群落，有时伴生有浮水植物（刘嫦娥等，2012）。常见的群落如下。

（1）金鱼藻、黑藻、狐尾藻群落。

此群落分布于南北各地池塘、溪沟及湖泊内，在沿岸水深 0.5~3m 的浅水固定植物带。水透明度大，一般为 70%~90%，基质大多为含多量腐殖质的淤泥。金鱼藻、黑藻和狐尾藻（*Myriophyllum verticillatum*）均具较长的分枝茎，狐尾藻的茎长达 1~2m，它们的叶片或叶的裂片呈丝状或条形。这三种植物通常以不同的比例聚生在一起，在生长茂盛的地方，植体镶嵌交织，盖度可达 50% 以上。常见的伴生种有竹叶眼子菜、菹草、篦齿眼子菜（*Stuckenia pectinata*）、小眼子菜、苦草、龙舌草、大茨藻及小茨藻等沉水植物，有时在水面有稀疏漂浮的浮萍及水鳖等浮水植物。此群落所在的水域，聚花草（*Floscopa scandens*）繁茂，是食草性鱼类的天然食料库，也是鲤鱼等鱼类产卵的良好场所。

（2）狐尾藻群落。

此群落广布于长江中、下游各地湖泊、池塘及溪沟内，分布面积大，在高原湖泊如云南的滇池内也有大面积分布，通常在湖泊内，生长在水深 1.7~3m 的水域，呈环带状分布，如在滇池北部湖湾西侧，西岸分布带宽 300m，东岸分布带宽 150m。常见伴生植物有竹叶眼子菜、菹草、篦齿眼子菜、苦草及尤舌草等。

（3）菹草、苦草、茨藻群落。

此群落分布于各地大型湖泊沿岸，在深水固定植物带。在水深 4~5m 处，透明度 50%~70%。菹草的根状茎细长、多分枝。大茨藻与小茨藻的茎均柔软，前者多分枝，长达 20cm，后者通常叉根状茎，枝长 4~25cm。在有丰富腐殖质湖泥的较浅水域内，群落生长繁茂，覆盖度也大。常见伴生种有黑藻、狐尾藻及龙舌草等。另外，在水深 5~6m 的深水域有茨藻组成的单优势种群落。

（4）竹叶眼子菜群落。

此群落主要分布在各地湖泊、河港内，溪沟、池塘内也有出现。在湖泊内，群落均在浅水固定植物带。在大型湖泊里，分布在沿湖岸水深不超过 2.6m 的范围内；但在浅水的小型湖泊内，如江苏东太湖，湖岸与湖中心深度差别不大，均不超过 2m，竹叶眼子菜群落分布几遍全湖，而且湖中心处较湖边更为茂盛。竹叶眼子菜茎纤细，随着水深而伸长，最长可达 3.2m，分枝 2~3 次，最多 5 次。群落外貌为密茂的深绿色或灰绿色的水生草丛，竹叶眼子菜开花季节，繁茂直立的花序挺出水面，增添了水面景色。种类组成简单，有时即为竹叶眼子菜的单种群落，常见的伴生种有菹草、狐尾藻、小眼子菜、黑藻及苦草等。此群落分布广，面积大，蕴含水生植物资源丰富，可以作绿肥，是沿湖农田的重要肥源，还可以作猪饲料。另外，群落所在的地方，是各类虾类的栖息场所，又是产黏性卵鱼类的良好产卵场所。群落组成种类大多可为鱼类的饵料，如竹叶眼子菜、黑藻和苦草都是草鱼（*Ctenopharyngodon idellus*）、鳊（*Parabramis pekinensis*）、三角鲂（*Megalobrama terminalis*）、赤眼鳟（*Squaliobarbus curriculus*）、鳘鲦（*Hemiculter leucisculus*）的良好饵料。

（5）黄花狸藻、黑藻、菹草群落。

此群落分布在酸性的浅水池塘及水潭内，见于广东省陆丰市甲子镇、饶平县黄冈镇等地海滨地区。黄花狸藻为水生食虫植物，茎浮水，分枝长，叶长为3~7cm，2~3回羽状分裂，全体沉水；黑藻的茎长约为2m；菹草的茎细长，多分枝。群落覆盖度30%~40%，不扎根的黄花狸藻生长在上层。

（6）篦齿眼子菜群落。

此群落分布于青藏高原的池塘、湖泊及河流弯曲的地方，在羊卓雍错、玛法木错、班公湖以及羌塘高原盐化较轻的大湖泊均有分布。生长在水深10~100cm左右的浅水沉水植物带，通常为篦齿眼子菜的单种群落。篦齿眼子菜生长繁茂，茎纤细、呈丝状、叉状分枝、密生，叶也呈丝状或狭条形，茎枝和叶错综交织，外貌稠密，盖度较大，往往可以随水浮动。篦齿眼子菜群落所在的水域，是高原各类鱼类栖息生活和繁殖产卵的场所。

（7）狐尾藻、狸藻群落。

此群落分布于新疆的静水湖泊，常见于塔里木盆地的博斯腾湖、艾沙米尔湖等湖泊内，所在水域水深2~4m，是水生植物生长最繁茂的沉水植物带。狐尾藻多分枝，生长很茂盛；狸藻为柔软多分枝的食虫沉水植物，茎长可达60cm。群落外貌密茂，盖度大。伴生的沉水植物有茨藻（*Najasjaponica Nakai*）、篦齿眼子菜、小眼子菜、菹草及水毛茛（*Batrachium bungei*）等。在浅水区则混有花蔺（*Butomus umbellatus*）、慈姑（*Sagittaria trifolia*）、荔枝草（*Salvia plebiea*）及菖蒲（*Acorus calamus*）等挺水植物。

（8）水毛茛群落。

此群落分布在东北、西北、华北、内蒙古、江苏及安徽等省区。生于湖泊、山间池塘及山谷溪水中。另在青藏高原南北各地的溪流、池塘及热融湖塘内广泛分布，所在水域深20~100cm。水毛茛茎长为30cm或更长，多分枝，叶片长约为2cm，三至四回三出细裂，小裂片呈长条形或狭条形。生长茂盛，常组成单优势或单种群落，盖度可达60%以上；在青藏高原，伴生植物有眼子菜等少数种类。

（9）海菜花群落。

此群落分布在云南高原湖泊内，见于滇池沿岸的浅水沉水固定植物带，水深为0.5~2m，透明度为80%~100%，基质泥质，夹有部分腐殖质。种类组成较复杂，较为突出的有大叶海菜花（*Ottelia acuminata*）和滇海菜花（*O. yunnanensis*），均无茎，叶在基部丛生。它们是云贵高原湖泊的特有种，叶柄与花葶细长，每株约有20片叶，花葶挺浮水面。常见伴生植物有黑藻、光叶眼子菜、苦草、金鱼藻及轮藻多种。在湖底基质多腐殖质的地方，植物生长更繁茂。

（10）川蔓藻群落。

此群落为咸水群落，分布于我国沿海滩地上的天然池塘、废弃的晒盐池以及海岛上的浅水小湖内，见于江苏、浙江一带的海边和西沙群岛的琛航岛和东岛等珊瑚岛上。所在水域水清澈，透明度大，含盐量高，深2cm~1m，高潮时，海水仍可直接漫入。在珊瑚岛则通过透水性强的珊瑚砂渗入。川蔓藻是柔弱沉水草本，茎多分枝，长为 20 ~ 60cm，叶丝状，长为 2 ~ 10cm。在江苏射阳海边，几乎是川蔓藻组成的单种群落，生长繁茂，枝叶错综交织，外貌像沉浸在水中的绿色棉絮一样，盖度可达 75% 以上。在珊瑚岛，湖水稍深、含盐较少的地方，则见有草茨藻，甚至以它为主。

3. 沉水植物特性

沉水植物特性是描述沉水植物生长、存活和繁殖的一系列核心性质，是探索沉水植物在淡水系统中生态功能的有用工具。大量研究结果表明沉水植物的修复需要在其生长、生存及繁殖的过程中考虑多重影响因素。根据不同沉水植物的特性进行针对性研究（刘嫦娥等，2012；王华等，2008），通过判别沉水植物在野外条件或人为操控的围隔环境下恢复的可行性，实现沉水植物的成功恢复。当前对不同沉水植物的性能研究如下。

（1）光敏感性。

不同沉水植物的生长受到许多环境因素的影响，其中水下光强是沉水植物生存繁殖的必要条件。一般而言，由于湖泊富营养化以及浮游植物的遮蔽，近年来我国湖泊中的沉水植物普遍受到低照度的影响，分布面积普遍下降。对沉水植物的光合特征进行研究，发现与玫瑰、槐树等通常在陆地上生长的植物相比，其光合特征具有一定的差异，其中以光饱和点[①]和光补偿点[②]表现明显。环境光的 0.5% ~ 3% 约为大量沉水植物光合作用光补偿点的范围，从光补偿点到光饱和点的范围代表了沉水植物生长的低光胁迫区域，该区域的生长主要受光的限制。不同沉水植物对光的需求不同，如苦草对光的需求较低，可以在水深较深的区域生存，而金鱼藻、穗状狐尾藻和光叶眼子菜（*Potamogeton lucens*）则对光的需求较高，在水域上层具有较强竞争力（牛淑娜等，2011；高丽楠，2013）。沉水植物在不同的生长状态下对光的需求不同，因此光补偿点和光饱和点也不同（欧阳坤，2007；朱光敏，2009），如菹草在石芽萌发期，光照对其无显著影响，在幼苗生长前期更适宜于低光照，后期更适宜于强光照。

（2）适温性。

沉水植物对温度的需求不同，其中菹草、伊乐藻作为典型的冬春型沉水植物，它们可以在较低的温度下生存并繁殖，但其在夏季高温时会出现不耐反应，发生衰败腐烂，从而影响水体水质（李强，2007；王韬，2019；朱丹婷，2011）。

（3）耐污性。

沉水植物应对水体出现极端变化的忍耐能力不同，对于湖泊、湿地等水域生态修复的工程应用，通常首选耐受能力较强的物种作为人工栽种的沉水植物。如篦齿眼子菜因其耐污性强的特性，即使在湖泊生态处于退化状态时也常被发现，可以将其作为植物修复工程中的先锋物种考虑；而对于耐受能力较弱的物种则不会将其作为先锋物种，如轮藻耐污性差，仅可见于水体清洁的水域中（谢贻发，2008；Szoszkiewicz et al., 2006）。

---

① 光饱和点：沉水植物生长过程中所累积的有机物含量达到最大时所接受的光照强度的上限。
② 光补偿点：植物光合作用的同化产物与呼吸作用所消耗的物质达到平衡时所接受的光照强度的下限。

（4）净水能力。

沉水植物在其达到较高的水体覆盖率和生物量时，具有显著净化水质的效果。沉水植物的高覆盖率可以抑制沉积物颗粒物的悬浮，降低营养物质以及重金属在水体中的释放。沉水植物的高生物量，使其对水体中的营养物质、重金属吸收效果显著，并通过分泌化感物质抑制藻类的生长。此外，沉水植物因其根系结构不同，对水体的净化效果具有差异性，如金鱼藻和狐尾藻对磷的去除量在水温低于15℃或者高于25℃时明显优于其他的植物（王兴民，2006；沈佳，2008；薛培英等，2018）。

（5）繁殖能力及方式。

大多数沉水植物在恢复前期采用人工栽植的方式，但沉水植物因其繁殖能力和方式的不同，导致不同沉水植物后期存活率出现差异。黑藻和篦齿眼子菜的无性繁殖速度较快，一般要合理设计其初期栽种密度。类似于篦齿眼子菜等扎根能力较强的沉水植物，其主要凭借种子进行繁殖，在春季完成萌芽生长；狐尾藻等根茎较为发达的沉水植物，其主要凭借根茎断肢进行繁殖，其依据根茎断肢再生能力，不断生长与繁殖（沈佳等，2008；陈小峰等，2006；李强和王国祥，2008）。

（6）其他性能。

沉水植物的生存、生长和繁殖过程中，还需要考虑沉水植物的抗虫害能力、适宜的底泥粒径及营养盐含量、沉水植物种内竞争能力和种间竞争能力等。

4. 沉水植物功能

沉水植物是浅水湖泊生态系统的重要初级生产者和水体净化者，也是水体生态平衡的调控者，对水生态系统的结构和功能具有重要影响，其变化可以直接或间接地反映湖泊环境的状况及发展趋势。研究表明（郝贝贝，2018），沉水植物的生长可以移除水体中的营养，影响水体的营养循环；还可调节沉降动力，通过减少或改变水流来减少底泥的再悬浮和腐蚀；为水体中的附着生物和悬浮颗粒提供栖息地，将水体中的营养转移到底泥中；能够有效增加水体的空间生态位，为形成复杂的食物链提供了食物和场所。此外，沉水植物还可以通过级联效应（cascading effects）来影响淡水生态系统中的其他生物类群，是水体生物多样性赖以维持的基础，对浅水湖泊稳态维持具有重要意义。

1.2.2　2017～2019 年白洋淀沉水植物现状

1. 沉水植物概况

2017～2019 年白洋淀沉水植物调研结果表明，白洋淀沉水植物共计 11 种（表1-4），隶属 7 科 8 属，其中眼子菜属（*Potamogeton* L.）3 种、茨藻属（*Najas* L.）2 种、水鳖科 2 属 2 种。11 种沉水植物中，轮藻为大型沉水藻类，其余种类皆为水生维管束植物，其中单子叶植物 8 种，占 72.73%；双子叶植物 2 种，占 18.18%。

表 1-4 2017～2019 年白洋淀沉水植物名录

门 Phylum	纲 Class	科 Family	属 Genus	种 Species
轮藻门 Charophyta	轮藻纲 Charophyta	轮藻科 Characeae	轮藻属 *Chara*	轮藻 *Chara* sp.
种子植物门 Spermatophyta	双子叶植物纲 Dicotyledones	小二仙草科 Haloragaceae	狐尾藻属 *Myriophyllum* L.	穗状狐尾藻 *Myriophyllum spicatum* L.
		金鱼藻科 Ceratophyllaceae	金鱼藻属 *Ceratophyllum* L.	金鱼藻 *Ceratophyllum demersum* L.
	单子叶植物纲 Monocotyledoneae	眼子菜科 Potamogetonaceae	眼子菜属 *Potamogeton* L.	篦齿眼子菜 *Potamogeton pectinatus* L.
				菹草 *Potamogeton crispus* L.
				光叶眼子菜 *Potamogeton lucens* L.
		水鳖科 Hydrocharitaceae	黑藻属 *Hydrilla* L.	黑藻 *Hydrilla verticillata*
			苦草属 *Vallisneria* L.	苦草 *Vallisneria natans* L.
		茨藻科 Najadaceae	茨藻属 *Najas* L.	大茨藻 *Najas marina* L.
				小茨藻 *Najas minor* All.
		狸藻科 Lentibulariaceae	狸藻属 *Utricularia* L.	黄花狸藻 *Utricularia aurea* Lour.

资料来源：张蕾，2019。

2. 沉水植物优势种组成

沉水植物的优势种由沉水植物优势度来确定，沉水植物优势度根据频度和生物量确定（王芳侠等，2020；章伟，2016；赵海光等，2017），计算公式如下：

优势度（DV）＝（相对频度+相对生物量）/2×100%

相对频度（RF）＝该物种的频度/所有物种频度之和×100%

相对生物量（RB）＝该物种的生物量/所有物种生物量之和×100%

频度（F）＝某物种出现的样本数/样本总数×100%

如图 1-6 所示，2018 年 4 月、7 月、11 月分别代表 2018 年的春季、夏季和秋季，可知 2018 年三季共同的优势种有篦齿眼子菜和金鱼藻。其中，篦齿眼子菜优势度为春季>秋季>夏季，金鱼藻优势度为夏季>秋季>春季，与篦齿眼子菜相反。春季和秋季共同的优势种为菹草，菹草在夏季出现频度较低。

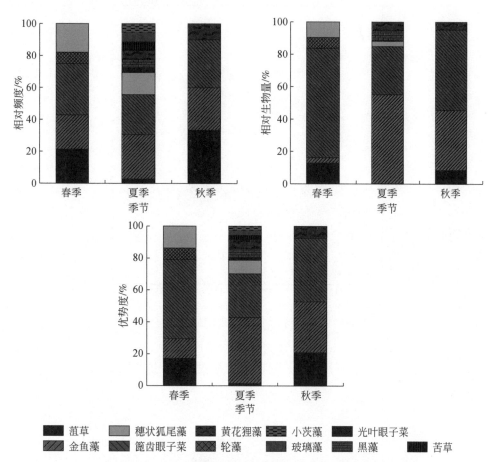

图 1-6 不同水期沉水植物相对频度、相对生物量及优势度对比图

3. 不同季节沉水植物群落分布

以不同季节各样点沉水植物的优势种来命名群落。根据植被分类原则，把层片结构相同，各层片的优势种或共优种相同的植物群落联合为群丛（郭晓丽，2010；沈亚强等，2010；甘新华和林清，2008；李玲玉，2015）。2018 年不同季节白洋淀沉水植物群落分布见图 1-7 ~ 图 1-9。

2018 年春季调研，发现篦齿眼子菜群落 6 个，主要伴生种有菹草、穗状狐尾藻及金鱼藻；菹草群落 4 个，主要伴生种有篦齿眼子菜、金鱼藻及穗状狐尾藻；穗状狐尾藻群落 2 个，无伴生种；轮藻群落 2 个，主要伴生种有金鱼藻和穗状狐尾藻；金鱼藻群落 1 个，主要伴生种有篦齿眼子菜。

2018 年夏季调研，发现金鱼藻群落 8 个，主要伴生种有篦齿眼子菜、穗状狐尾藻及菹草；篦齿眼子菜群落 5 个，主要伴生种有穗状狐尾藻和黄花狸藻；黑藻群落 2 个，主要伴生种有穗状狐尾藻、光叶眼子菜、大茨藻及小茨藻；穗状狐尾藻群落 1 个，主要伴生种有篦齿眼子菜；黄花狸藻群落有 1 个，主要伴生种有金鱼藻、篦齿眼子菜及苦草。

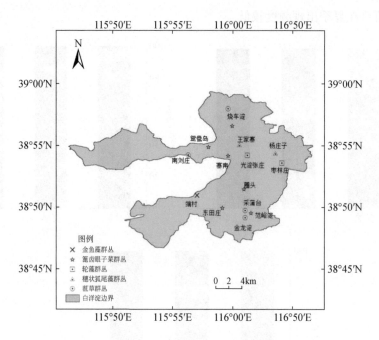

图 1-7　2018 年春季白洋淀沉水植物群落分布图

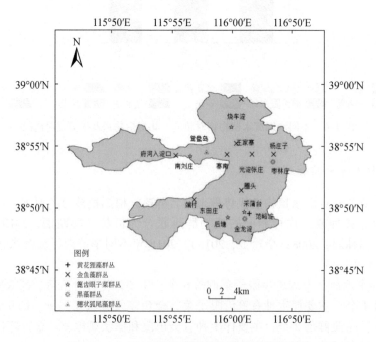

图 1-8　2018 年夏季白洋淀沉水植物群落分布图

　　2018 年秋季调研，发现篦齿眼子菜群落 7 个，主要伴生种有菹草、金鱼藻及黄花狸藻；菹草群落有 5 个，主要伴生种有金鱼藻和篦齿眼子菜；金鱼藻群落 5 个，主要伴生种有篦齿眼子菜、菹草及黄花狸藻；黄花狸藻群落 1 个，主要伴生种有金鱼藻。

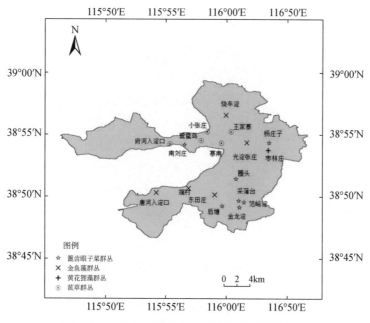

图1-9　2018年秋季白洋淀沉水植物群落分布图

4. 不同季节沉水植物耐污性分布

以不同季节各样点沉水植物的优势种命名群落，结合优势种的耐污性划定2018年的沉水植物群落耐污性，结果可知（图1-10～图1-12），2018年沉水植物群落主要以耐污种群落为主，占比为87%~94%，中等耐污种群落占0%~12%，敏感种群落占6%~13%。其中，春季和秋季均为耐污种群落和敏感种群落，夏季耐污性群落较为丰富，包括耐污种群落、中等耐污种群落和敏感种群落。此外，各季节耐污种群落占比也存在差异，春季和秋季耐污种群落主要以篦齿眼子菜群落为主（占39%~40%），夏季以金鱼藻群落为主（占47%）。

5. 不同季节沉水植物多样性指数分析

对于白洋淀沉水植物物种多样性的研究，主要采用较为常用的Shannon-Wiener指数、Simpson多样性指数、Pielou均匀度指数、Margalef指数和Alatalo均匀度指数为测度指数，从群落的物种丰富度、均匀度及综合多样性三个方面探讨群落内的物种多样性。

（1）Shannon-Wiener指数表示信息的不确定程度，也可以用来反映种的个体出现的不确定程度，计算公式如下：

$$H = -\sum_{i=1}^{s} P_i \ln P_i \qquad (1\text{-}3)$$

式中，P_i为物种i的生物量。

（2）Simpson多样性指数，又称优势度指数，是对多样性的反面集中性的度量，公式为$D = \sum_{i=1}^{s} P_i^2$，后为克服一些不便，Greenberg建议用式（1-4）作为多样性指数的指

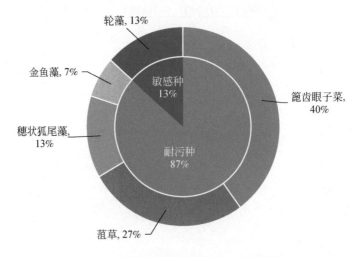

图 1-10　2018 年春季沉水植物耐污性群落占比图

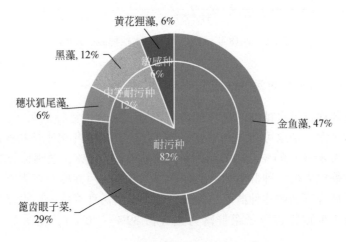

图 1-11　2018 年夏季沉水植物耐污性群落占比图

标，即

$$D = 1 - \sum_{i=1}^{s} P_i^2 \tag{1-4}$$

（3）Pielou 均匀度指数用群落实测多样性与该群落理论最大多样性的比值来表示群落的均匀度，计算公式为

$$J = \left(- \sum_{i=1}^{s} P_i \ln P_i \right) / \ln S \tag{1-5}$$

式中，S 为物种总数。

（4）Margalef 丰富度指数表示生物群落的丰富度，计算公式如下

$$R = (S-1) / \ln N \tag{1-6}$$

式中，N 为所有种的生物量总数。

（5）Alatalo 均匀度指数表示与丰富度无关的群落均匀度，计算公式如下

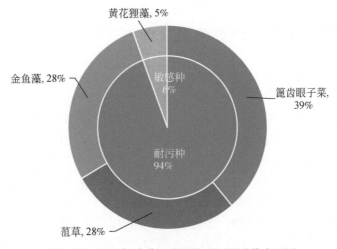

图 1-12　2018 年秋季沉水植物耐污性群落占比图

$$E = \left(1 \Big/ \sum_{i}^{s} P_i^2 - 1\right) \Big/ \left\{\exp\left(-\sum_{i=1}^{s} P_i \ln P_i\right) - 1\right\} \tag{1-7}$$

式中，N_i 为第 i 种的生物量；N 为所有种的生物量总数；P_i 为物种 i 的生物量 N_i 占所有生物量 N 的比例，即 $P_i = N_i/N$，$i = 1$，2，3，…，S；S 为物种总数。

2018 年不同水期白洋淀沉水植物物种多样性指数见图 1-13。平水期与枯水期沉水植物各多样性指数相当，丰水期与它们相比，Margalef 丰富度指数显著增高，其他指数变化不大或者略有升高，说明在夏季（丰水期）沉水植物生长旺盛，丰度和多样性比春季（丰水期）和秋季（枯水期）有所增加，但整体的群落的均匀度变化不大。

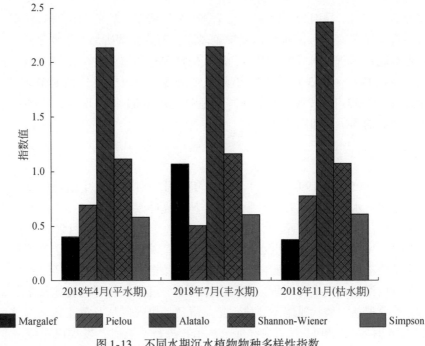

图 1-13　不同水期沉水植物物种多样性指数

1.2.3 白洋淀沉水植物历史演变规律

1. 历年沉水植物物种演变

白洋淀水生生物调研可追溯到 1958 年 11 月，黄明显等（1959）根据现行划分的冬季渔业生物种类进行调查，发现 7 种沉水植物；1980 年 6 月~7 月，童文辉（1984）对白洋淀全淀大型水生植物做了较详细的调研考察，发现 16 种沉水植物；1984~1985 年白洋淀由于气候干旱彻底干淀，水生生物几乎绝迹；1988 年夏季由于连降暴雨，白洋淀重新蓄水，水生生物迅速恢复；田玉梅等（1995）从 1991 年 4 月~1993 年 8 月对白洋淀水生植被进行了调研，发现 15 种沉水植物；之后陆续有学者如赵芳（1995）、李峰等（2008）、肖国华等（2010）和张蕾（2019）对白洋淀水生植物进行调研，结果见表 1-5。与此同时，笔者课题组 2018 年 4 月、7 月和 11 月对白洋淀沉水植物进行了调研，发现了 11 种沉水植物。

历年 10 次调研中，沉水植物出现了 10 次的种类有穗状狐尾藻和黑藻，出现 9 次的有篦齿眼子菜和菹草；出现 8 次的有金鱼藻和苦草；出现 7 次的有光叶眼子菜、竹叶眼子菜、大茨藻和小茨藻；出现 6 次的有狸藻；出现 5 次的有轮藻；出现 4 次的有黄花狸藻；出现 3 次的有五刺金鱼藻（*Ceratophyllum platyacanthum*）、微齿眼子菜（*Potamogeton maackianus*）；出现 2 次的有小眼子菜和角果藻（*Zannichellia palustris*）；出现 1 次的有拟轮藻、丝网藻、仙人眼子菜、多毛水毛茛（*Batrachium trichophyllum*）、川蔓藻。考虑到历次调研月份、采样地点以及鉴定水平等因素具有一定的差异，沉水植物出现的种类也有一定变化。出现 7 次以上的种类可以认为是白洋淀一直存在的沉水植物，有穗状狐尾藻、黑藻、篦齿眼子菜、菹草、金鱼藻、苦草、光叶眼子菜、竹叶眼子菜、大茨藻和小茨藻。狸藻与黄花狸藻极近似，易因为鉴定水平差异导致分辨错误。轮藻的调研只鉴定到属未鉴定到种，1980 年调研发现三种沉水植物属于轮藻属，而后面调研都是发现轮藻属的某一种沉水植物，导致轮藻调研数据可信度不高，后人应加强轮藻属中种的鉴别。五刺金鱼藻和微齿眼子菜均只在 1991~1993 年、2007 年调研中出现，小眼子菜只在 1958 年和 1980 年出现，角果藻只在 1958 年和 2009 年出现，川蔓藻只在 2009 年出现，这些种类有可能随着时间消失，今后的调研应加以注意。

2. 历年沉水植物群落演变

田玉梅等（1995）从 1991 年 4 月~1993 年 8 月对白洋淀水生植被进行了研究，调研发现白洋淀主要沉水植物群丛有竹叶眼子菜群丛、光叶眼子菜群丛、篦齿眼子菜群丛、黑藻群丛、菹草群丛和穗状狐尾藻+大茨藻群丛；2007 年 9 月李峰等（2008）对白洋淀水生植物进行调研，发现白洋淀主要沉水植物群丛有金鱼藻群丛、篦齿眼子菜群丛、竹叶眼子菜群丛、小茨藻群丛、穗状狐尾藻群丛及微齿眼子菜群丛；2009 年 8 至 11 月，"十一五"水专项团队对白洋淀水生生物调研，发现白洋淀主要沉水植物群丛有篦齿眼子菜群丛、金鱼藻群丛、菹草群丛、穗状狐尾藻群丛、轮藻群丛、黑藻群丛及黄花狸藻群丛；笔者课题组在 2018 年 4 月、7 月和 11 月对白洋淀沉水植物进行了调研，发现白洋淀主要沉水植物

表1-5　白洋淀历年沉水植物物种调研结果

科	属	种	1958年[1]	1980年[2]	1991～1993年[3]	1992年[4]	2007年[5]	2009年[6]	2009年	2010年	2018年	2018年
轮藻科 Characeae	轮藻属 Chara	轮藻 Chara sp.	-	+	-	-	+	-	+	+	-	+
		拟轮藻 Chara sp.	-	+	-	-	-	-	-	-	-	-
		丝网藻 Chara sp.	-	+	-	-	-	-	-	-	-	-
毛茛科 Ranunculaceae	水毛茛属 Batrachium S. F. Gray	多毛水毛茛 Batrachium trichophyllum var. hirtellum L. Liou	-	-	+	-	-	-	-	-	-	-
金鱼藻科 Ceratophyllaceae	金鱼藻属 Ceratophyllum L.	金鱼藻 Ceratophyllum demersum L.	+	+	+	-	+	-	+	+	+	+
		五刺金鱼藻 Ceratophyllum platyacanthum subsp. oryzetorum Chamisso	-	-	+	+	+	-	-	-	-	-
小二仙草科 Haloragaceae	狐尾藻属 Myriophyllum L.	穗状狐尾藻 Myriophyllum spicatum L.	+	+	+	+	+	-	+	+	+	+
狸藻科 Lentibulariaceae	狸藻属 Utricularia L.	黄花狸藻 Utricularia aurea Lour.	-	+	+	+	-	-	+	-	-	+
		狸藻 Utricularia vulgaris L.	-	-	+	+	+	-	-	-	-	-
水鳖科 Hydrocharitaceae	黑藻属 Hydrilla Rich.	黑藻 Hydrilla verticillata (L. f.) Royle	+	+	+	+	+	-	+	+	+	+
	苦草属 Vallisneria L.	苦草 Vallisneria natans L.	-	-	+	+	+	-	+	+	+	+
眼子菜科 Potamogetonaceae	眼子菜属 Potamogeton L.	光叶眼子菜 Potamogeton lucens L.	-	+	+	-	+	-	+	-	-	+

续表

科	属	种	1958年[1]	1980年[2]	1991~1993年[3]	1992年[4]	2007年[5]	2009年[6]	2009年	2010年	2018年	2018年
眼子菜科 Potamogetonaceae	眼子菜属 Potamogeton L.	篦齿眼子菜 Potamogeton pectinatus L.	+	+	+	+	+	-	+	+	+	+
		菹草 Potamogeton crispus L.	+	+	+	+	+	-	+	+	+	+
		竹叶眼子菜 Potamogeton wrightii Morong	-	+	+	+	+	+	-	+	+	-
		微齿眼子菜 Potamogeton maackianus A. Bennett	-	-	+	+	+	-	-	-	-	-
		小眼子菜 Potamogeton pusillus L. L	+	+	-	-	-	-	-	-	-	-
		仙人眼子菜 Potamogeton sp.	-	+	-	-	-	+	-	-	-	-
川蔓藻科 Ruppiaceae	川蔓藻属 Ruppia L.	川蔓藻 Ruppia maritima L.	-	-	-	-	-	-	-	-	-	-
角果藻科 Zannichelliaceae	角果藻属 Zannichellia L.	角果藻 Zannichellia palustris L.	+	-	-	-	-	-	-	-	-	-
茨藻科 Najadaceae	茨藻属 Najas L.	大茨藻 Najas marina L.	-	+	+	+	+	-	+	+	-	+
		小茨藻 Najas minor All.	-	+	+	+	+	-	-	+	+	+

注：沉水植物命名全部参考《中国水生杂草》（刁正俗，1990）；"+"表示调研出现该物种，"-"表示调研未出现该物种。

资料来源：黄明显，1958；董文辉，1984；田玉梅，1995；赵芳，1995；李峰，2008；肖国华，2010；张蕾，2019。

群丛有篦齿眼子菜群丛、金鱼藻群丛、菹草群丛、穗状狐尾藻群丛、轮藻群丛、黑藻群丛及黄花狸藻群丛。历年调研由于采样时间和地点不同造成沉水植物群丛存在一定的差异性，历年白洋淀主要沉水植物群落分布见表1-6及图1-14~图1-17。

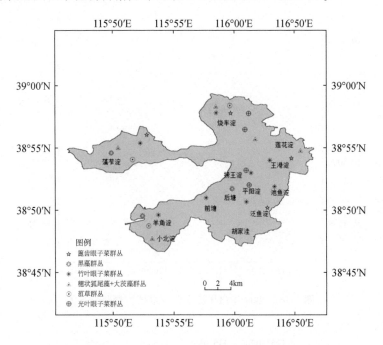

图1-14 1991~1993年白洋淀主要沉水植物群落分布图

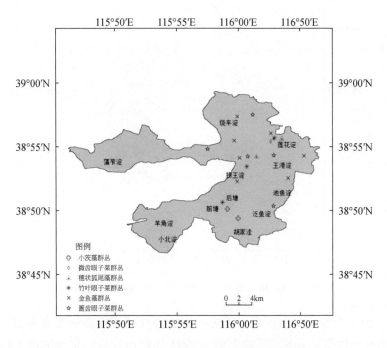

图1-15 2007年白洋淀主要沉水植物群落分布图

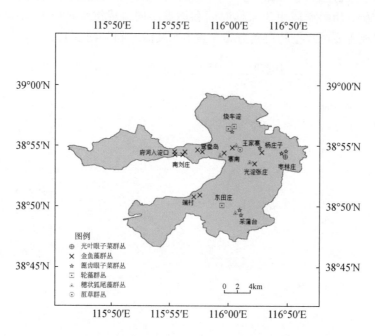

图 1-16　2009 年白洋淀主要沉水植物群落分布图

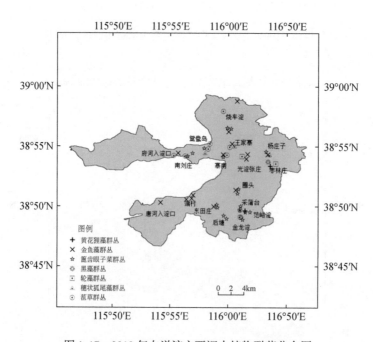

图 1-17　2018 年白洋淀主要沉水植物群落分布图

从 1991～2018 年期间对白洋淀主要沉水植物群落的 4 次调研可以看出，白洋淀早期主要沉水植物群落数相对不多。例如 1991～1993 年调研发现，主要的沉水植物群落数为

27 个，其中最主要的沉水植物群落为竹叶眼子菜群落，有 8 个，主要伴生种有菹草、黑藻、大茨藻、穗状狐尾藻。而到 2018 年，经过调研发现沉水植物群落数明显增加，主要的沉水植物群落有 50 个，其中群落数最多的是篦齿眼子菜群落，有 18 个，主要伴生种有菹草、穗状狐尾藻、黄花狸藻、金鱼藻。

表 1-6　不同时期白洋淀主要沉水植物群落种类和伴生种

时期	沉水植物群落种类	数目	主要伴生种
1991～1993 年	竹叶眼子菜群落	8	菹草、黑藻、大茨藻、穗状狐尾藻
	穗状狐尾藻+大茨藻群落	5	竹叶眼子菜、篦齿眼子菜、黑藻
	光叶眼子菜群落	4	穗状狐尾藻、菹草、篦齿眼子菜、金鱼藻
	篦齿眼子菜群落	4	黑藻、大茨藻、穗状狐尾藻
	黑藻群落	3	苦草、竹叶眼子菜、穗状狐尾藻、金鱼藻
	菹草群落	3	竹叶眼子菜、篦齿眼子菜、大茨藻、穗状狐尾藻
2007 年	金鱼藻群落	7	无
	篦齿眼子菜群落	5	穗状狐尾藻
	竹叶眼子菜群落	3	穗状狐尾藻、黑藻
	小茨藻群落	2	金鱼藻
	穗状狐尾藻群落	2	微齿眼子菜
	微齿眼子菜群落	1	穗状狐尾藻、黑藻
2009 年	金鱼藻群落	12	篦齿眼子菜、穗状狐尾藻
	篦齿眼子菜群落	6	金鱼藻
	穗状狐尾藻群落	4	金鱼藻、篦齿眼子菜、光叶眼子菜、苦草
	轮藻群落	3	穗状狐尾藻、篦齿眼子菜、金鱼藻
	光叶眼子菜群落	1	篦齿眼子菜、穗状狐尾藻、大茨藻、轮藻
	菹草群落	1	无
2018 年	篦齿眼子菜群落	18	菹草、穗状狐尾藻、黄花狸藻、金鱼藻
	金鱼藻群落	14	篦齿眼子菜、穗状狐尾藻、菹草、黄花狸藻
	菹草群落	9	篦齿眼子菜、金鱼藻、穗状狐尾藻
	穗状狐尾藻群落	3	篦齿眼子菜
	轮藻群落	2	金鱼藻
	黑藻群落	2	金鱼藻、篦齿眼子菜、穗状狐尾藻、大茨藻
	黄花狸藻群落	2	金鱼藻

3. 历年沉水植物群落耐污性演变

分析1991~2018年沉水植物群落的耐污性演变（图1-18~图1-21），可知历年沉水植物群落均以耐污种群落为主。除了耐污种群落外，1991~1993年沉水植物群落还包括中等耐污种群落；2007年和2009年除耐污群落外还包括敏感种群落，且2009年敏感种群落占比大于2007年；2018年沉水植物群落包括耐污种群落、敏感种群落和中等耐污种群落，其中敏感种群落比2009年低，中等耐污种群落低于1991~1993年。对比历年沉水植物的主要耐污种群落可知，1991~1993年主要以竹叶眼子菜群落为主，2007年和2009年主要以金鱼藻群落为主，2018年以篦齿眼子菜为主。由此说明，在开展"十一五"水专项之后（2009年），水质有所改善，敏感种群落开始出现，但由于之后人为干扰活动的加剧，中等耐污种群落和敏感种群落占比有所变化。

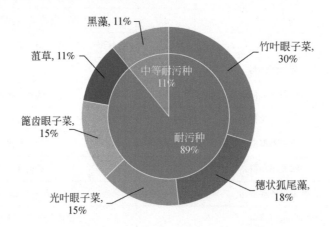

图1-18　1991~1993年沉水植物耐污性群落占比图

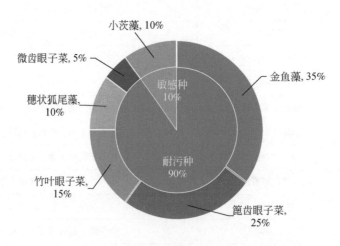

图1-19　2007年沉水植物耐污性群落占比图

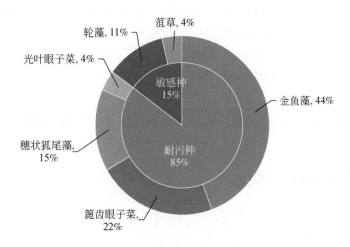

图 1-20　2009 年沉水植物耐污性群落占比图

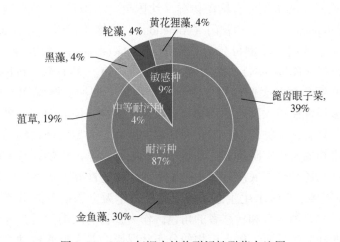

图 1-21　2018 年沉水植物耐污性群落占比图

1.2.4　小结

通过 2018～2019 年对白洋淀区调查，共发现沉水植物有 11 种，隶属 7 科 8 属，其中眼子菜属 3 种，茨藻属 2 种，水鳖科 2 属 2 种。

以 2018 年为例，春季优势种为篦齿眼子菜、菹草、穗状狐尾藻和金鱼藻；夏季优势种为金鱼藻和篦齿眼子菜；秋季优势种为篦齿眼子菜、金鱼藻和菹草。2018 年沉水植物群落主要以耐污种群落为主，占比为 87%～94%，春季和秋季耐污种群落以篦齿眼子菜群落为主，秋季以金鱼藻群落为主。多样性的研究结果表明，平水期（春季）与枯水期（秋季）沉水植物多样性指数相差不大；与丰水期（夏季）相比，Margalef 丰富度指数显著增高。

研究历年来学者对白洋淀水生植物的调研文献，发现白洋淀出现的沉水植物总计达 22

种，1980～2018 年沉水植物总物种数有所降低，分别由 1980 年 16 种降低至 2018 年 11 种。分析 1991～2018 年沉水植物群落的耐污性和总生物量演变发现，历年沉水植物群落均以耐污种群落为主。1991～1993 年主要以竹叶眼子菜群落为主，2007 年和 2009 年以金鱼藻群落为主，2018 年以篦齿眼子菜群落为主。

1.3　底栖动物现状特征及历史演变

1.3.1　底栖动物研究概述

1. 大型底栖动物的定义

大型底栖动物主要指在生命周期的全部或者大部分时间生活在水底、肉眼可见（能被 500μm 孔径网筛截留）的水生无脊椎动物群（沈国英，2010）。大型底栖动物按门可分为节肢动物门（Arthropoda）、环节动物门（Annelida）、软体动物门（Mollusca）和扁形动物门（Platyhelminthes）4 门，按纲可分为软甲纲（Malacostraca）、昆虫纲（Insecta）、双壳纲（Bivalvia）、蛭纲（Hirudinea）、寡毛纲（Oligochaeta）、多毛纲（Polychaeta）、腹足纲（Gastropoda）等 9 纲。大型底栖动物广泛分布于河流、湖泊、海洋和湿地等各种水体生境。生境区域的多样性使得大型底栖动物具有较高丰富性（Gray et al.，2009）。

大型底栖动物具有污染物代谢、转化和迁移的能力。大型底栖动物通过移动、摄食等生命活动进行污染物的富集、降解和体外转移，影响了水体污染物迁移和转化过程；大型底栖动物的生命活动还影响了底质环境的粒度组成、渗透性和稳定性等物理特性（李新正等，2010），从而间接地影响水生生态系统。此外，作为生态系统的重要类群，大型底栖动物在食物网中扮演着消费者和转移者的角色。作为食物网的消费者，大型底栖动物以沉水植物为食物来源和生产场所，沉水植物的分布状况影响着大型底栖动物群落。作为食物网的转移者，大型底栖动承担鱼类等高级消费者的食物供给，影响着其生长、发育、繁殖等过程（徐霖林等，2011）。大型底栖动物在湖泊生态系统的物质循环和能量流动中维持着输入与输出平衡（刘成林等，2011），维持水体健康生态系统的稳定和完整（耿世伟等，2019）。

2. 大型底栖动物习性特征

1）迁移特征

大型底栖动物的迁移能力和大小影响着其生活方式，其生活方式也反映了底栖动物的习性特征。因此，多数底栖动物的迁移能力可以通过其生活方式进行判断。按照生活方式，大型底栖动物可以分为固着型、底埋型、钻蚀型、底栖型和自由移动型五大类。固着型、底埋型和底栖型主要附着于水底沉积物表面或者底部 0～5cm 处，一般活动能力较低，多为寡毛纲、蛭纲和部分摇蚊幼虫；钻蚀型主要附着在木石、土岸或水生植物茎叶中，迁移能力适中，多为腹足纲；自由移动型主要指在水底爬行或在水层游泳的底栖动物，迁移能力较强多为软甲纲（刘正等，2008）。

2）摄食特征

大型底栖动物的摄食对象和摄食方式的差异性影响了其对生境的适应性。大型底栖动物主要以水中微型生物、小型生物以及有机质为食，按摄食功能群（functional feeding groups）不同可分为集食者、刮食者、捕食者、滤食者和撕食者（刘正，2008）。集食者指以水体中有机颗粒物为食的底栖动物；刮食者和捕食者分别指以营固着生活的生物如藻类、微生物和其他水生生物为食的底栖动物；滤食者指过滤水体中粒径 0.45~1mm 有机碎屑为食的底栖动物；撕食者指以植物凋落物或其他大于 1mm 的有机碎屑为食的底栖动物。水生植物分布是影响摄食功能类群湖泊分布的主要因素。一般在草型湖泊中，以刮食者和集食者为主；而在藻型湖泊中，主要以集食者和捕食者为主（梁彦龄和刘伏泉，1995）。底栖动物的摄食特征在一定程度反映了物种对环境条件的适宜性。

3）耐污性特征

耐污值（tolerance value）主要是用来表示各类大型底栖动物对环境污染耐受力（金相灿和屠清瑛，1990）。耐污值的范围为 0~10。一般，耐污值小于 4 为清洁种，耐污值在 4~6 为兼性种，耐污值不低于 7 为耐污种。耐污值是运用水生生物来监测水质的关键数据，耐污性的种类组成常常代表了该区域的污染情况。

大型底栖动物复杂多样的习性特征反映了底栖动物对生境变化较强的适应能力。大型底栖动物的生活方式体现了其迁移特征；摄食特征反映了湖泊资源的分布和利用，反映了该生态系统的过程和水平；耐污性特征从生物方面反映了水体生境的污染状况。因此，研究大型底栖动物习性特征，对恢复健康的生态系统具有重要意义（Vannote et al., 1980）。

3. 大型底栖动物结构特征

国内外对大型底栖动物的研究主要起源于海洋。最早可追溯至公元前 4 世纪，古希腊学家亚里士多德（Aristotle）在《动物志》（*Historia Animalium*）中记载了 170 多种海洋生物。随后在 20 世纪 18~19 世纪多位欧洲科学家对海洋生物进行了观察和研究，逐渐记载完善了海洋生物的形态、分类鉴定意见以及相关环境因子（陶磊，2010）。20 世纪初，底栖生物的研究进入了定量分析、生物多样性和稳定分析阶段，并通过对底栖动物群落结构的长期生态调查，开展相关的环境监测，在该阶段底栖动物的生物量作为定量分析的主要参数。20 世纪 60 年代，人们普遍使用底栖动物区系，即种类的存在与否、常见种的丰度和生物量，来描述底栖动物群落结构特征（陶磊，2010）。从 20 世纪 70 年代起，随着现代化仪器和数学手段的广泛应用，数理统计方法开始作为研究群落生态学的一项基本方法，包括群落物种多样性指标等多个重要性指数，如 Shannon-Wiener 指数、Simpson 优势度指数、Margalef 丰度指数和 Pielou 均匀度指数等。20 世纪 80 年代后，底栖动物群落研究采用绘图–分布的方法，如 ABC 方法（丰度、生物量比较）和 BBS 方法（生物量粒径谱）。Warwick（1986）首次将 ABC 方法应用于大型底栖动物群落特征分析中，随后该方法被成功应用于其他水体环境中。至今大型底栖动物群落特征的表征手段随着科技的发展而变得复杂多样，但常用的种类组成、生物量、生物密度和多样性指数等仍然是表征大型底栖动物群落结构特征的重要参数。

大型底栖动物的结构特征因不同湖泊的利用类型存在差异（表1-7）。研究发现，武汉南湖、南昌青山湖和武汉东湖等城市型湖泊主要以耐污性强的摇蚊和寡毛纲水丝蚓为优势群，草型湖泊主要以螺类为优势群。同一湖泊中大型底栖动物的群落结构特征也存在时空差异（惠晓梅等，2019；许静波等，2019）。2019年，游清微等研究发现，鄱阳湖大型底栖动物在不同采样点物种数存在差异，采样点最高为17种，最低为4种。朱利明等（2019）研究淀山湖底栖动物的种类占比时也发现摇蚊幼虫在冬季占比较高，夏秋季占比较低。因此，通过生态调研获得基础数据，揭示大型底栖动物群落结构特征，可为其群落恢复奠定基础。

表1-7 不同类型湖泊大型底栖动物的群落结构特征

湖泊	生物量 /(g/m²)	生物密度 /(ind/m²)	优势类群	湖泊类型	来源
南昌青山湖	123.04	1520.89	水丝蚓和摇蚊	城市湖泊	（刘息冕等，2013）
武汉前湖	13.66	607.22	无齿蚌和摇蚊	城市湖泊	（刘息冕等，2013）
武汉东湖	38.23	362.50	颤蚓类、环棱螺和摇蚊	城市湖泊	（陈其羽等，1980）
武汉南湖	17.79	4437.00	水丝蚓和摇蚊	城市湖泊	（王银东等，2005）
武汉莲花湖	9.94	1029.00	颤蚓类和摇蚊	城市湖泊	（钟非和吴振斌，2007）
杭州西湖	3.59	1757.00	颤蚓类	城市湖泊	（虞左明等，1997）
岳阳南湖	36.82	10104.00	丝蚓	城市湖泊	（蔡永久等，2010）
湖北洪湖	337.21	850.00	环棱螺、圆扁螺、涵螺和颤蚓类	草型湖泊	（蔡永久等，2010）
江西赤潮	64.69	300.00	环棱螺、圆扁螺和沼螺	草型湖泊	（蔡永久等，2010）
安徽菜子湖	44.12	59.88	摇蚊、尾鳃蚓和涵螺	天然养殖湖泊	（徐小雨等，2011）
湖北保安湖	55.42	460.00	环棱螺、涵螺、摇蚊和颤蚓	草型湖泊	（吴天惠，1989）
安徽南漪湖	186.6	116.05	河蚬、环棱螺和涵螺	天然湖泊	（陈立婧等，2008）

1.3.2　2017～2019年白洋淀大型底栖动物现状特征

1. 特征概况

2017～2019年白洋淀大型底栖动物共鉴定45种，隶属3门6纲。包括环节动物门（寡毛纲（Oligcohaeta）和蛭纲、节肢动物门（软甲纲和昆虫纲）、软体动物门（腹足纲和双壳纲）。所有大型底栖动物中，昆虫纲种类最多，有20种，占所有物种的44.44%；腹足纲次之，为12种，占26.67%；软甲纲7种，占15.56%；寡毛纲3种，占6.67%；蛭纲2种，占4.44%；双壳纲1种，占2.22%。因此，昆虫纲和腹足纲是白洋淀主要的大型底栖动物类型。对比太湖和洞庭湖大型底栖动物组成发现，2017～2019年大型底栖动物种类组成与太湖、洞庭湖相似，均以昆虫纲和腹足纲为主。

不同采样时间大型底栖动物种类组成占比存在差异（表1-8）。羽摇蚊（*Thedipes*

plumosus）和梨形环棱螺（*Bellamya purificata*）占比高，且每次采样均有出现，为主要物种；日本沼虾、中华米虾、中国园田螺、中华园田螺、折叠萝卜螺和大红德永摇蚊占比适中，为常见物种；其他大型底栖动物占比较少。

表 1-8 白洋淀大型底栖动物的种类组成

科/属/种		2017 年 10 月	2018 年 4 月	2018 年 7 月	2018 年 11 月	2019 年 3 月	2019 年 6 月
软甲纲 (Malacostraca)	日本沼虾（*Macrobrachium nipponense*）	–	+++	+	+++	+	++
	中华米虾（*Neocaridina denticulata sinensis*）	–	++++	++	++	++	++
	中华绒毛蟹（*E. sinensis*）	–	+	–	+	+	+
	克氏鳌虾（*Palinuridae*）	–	+	++	–	+	++
	团水虱（*Sphaeromadae*）	–	++	–	+	–	–
	鼠妇（*Porcellio* sp.）	–	–	–	–	+	+
	钩虾科（Gammaridae）	–	–	–	–	++	–
寡毛纲 (Oligochaeta)	苏氏尾鳃蚓（*Branchiura sowerbyi*）	++	–	–	–	+	–
	霍甫水丝蚓（*Limnodrilus hoffmeisteri*）	+++	–	–	–	++	++
	前囊管水蚓（*Aulodrilus prothecatus*）	–	++	–	+	–	–
蛭纲 (Clitellata)	石蛭属（*Erpobdella* sp.）	++	–	–	–	+	–
	舌蛭属（*Glossiphonia* sp.）	–	+	–	–	+	+
腹足纲 (Gastropoda)	梨形环棱螺（*Bellamya purificata*）	+	+++	++	++	++	++
	铜锈环棱螺（*Bellamya aeruginosa*）	+	–	–	–	++	++
	赤豆螺（*Bithynia fuchsiana*）	++	–	–	–	++	++
	中华圆田螺（*Cipangopaludina cahayensis*）	–	++	++++	++++	+	++
	中国圆田螺（*Cipangopaludina chinensis* Gray）	–	+++	++	++	+	++
	折叠萝卜螺（*Radix plicatula*）	–	+	++	++	++	++
	短沟蜷（*Semisulcospira*）	–	+	–	–	–	–
	膀胱螺（*Physa* sp.）	–	–	–	–	+	–
	小土蜗（*Galba pervia*）	–	–	–	–	+	+
	檞豆螺（*Bithynia misella*）	–	–	–	–	+++	–
	凸旋螺（*Gyraulus convexiusculus*）	–	–	–	++	+	–
	纹沼螺（*Parafossarulus striatulus*）	–	–	–	–	+	–
双壳纲 (Lamellibranchia)	圆背角无齿蚌（*Anodonta woodia. Pacifica*）	+	–	+	–	–	–
昆虫纲 (Insecta)	红裸须摇蚊（*Propsilocerus kamusi*）	++++	–	–	–	++++	++++
	羽摇蚊（*Chironomus plumosus*）	++++	++	++	++	++	++
	绒铗长足摇蚊（*Tanypus villipennis*）	++	–	–	–	++	–
	恩菲摇蚊属（*Einfeldia* sp.）	++	–	–	–	–	–

续表

科/属/种		2017年10月	2018年4月	2018年7月	2018年11月	2019年3月	2019年6月
昆虫纲（Insecta）	粗壮褐蜓（*Polycanthagyna*）	－	＋	－	－	－	－
	大红德永摇蚊（*Glyptoten dipestokunagai*）	－	＋＋＋	＋＋＋	＋＋	－	－
	侧叶雕翅摇蚊（*Glyptotendipes lobiferus*）	－	＋	＋＋	＋＋	－	－
	拟摇蚊（*Parachironomus monochromes*）	－	－	＋＋	＋＋	－	－
	分齿异腹摇蚊（*Einfeldia dissidens*）	－	－	－	－	＋＋	－
	绒铗长足摇蚊（*Tanypus villipennis*）	＋＋	－	－	－	＋＋	－
	侧叶雕翅摇蚊（*Glyptotendipes lobiferus*）	－	＋	＋＋	＋＋	－	－
	粗壮褐蜓（*Polycanthagyna*）	－	＋	－	－	－	－
	分齿异腹摇蚊（*Einfeldia dissidens*）	－	－	－	－	＋＋	－
	小划蝽（*Micronecta* sp.）	－	－	－	－	＋	－
	蜓科（Aeshnidae Rambur）	－	－	－	－	＋	＋
	溪泥甲科（Elmidae）	－	－	－	－	＋	－
	丝螅科（Lestidae）	＋	－	－	－	＋	＋
	蜻科（Libellulidae）	－	－	－	－	＋	＋
	直突摇蚊属（*Orthocladius* sp.）	－	－	－	－	＋＋	－
	蠓科（Ceratopogonidae）	＋	－	－	－	－	－

注："＋"表示个体数量占总个体数量的1%以下；"＋＋"表示个体数量占总个体数量的1%～10%；"＋＋＋"表示个体数量占总个体数量的10%～20%；"＋＋＋＋"表示个体数量占总个体数量的20%以上；"－"表示该生境下无物种。

大型底栖动物群落结构年际间变化明显。2018年，采集到的中华圆田螺数量最多；2017年和2019年，红裸须摇蚊数量最多。部分物种仅存在于某个年份，如软甲纲动物鼠妇、腹足纲的膀胱螺、小土蜗和椭豆螺仅在2019年出现，恩菲摇蚊仅在2017年出现，短沟蜷、大红德永摇蚊和侧叶雕翅摇蚊仅在2018年出现。相同物种在不同年份出现的数量也存在差异，多数大型底栖动物（如霍甫水丝蚓、赤豆螺和红裸须摇蚊等）数量在2019年或2018年均大于2017年。

2. 物种组成的时空变化

2017～2019年白洋淀大型底栖动物组成变化如图1-22所示，总物种数在2019年3月最高（31种），2017年10月最低（13种）。昆虫纲和腹足纲的种数占比在各次采样均相对较高，其中昆虫纲种数占比处于波动变化状态，腹足纲种数占比略有增加；蛭纲和双壳纲的种数占比一直处于较低水平。其他物种如寡毛纲和蛭纲种类数在2019年3月最高，2017～2019年处于波动变化状态。

大型底栖动物种类数的空间变化较为明显（图1-23）。烧车淀物种数最多，共27种；小张庄最少，仅3种。昆虫纲和腹足纲在每个采样点均有出现，表明这两类大型底栖动物在白洋淀分布较为广泛，且分布存在差异。对于昆虫纲，范峪淀和小张庄等采样点出现的物种数占比较少，丰度较低；而烧车淀和端村种类数占比较多，丰度较高。腹足纲种类数占比在南刘庄、鸳鸯岛、后塘淀和采蒲台等较多，而在小张庄较少。

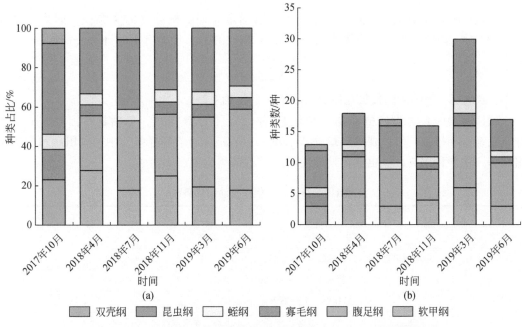

图1-22 白洋淀大型底栖动物群落结构组成的种类占比（a）及种类数变化（b）

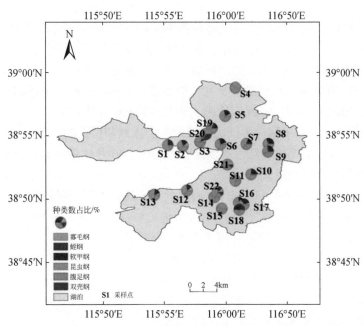

图1-23 白洋淀不同采样点在2017～2019大型底栖动物群落组成的平均值变化

S1：府河入淀口；S2：南刘庄；S3：鸳鸯岛；S4：白沟引河入淀口；S5：烧车淀；S6：王家寨；S7：寨南；S8：光淀张庄；S9：杨庄子；S10：枣林庄；S11：圈头；S12：圈头东；S13：端村；S14：唐河入淀口；S15：东田庄；S16：后塘淀；S17：采蒲台；S18：范峪淀；S19：金龙淀；S20：小张庄；S21：捞王淀；S22：石侯淀，下同

3. 优势度和耐污性组成变化

通过计算大型底栖动物的优势指数，可以确定大型底栖动物的优势种，即当优势度 $Y \geq 0.02$ 时，该物种被认定为优势种（朱金峰等，2019）。优势度 Y 的计算公式为

$$Y = \left(\sum_{i=1}^{s} P_i f_i \right) \qquad (1-8)$$

式中，P_i 为第 i 个物种的数量与所有物种数量的比值；f_i 为该物种出现的频率。

2017～2019 年大型底栖动物主要有 18 种优势种（表 1-9），包括日本沼虾、中华米虾、豆螺、羽摇蚊、红色裸须摇蚊（*Propsilocerus akamusi*）、羽摇蚊、中国园田螺和中华圆田螺等。优势种主要以昆虫纲摇蚊幼虫和腹足纲螺类为主。

表 1-9　白洋淀大型底栖动物优势种

时间	优势物种	种类数
2017 年 10 月	羽摇蚊、赤豆螺、红色裸须摇蚊、霍甫水丝蚓	4
2018 年 4 月	中国圆田螺、梨形环棱螺、日本沼虾、克氏螯虾、中华米虾、中华圆田螺	7
2018 年 7 月	大红德永摇蚊、中华圆田螺、羽摇蚊、颤蚓	4
2018 年 11 月	中华圆田螺、大红德永摇蚊、羽摇蚊、拟摇蚊	4
2019 年 3 月	中华米虾、红色裸须摇蚊、赤豆螺、椭豆螺、萝卜螺、霍甫水丝蚓、梨形环棱螺	8
2019 年 6 月	克氏螯虾、中华圆田螺、梨形环棱螺、红色裸须摇蚊	4

在不同采样时间大型底栖动物的优势种各不相同，2019 年 3 月优势种最多，共 7 种，分别为中国米虾、梨形环棱螺、赤豆螺、椭豆螺、折叠萝卜螺、霍甫水丝蚓和红色裸须摇蚊。2018 年 4 月优势种 6 种，为中国圆田螺、中华圆田螺、梨形环棱螺、日本沼虾、中华米虾和克氏螯虾；2018 年 7 月优势种 5 种，为箭蜓、中国圆田螺、中华圆田螺、大红德永摇蚊和羽摇蚊；2018 年 11 月、2017 年 10 月和 2019 年 6 月优势种最少，均为 4 种。2018 年 11 月优势种包括中华圆田螺、大红德永摇蚊、羽摇蚊和拟摇蚊；2017 年 10 月优势种为霍甫水丝蚓、赤豆螺、羽摇蚊和红色裸须摇蚊；2019 年 6 月优势种为克氏螯虾、中华圆田螺、梨形环棱螺和红色裸须摇蚊。

根据美国国家环境保护局（USEPA）确定的大型底栖动物的耐污值，将大型底栖动物划分为清洁种、兼性种和耐污种（PTV<4 清洁种；4≤PTV≤6 兼性种；PTV>6 耐污种）。2017～2019 年白洋淀大型底栖动物（图 1-24）以耐污种为主，占 41.2% 以上，兼性种占 23.01%～47.01%，清洁种较少，仅占 0%～16.7%。且优势种主要以耐污种为主。大型底栖动物的耐污性组成随时间变化存在差异。2017 年 10 月～2018 年 7 月，耐污种逐渐减少，兼性种增加，清洁种处于波动变化状态；2018 年 7 月～2019 年 6 月，耐污种和清洁种占比逐渐增加，兼性种先减少后种类逐渐增加。

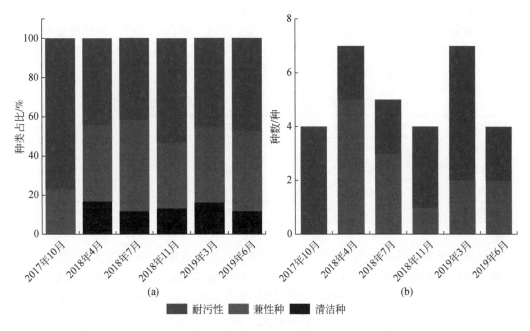

(a)   (b)

■ 耐污性   ■ 兼性种   ■ 清洁种

图 1-24 白洋淀 2017～2019 年大型底栖动物的所有种类耐污性组成（a）和优势种耐污性组成（b）

4. 生物量和生物密度的时空变化

白洋淀大型底栖动物总生物密度为 0～559ind/m²，平均值为 140±144ind/m²；总生物量为 0～628g/m²，平均值为 53.65±72.91g/m²。其中，软甲纲、腹足纲、寡毛纲、蛭纲、昆虫纲和双壳纲的生物量分别为 0～205.75g/m²、0～205.36g/m²、0～0.75g/m²、0～16.32g/m²、0～27.51g/m² 和 0～5.45g/m²；生物密度分别为 0～398ind/m²、0～506ind/m²、0～140ind/m²、0～47ind/m²、0～512ind/m² 和 0～3ind/m²。不同种类大型底栖动物的生物量和生物密度占比存在差异（图 1-25）。昆虫纲的生物密度占比最高，达 45.11%，其次为腹足纲；腹足纲的生物量占比较高，达 50.23%，其次为软甲纲。这主要是由于昆

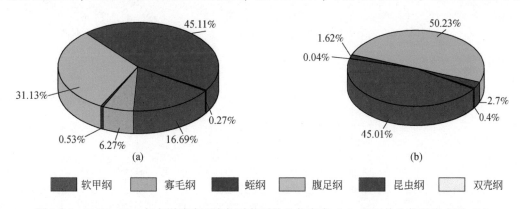

(a)   (b)

■ 软甲纲   ■ 寡毛纲   ■ 蛭纲   ■ 腹足纲   ■ 昆虫纲   □ 双壳纲

图 1-25 2017～2019 年白洋淀大型底栖动物平均生物密度（a）和平均生物量组成图（b）

虫纲种群数量较多，但个体较小，对整体大型底栖动物的生物量贡献较低；腹足纲大型底栖动物的数量较少，但个体生物量较大，对整体生物量贡献占比较高。对比洞庭湖、太湖和鄱阳湖大型底栖动物的平均生物量和平均生物密度发现（表1-10），白洋淀大型底栖动物的平均生物量和平均生物密度处于较低水平。

表1-10　白洋淀大型底栖动物生物量和生物密度与其他湖泊对比

湖泊	平均生物密度（ind/m²）	平均生物量（g/m²）	来源
白洋淀	140	53.65	本调研
洞庭湖	136.20	167.13	（谢松等，2010）
太湖	405.5	146.6	（芦康乐等，2020）
鄱阳湖	217.55	85.33	（杨薇等，2020）

不同月份大型底栖动物的生物量和生物密度变化结果表明（图1-26），2019年3月大型底栖动物总生物密度最高，2018年11月总生物密度最低；2019年6月总生物量最高，2017年10月总生物量最低。软甲纲、腹足纲和昆虫纲的生物量和生物密度在正常范围内波动。其在时间上的差异不仅与生长习性有关，而且与不同时间段的人为干扰活动有关，如生态补水和当地定期清淤等人为干扰活动的开展，使得大型底栖动物生物量和生物密度差异显著（王欢欢等，2020）。

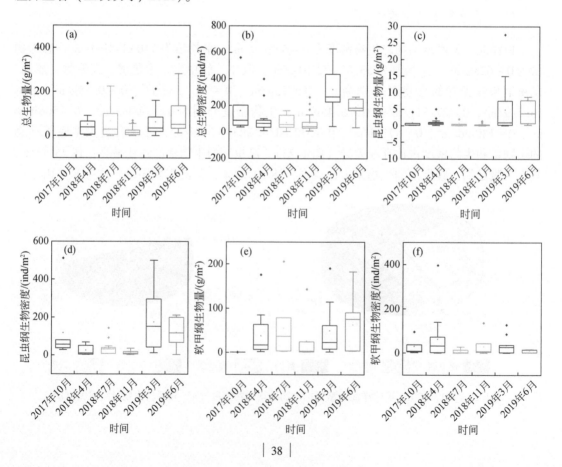

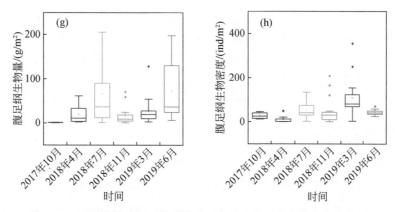

图1-26 不同采样时间下白洋淀大型底栖生物量和生物密度变化图

（a）总生物量；（b）总生物密度；（c）昆虫纲的生物量；（d）昆虫纲的生物密度；
（e）软甲纲的生物量；（f）软甲纲的生物密度；（g）腹足纲的生物量；（h）腹足纲的生物密度

不同区域大型底栖动物的生物量和生物密度也存在差异（图1-27）。22个采样点中，平均密度最高的采样点为石侯淀，其次为烧车淀、圈头、南刘庄和鸳鸯岛等，最低为小张庄；平均生物量最高的采样点为王家寨，其次为鸳鸯岛、圈头、南刘庄和枣林庄等，最低为小张庄。不同种类大型底栖动物也存在地区差异。腹足纲在鸳鸯岛生物量最大；昆虫纲生物量在南刘庄最大，软甲纲生物量在府河入淀口最大，其他物种如寡毛纲、蛭纲和双壳纲生物量分别在圈头、范峪淀和小张庄最大。腹足纲和昆虫纲生物密度在鸳鸯岛最大，软甲纲生物密度在烧车淀最大，其他物种如寡毛纲、蛭纲和双壳纲密度分别在圈头、捞王淀和小张庄最大。

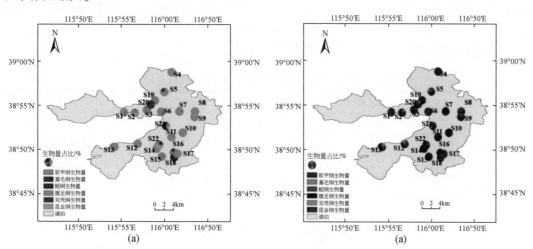

图1-27 2017～2019年不同采样点大型底栖动物的平均生物量（a）和平均生物密度（b）

一般认为，浅水湖泊中，聚花草是影响大型底栖动物分布的重要因素。腹足纲和昆虫纲动物不仅以大型沉水植物表面的着生藻类和有机碎屑等为食，而且将其作为栖息和繁殖场所（董芮等，2020）。本研究发现，部分采样点如石侯淀、烧车淀、南刘庄由于沉水植物覆盖率比其他采样点高，因而大型底栖动物生物量或生物密度比其他采样点大，这与许浩等的研究结果相似（许浩等，2015）。然而，本研究也存在沉水植物覆盖率高而大型底栖动物生物量和生物密度低的位点（如圈头和鸳鸯岛）。这可能是由于蚌类、摇蚊幼虫和寡毛纲等穴居习性的大型底栖动物与聚花草的关系不密切（孙威威，2020），该类采样点往往与外源污染导致的富营养化有关，主要表现为主要种类腹足纲、软甲纲等兼性种的生物量和生物密度减少（Coen et al.，1981）。

5. 多样性时空变化特征

大型底栖动物多样性指数包括 Shannon（1963）多样性指数（H'）、Margalef（1968）物种丰富度指数（D'）和 Pielou（1996）指数（J'）。其计算公式为

$$H' = - \sum_{i=1}^{s} P_i \ln P_i \tag{1-9}$$

$$D' = (S-1)\ln N \tag{1-10}$$

$$J' = \frac{- \sum_{i=1}^{s} P_i \ln P_i}{\ln S} \tag{1-11}$$

式中，P_i 为第 i 个物种的数量与所有物种数量的比值，即 $P_i = \frac{n_i}{N}$；S 为物种总数；n_i 为第 i 个物种数量；N 为总个体数。

白洋淀 2017~2019 年大型底栖动物的 Shannon 指数、Margalef 指数和 Pielou 指数分别为 0.07~2.97、0.14~2.00 和 0.04~1.06，对应平均值分别为 1.58±0.71、0.86±0.39 和 0.64±0.21；对比太湖、洞庭湖和鄱阳湖大型底栖动物多样性指数发现（表 1-11），Margalef 指数比其他湖泊较低，说明白洋淀大型底栖动物的丰度小于太湖、洞庭湖和鄱阳湖。Shannon 指数和 Pielou 指数与太湖、洞庭湖和鄱阳湖相当，说明白洋淀底栖动物的多样性和均匀度和太湖、洞庭湖和鄱阳湖差异不大。

表 1-11 白洋淀大型底栖动物多样性指数与其他湖泊对比

湖泊	Margalef 指数	Shannon-Wiener 指数	Pielou 指数	参考文献
白洋淀	0.86	1.58	0.64	本土调研
太湖	2.50	1.70	0.50	芦康乐等，2020
鄱阳湖	1.61	1.61	0.64	张波等，1998
洞庭湖	1.86	1.51	0.75	龚志军，2002

白洋淀 2017~2019 年大型底栖动物多样性指数变化结果如图 1-28 和图 1-29。Margalef 指数在 2017 年和 2019 年高，2018 年低。Shannon-Wiener 指数在 2017 年 10 月最低，2019 年 3 月达到最大值。Pielou 指数整体变化不大。小张庄为三种多样性指数均最小的区域。府河入淀口为 Margalef 指数和 Shannon-Wiener 指数最大的区域，表明府河入淀口物种的丰富度较高和种类较为复杂。唐河入淀口为 Pielou 指数最大的区域，表明该区域的大型底栖动物物种分布较为均匀。单因素方差分析（One-ANOVA）结果表明，2017 年、2018 年和 2019 年之间的 Margalef 指数存在差异（$p<0.05$），其他多样性指数包括（Shannon-Wiener

指数和 Pielou 指数）不存在显著差异。2018 年各月之间的多样性指数也不存在显著差异。由此说明，不同季节大型底栖动物的多样性虽然有所变化，但由于环境因子的多重交互补偿作用，大型底栖动物多样性在不同季节差异不大。

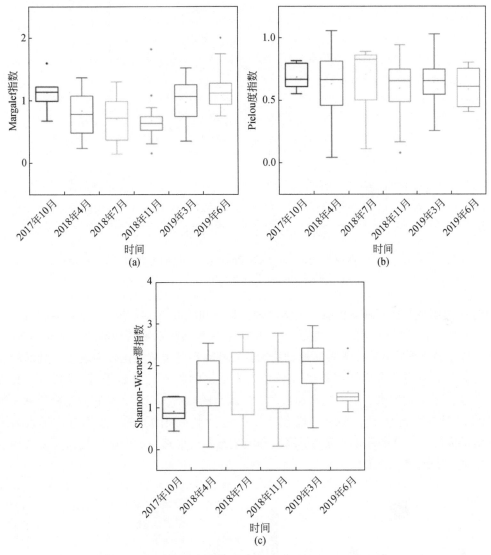

图 1-28　2017～2019 大型底栖动物 Margalef 指数（a）、Pielou 指数（b）和
Shannon-Wiener 指数（c）变化图

1.3.3　白洋淀底栖动物历史演变规律

1. 群落结构特征历年对比分析

对比 2007～2019 年大型底栖动物种类组成发现 ［图 1-30（a）和图 1-30（b）］，2017～

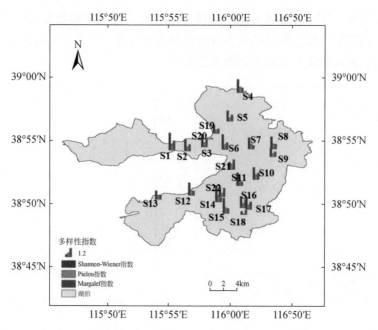

图 1-29　2017~2019 年不同采样点大型底栖动物 Margalef 指数、Pielou 指数
和 Shannon-Wiener 指数变化图

2019 年种类组成与历年基本相似，主要物种腹足纲和昆虫纲在历史年基本均有出现，且两者种类占比一直处于较高水平（谢松等，2010）；大型底栖动物的种类数与 2007~2012 年相似，处于波动变化状态。大型底栖动物因其对外界环境质量变化较为敏感，且活动能力较差，其群落组成及多样性容易受自然和人为干扰的影响（芦康乐等，2020）。2007~2009 年受上游工业废水、生活废水和畜禽养殖废水的影响，淀区大型底栖动物的种类数从原来的 23 种减少到 16 种；2009 年随着"十一五"水专项的开展，生态补水等人为水质改善活动促进了水质提升和水位的提高，湖泊生态系统得到一定程度恢复，大型底栖动物物种增加（杨薇等，2020）。

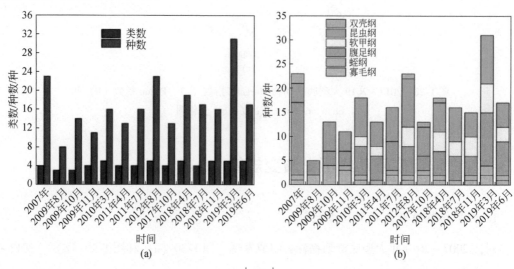

(a)　　　　　　　　　(b)

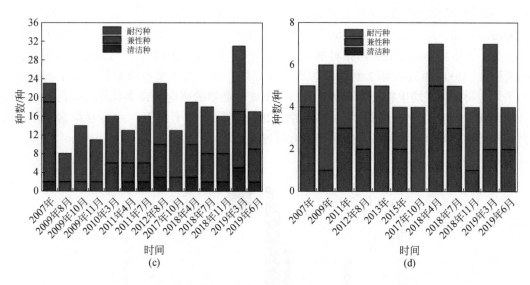

图 1-30　2007～2019 年大型底栖动物的种数（a）、种类组成（b）、所有种类耐污性组成（c）
和优势种的耐污性特征（d）

对比 2007～2012 年大型底栖动物耐污性和优势度发现［图 1-30（c）、图 1-30（d）
和表 1-12］，2007 年～2019 年耐污种占比呈现波动变化，整体上呈现先增加后略有降低的
趋势，耐污种仍占主导，兼性种占比有所上升，清洁种占比在一定范围内浮动。2017～
2019 年的优势种种类均在历年出现过。2017～2019 年优势种仍以耐污种为主，因此白洋
淀生境条件仍需进一步改善。

表 1-12　2007～2019 年白洋淀历史大型底栖动物优势物种

时间	优势种	种类数
2007	中华圆田螺、中国圆田螺、绘环棱螺、梨形环棱螺、羽摇蚊幼虫	5
2009	中华圆田螺、豆螺、大红德永摇蚊、羽摇蚊、细长摇蚊、长足摇蚊	6
2011	中国圆田螺、梨形环棱螺、豆螺、日本沼虾、大红德永摇蚊、羽摇蚊	6
2012 年 08 月	中国圆田螺、梨形环棱螺、豆螺、大红德永摇蚊幼虫、羽摇蚊幼虫	5
2017 年 10 月	霍甫水丝蚓、豆螺、羽摇蚊、红色裸须摇蚊	4
2018 年 03 月	中国圆田螺、中华圆田螺、梨形环棱螺、日本沼虾、中华米虾、克氏螯虾	6
2018 年 07 月	箭蜓、中国圆田螺、中华圆田螺、大红德永摇蚊、羽摇蚊	5
2018 年 11 月	中华圆田螺、大红德永摇蚊、羽摇蚊、拟摇蚊	4
2019 年 03 月	米虾、梨形环棱螺、赤豆螺、椭豆螺、折叠萝卜螺、霍甫水丝蚓、红色裸须摇蚊	7
2019 年 06 月	克氏螯虾、中华圆田螺、梨形环棱螺、红色裸须摇蚊	4

2. 生物量和生物密度历史变化

对比 2009～2019 年不同大型底栖动物平均生物量和平均密度（图 1-31），2017～2019

年大型底栖动物平均生物量处于波动变化状态。与 2009～2012 年相比，2017～2019 年年平均密度较低。历史上由于人类活动的影响，白洋淀底栖生态系统遭到破坏，整体生物密度减少，大型底栖动物的结构相对单一。在 2009 年 10 月～2010 年，清洁种未采集到，有消失迹象。2009 年后随着"十一五"水专项开展，白洋淀水质有所好转，大型底栖动物的平均生物量和平均生物密度有所升高，大型底栖动物的结构变得多样化，耐污种占比降低，出现了清洁种，包括双壳纲和寡毛纲。2019 年随着"十三五"水专项综合整治，大型底栖动物平均生物量和平均生物密度有所提高。

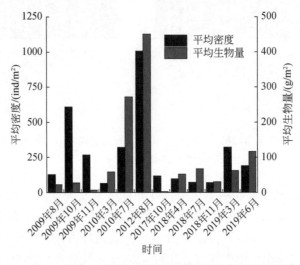

图 1-31　2009～2019 白洋淀大型底栖动物平均生物量和生物密度图

1.3.4　小结

　　2017～2019 年共采集大型底栖动物 6 纲 43 种，以耐污种占主导（占 41.2% 以上）。6 次采样优势种各不相同，主要优势种包括腹足纲和昆虫纲，其对环境的耐受能力较强。总生物密度为 0～559ind/m²，总生物量为 0～628g/m²，与太湖和鄱阳湖相比，平均生物量和平均生物密度处于相对较低水平。白洋淀大型底栖动物多样性指数中，Shannon-Wiener 指数、Margalef 指数和 Pielou 指数分别为 0.07～2.97、0.14～2.00 和 0.04～1.06。与太湖、洞庭湖和鄱阳湖相比，Margalef 指数较低，Shannon-Wiener 指数和 Pielou 指数与其他湖泊相当，表明白洋淀底栖动物的丰富度低于太湖、洞庭湖和鄱阳湖，多样性和均匀度与其他湖泊差异不大。

　　分析 2017～2019 年群落的变化特征，总物种数、平均生物量、平均生物密度和 Shannon-Wiener 指数在 2019 年均最高，在 2017 年除了平均生物密度外均最低。种类数最高的采样点主要分布在污染程度较低的区域（如烧车淀）。与 2009～2012 年相比，2017～2019 年大型底栖动物的生物密度降低。2009～2019 年，平均生物量和种类数处于波动变化状态。白洋淀在历史上大量外源碳氮磷等污染物进入水体，在沉积物中累积，造成白洋淀底栖环境受到污染，导致底栖动物平均生物量和平均生物密度处于相对较低水平，耐污性更强的昆虫纲繁殖茂盛。

1.4 浮游生物现状特征及历史对比分析

1.4.1 浮游生物研究概述

1. 浮游藻类概述

浮游藻类在水环境的研究中意义显著，其不仅仅是水环境中初级生产者和食物链的基础环节，也是水环境的重要指示生物，对物质循环和能量转化过程起着重要的作用（陆晓晗等，2020）。通常主要包含 8 个门类：蓝藻门（Cyanophyta）、隐藻门（Cryptophyta）、甲藻门（Dinophyta）、金藻门（Chysophyta）、黄藻门（Yanthophyta）、硅藻门（Bacillariophyta）、裸藻门（Euglenophyta）和绿藻门（Chlorophyta）。高芬等（2008）研究发现自 20 世纪 50 年代～2008 年，白洋淀浮游藻的种类数逐年减少。其中，耐受有机污染物的浮游藻种类增加，而不耐受有机污染物的浮游藻种类逐年减少，由此间接地说明白洋淀有机物污染日益严重。

浮游藻类与环境因子存在复杂的相关关系。许木启等（1996）研究发现由于气温和淀区水质的变化，淀内浮游藻类的种群数量变化较大。高芬（2008）发现了由于 8 月淀区温度较高、光照较强、水体中物质循环较快，8 月的浮游藻类总量高于 4 月。水中氮磷也影响了浮游藻类的分布。王乙震等（2015）发现浮游藻种群数量在淀内分布不均匀，水位深浅、光照强弱，以及水体中氮、磷等营养物质丰富程度都影响其生长繁殖。

2. 浮游动物概述

作为初级消费者和被捕食者，浮游动物可以促进物质及能量的流动和循环，在水生态系统中有着不可替代的作用。浮游动物一般包括原生动物、轮虫属、枝角类和桡足类四大类。浮游动物种类和数量的变化与湖泊污染和富营养化程度关系密切，调查结果发现，温度和富营养化程度等条件影响了湖泊中浮游动物个体数量、生物量和多样性。一般富营养化越高，浮游动物个体和生物量越高，但多样性会降低。王乙震等（2015）研究发现白洋淀由于水体污染，浮游动物多样性逐年减小，而且在污染严重区浮游动物多样性比较低。此外，季节变化所导致的温度差异对浮游动物也有影响。许木启等（1996）在 1993 年 5 月、7 月和 10 月对府河—白洋淀浮游动物调查中发现，浮游动物多样性指数随月变化呈现出先增加后减小的趋势。高芬（2008）发现 2008 年白洋淀浮游动物枝角类种类随着季节变化而变化，冬天最少，夏天次之，秋天最多。

在众多浮游动物种类中，枝角类、桡足类和轮虫属等浮游动物在白洋淀内数量以及种类很多，具有不可替代的作用。它们一方面是淀内众多鱼类的食物来源，另一方面制约着藻类、原生动物和微生物的生长和繁殖，在一定程度上发挥着"水质净化器"的功能（朱文静等，2020）。

1.4.2 浮游生物现状特征

1. 浮游藻

1）时间变化特征

2018 年白洋淀浮游藻类共发现 5 个门，包括蓝藻门、绿藻门、硅藻门、隐藻门和甲藻门，46 种以上。4 月藻类的细胞密度要高于 7 月和 11 月（图 1-32），淀区平均细胞密度可达 $3.433×10^7$ind/L。4 月为春季平水期，入淀水携带大量营养物质，蓝藻门、绿藻门在淀内大量繁殖，因而达到了最高值。不同月份，蓝藻门细胞密度均最大，其次为绿藻门、硅藻门、隐藻门，甲藻门细胞密度最小。

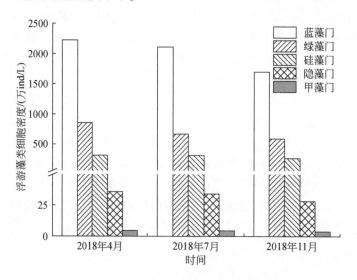

图 1-32 2018 年浮游藻类细胞密度时间变化

2）空间分布特征

对比分析 2018 年 4 月、7 月和 11 月三次采样平均值的空间分布情况（图 1-33），发现白洋淀不同采样区域浮游植物细胞密度的差别较大。其中，枣林庄的植物细胞密度最高，为 $2.317×10^7$ind/L；东田庄次之，为 $2.154×10^7$ind/L，浮游藻类密度最低的点位为杨庄子，为 $5.573×10^6$ind/L。对于不同门类水平的浮游藻类，蓝藻门和绿藻门种数主导优势。蓝藻门在多数点位如杨庄子、光淀张庄、后塘、东田庄和南刘庄的种数较高，在小张庄最低，占比为 45.03%；绿藻门在烧车淀最高，在杨庄子最低。

白洋淀浮游藻类主要以蓝藻门为主，间接说明了白洋淀水体富营养化。由于部分蓝藻门种类在生长发育的过程中不易被捕食，能产生有毒有害物质，其在一定程度上影响了白洋淀水生态系统的稳定及生物多样性（尚丽等，2021）。

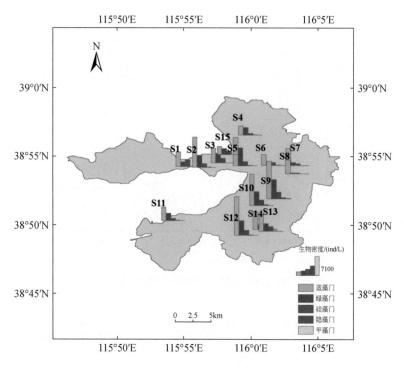

图1-33　2018年浮游藻类空间分布

2. 浮游动物

1）时间变化特征

2018年采集到浮游动物原生动物、轮虫、枝角类、桡足类共4大类。从时间变化上看（图1-34），4月左右浮游动物密度最大，平均达 1.763×10^4 ind/L，其中原生动物占15.91%，轮虫占40.25%，枝角类占24.01%，桡足类占19.83%。7月份浮游动物整体密度降低，平均密度仅为4月份的37.54%，且四种浮游动物密度均下降。11月份浮游动物密度为4月份的44.24%，原生动物密度相比7月有所上升，其他三类与7月份相当。浮游动物密度在4月份达到了最高值，主要是随季节温度升高，水体中营养物质增加，藻类和微生物大量繁殖，浮游动物生长速度较快。夏季水生植物生长旺盛，对水中营养物质消耗增加，藻类和微生物生长速度降低，导致浮游动物密度降低。

2）空间分布特征

对比分析2018年4月、7月和11月三次采样密度平均值的空间分布情况（图1-35），白洋淀浮游动物在鸳鸯岛密度最高，为 2.387×10^5 ind/L，枣林庄次之，烧车淀最低。各类浮游动物在分布上存在差异。原生动物在小张庄占比最高，在端村占比最低；轮虫在鸳鸯岛占比最高，在杨庄子占比最低；枝角类在枣林庄占比最高，在鸳鸯岛最低；桡足类在采蒲台占比最高，在枣林庄最低。

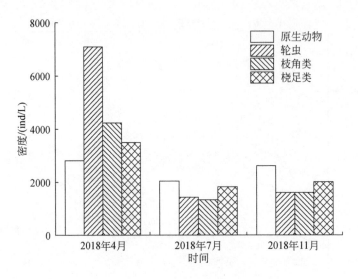

图 1-34　浮游动物密度时间分布

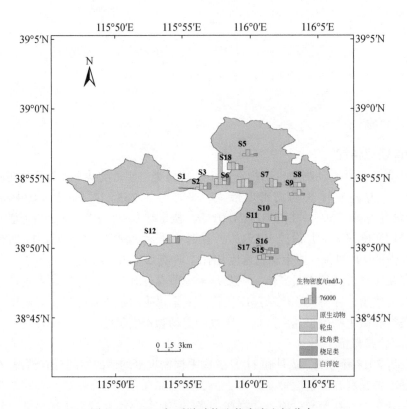

图 1-35　2018 年浮游动物生物密度空间分布

1.4.3 浮游生物历史对比分析

1. 浮游藻类

对比分析白洋淀"十一五"水专项报告和相关文献（顾宝瑛，1982；肖国华等，2010），不同年份6~8月藻类种类和密度时间分布如图1-36所示。近40年内，白洋淀浮游藻种类和数量在发生变化，1980年白洋淀区水质清澈，湖泊水质良好，浮游藻平均密度低，仅为$1.17×10^6$ind/L，以绿藻门为主，其次是硅藻门、蓝藻门、甲藻门和金藻门，黄藻门密度极低。根据调查数据，1980年前后藻类平均密度均小于$1.5×10^6$ind/L。2010年和2018年白洋淀藻类平均密度相当，均大于$3×10^7$ind/L，较1980年白洋淀藻类平均密度有大幅度上升，且优势种由绿藻门转变为蓝藻门。蓝藻门作为水质富营养化的指示物种，表明目前白洋淀水质相比1980年有变差趋势。

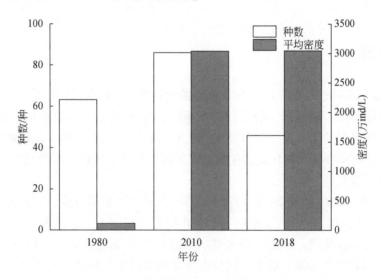

图1-36 浮游藻类种类和密度时间分布

2. 浮游动物

作为生态系统中的消费者，也是生态系统中不可或缺的被捕食者，浮游动物对整个白洋淀生态系统的物质和能量流动发挥着重要作用。参考"十一五"水专项报告以及其他数据（王乙震等，2015），浮游动物密度历年分布如图1-37所示，相较于1980年、2010年，白洋淀原生动物、轮虫、枝角类数量都有较大幅度增加；相较于2010年，2018年白洋淀原生动物、轮虫数量减少，而枝角类、桡足类数量远高于其他年份。浮游动物数量总体呈上升趋势，这与水质状况密切相关。浮游动物由于个体小、生命周期短，对水环境变化敏感，可在短时间内对环境变化做出反应，其密度和生物量随着水体富营养化的加剧也逐渐增加（杨威等，2020）。

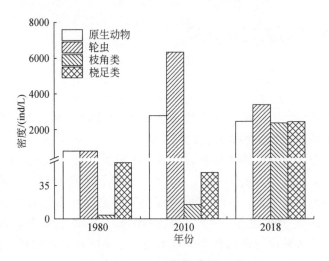

图 1-37　浮游动物密度年份变化

1.4.4　小结

分析 2018 年 4 月、7 月和 11 月白洋淀浮游生物特征，白洋淀浮游藻类共发现 5 个门，包括蓝藻门、绿藻门、硅藻门、隐藻门和甲藻门，46 种以上；浮游动物为原生动物、轮虫、枝角类、桡足类共 4 大类。从时间变化上看，4 月浮游藻类和浮游动物的密度最高；空间变化上，浮游藻类在枣林庄的总生物密度最高，杨庄子最低；浮游动物生物密度在鸳鸯岛最高，烧车淀最低。

对比 1980 年、2010 年和 2018 年浮游藻类和浮游动物调研数据，2010 年和 2018 年白洋淀浮游藻类密度均大于 3×10^7 ind/L，较 1980 年有大幅度上升，1980～2018 年间优势物种由绿藻门转变为蓝藻门；1980～2018 年，浮游动物数量总体呈上升趋势，相较于 1980 年，2010 年白洋淀原生动物、轮虫、枝角类数量明显增加，2018 年相较于 2010 年白洋淀原生动物、轮虫数量减少，枝角类、桡足类数量增加。

1.5　微生物现状特征

1.5.1　微生物研究概述

湖泊沉积物中的微生物在湖泊生态系统中起着关键性的作用，它们在湖泊物质交换和沉积物地球化学循环，特别是对湖泊中的碳、氮、磷和硫元素的物质循环，起着至关重要的作用。微生物多样性指环境系统中所有的微生物种类、它们拥有的基因以及这些微生物与环境之间相互作用的多样化程度，存在于基因、物种、种群及群落四个层面，是环境生态系统的一个基本生命特征。目前微生物多样性研究主要集中在物种、功能、结构及遗传的多样性四个方面,涉及微生物学、环境化学和生态学等重要基础学科。

环境中微生物的群落结构及多样性和微生物的功能及代谢机理是微生物生态学的研究热点。在不同环境条件下的微生物生态系统其组成、数量、活动强度和转化过程等都有所不同。例如陆地环境中与水域环境中的微生物生态系统不会相同。即使同是水域,由于海水环境和淡水环境中的理化因素和基质成分不一样,造成了对微生物的选择性不一样,结果组成的微生物生态系统有着各方面的差异。因此,一般来说,每一个特定的生态环境,都有一个与之相适宜而区别于其他生态环境的微生物生态系统。在同一个生态环境中,由于其中某一因素的变化,也可能会引起微生物生态系统中组成成分或代谢强度、最终产物的改变。例如,环境受每日、每季、每年周期性变化的影响,微生物生态系统中的优势群体往往会随温度变化而产生周期性演替。沉积物系统自身组成复杂以及环境条件的差异可导致沉积物中微生物多样性发生巨大的变化。

1.5.2 白洋淀微生物群落现状

1. 不同深度底泥微生物多样性分析

1) 微生物 α 多样性分析

由表 1-13 的数据可以看出,随着采样深度的增加,A 组样品 Chao1 指数呈波动变化,总体呈现下降趋势,B 组样品 Chao1 指数值均显著性下降,Chao1 指数反映样品中群落的丰富度,可见随着深度增加,底泥处于厌氧状态,好氧微生物大幅度减少,厌氧和兼性微生物数量增多,物种丰富度显著减小;A、B 两组样品 Shannon-Wiener 指数呈现与 Chao1 指数相同的趋势。Shannon-Wiener 指数和 Simpson 指数综合考虑群落中物种的丰富度和均匀度,说明底泥深度为 20 ~ 30cm 时随底泥深度增加,微生物不仅在物种丰富度上,而且在物种均匀度上明显降低。因此认为表层泥中微生物群落具有更大的多样性,随底泥深度增加,微生物群落多样性降低。

表 1-13 不同深度底泥中微生物 α 多样性指数

Sample ID		Chao1	优势度指数	观测物种数	Shannon-Wiener	Simpson
烧车淀底泥 A0 ~ 10cm	真菌	1213	0.063	806	6.529	0.937
	细菌	2194	0.030	1254	8.048	0.970
烧车淀底泥 A10 ~ 20cm	真菌	1637	0.170	1258	5.540	0.830
	细菌	2535	0.018	1556	8.604	0.982
烧车淀底泥 A20 ~ 30cm	真菌	353	0.762	181	0.928	0.238
	细菌	2182	0.013	1229	8.081	0.987
烧车淀底泥 B0 ~ 10cm	真菌	1474	0.179	1130	5.061	0.821
	细菌	2720	0.009	1664	8.977	0.991
烧车淀底泥 B10 ~ 20cm	真菌	1033	0.166	673	4.920	0.834
	细菌	2705	0.007	1574	8.931	0.993

Sample ID		Chao1	优势度指数	观测物种数	Shannon-Wiener	Simpson
烧车淀底泥 B20~30cm	真菌	927	0.123	544	4.917	0.877
	细菌	2507	0.008	1495	8.795	0.992

2）微生物群落结构分析

不同深度底泥真菌共有种下单元（OTU）数目占比较少（图1-38），独有OTU数目较多；细菌共有OTU数目占比较大。不同深度底泥OTU种类差别较大，这是因为随着深度的增加适宜微生物生存的环境类型和营养条件发生明显变化。

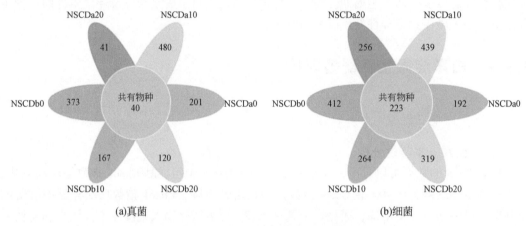

(a)真菌　　　　　　　　　　　　(b)细菌

图1-38　共有或特有物种维恩图

白洋淀不同深度底泥微生物群落结构在门分类水平上具有较高的多样性（图1-39）。烧车淀底泥中真菌相对丰度从高到低依次是担子菌门（Basidiomycota）、子囊菌门

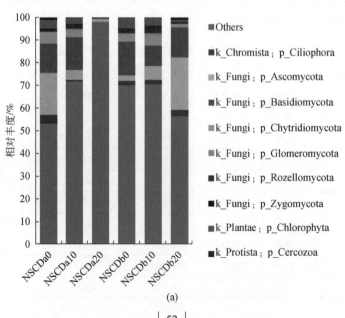

(a)

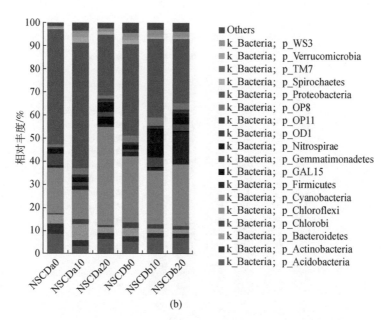

(b)

图 1-39 门分类水平上不同深度底泥微生物相对丰富度分布

（Ascomycota）、壶菌门（Chytridiomycota）。烧车淀采样点 A 中，随着深度的增加，子囊菌门、担子菌门、壶菌门的相对丰度均减小。而在烧车淀采样点 B 中，随着采样深度的增加，担子菌门的丰度基本保持不变，子囊菌门丰度显著提高，而绿藻门相对丰度略有提高。

从门分类水平看，细菌优势菌种主要为变形菌门（Proteobacteria）、绿弯菌门（Chloroflexi）、酸杆菌门（Acidobacteria）、硝化螺旋菌门（Nitrospirae）。烧车淀底泥采样点 A 中，随着采样深度的增加，变形菌门相对丰度有所减小，而绿弯菌门相对丰度升高；采样点 B 中绿弯菌门相对丰度基本保持不变，变形菌门相对丰度略有下降。不同深度底泥微生物群落结构群落在门水平上略有差异，各菌群丰度随底泥深度增加而减小，变形菌门丰度从表层到深层逐渐降低。这和 Alpha 多样性统计结果一致，进一步验证了随底泥深度增加细菌群落多样性降低的结论。

从属分类水平看（图 1-40），B 点不同深度底泥下的真菌相对丰度普遍不高，其中纤毛虫属（*ciliophora*）为优势菌种，主要分布在 20～30cm 处。同时，在采样点 A 中，相对丰度较高的菌种，随着采样深度的增加，相对丰度均减小；而采样点 B 相对丰度随着采样深度的增加逐渐升高。底泥优势菌种主要为曲霉属（*Aspergillus*）。在 B 点 20～30cm 处发现大量梭菌属（*Clostridium*）。

2. 植物根际与非根际土壤微生物特性分析

1）微生物 α 多样性分析

表 1-14 为植物根际与非根际底泥微生物的 Alpha 多样性指数统计，可以看出，两样品 Shannon 指数与 Chao1 指数变化相近。可见南刘庄植物根际与非根际真菌群落的丰富度和均匀度变化相似。植物根际底泥中细菌物种多样性和均匀度均略低于非根际底泥，但差异不大。

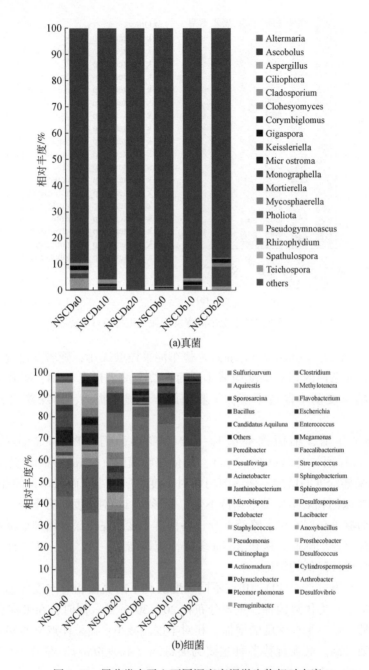

(a)真菌

(b)细菌

图1-40　属分类水平上不同深度底泥微生物相对丰度

表1-14　植物根际与非根际微生物 α 多样性指数

Sample ID		Chao1	dominance	observed_species	Shannon-Wiener	Simpson
南刘庄植物非根际底泥（NNLZ）	真菌	1111	0.0709	707	5.3834	0.9291
	细菌	2599	0.0069	1471	8.7303	0.9931

续表

Sample ID		Chao1	dominance	observed_species	Shannon-Wiener	Simpson
南刘庄植物根际底泥	真菌	956	0.084	669	5.257	0.916
（ZWNLZ）	细菌	2082	0.019	1374	8.479	0.981

2）微生物群落结构组成

图1-41为南刘庄植物根际与非根际微生物组成差异的比较，南刘庄植物根际真菌共有 OTU 种类数为 304 个，占比高于 35%，细菌共有 OTU 数目为 726 个，占比高于 38%，说明根际和非根际底泥中共有微生物种类数较多。但根际与非根际微生物独有 OTU 数目差异不大。

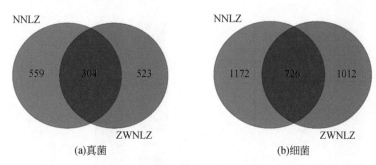

图 1-41　共有或特有物种维恩图

根际与非根际底泥中的真菌在门分类水平上有所差异。从门分类水平看 [图 1-42（a）]，南刘庄植物非根际底泥真菌优势菌种为担子菌门、子囊菌门、隐真菌门（Rozellomycota）。植物根际真菌优势菌种主要为子囊菌门和纤毛亚门（Ciliophora）。

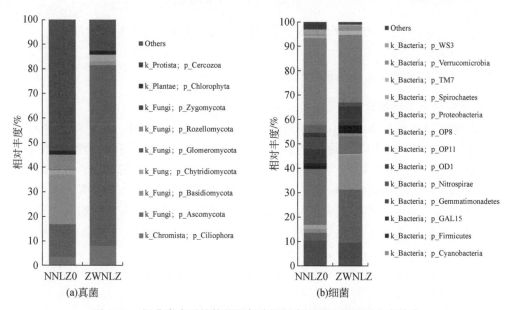

图 1-42　门分类水平植物根际与非根际底泥微生物相对丰度分布

　　而细菌优势菌门较为接近［图1-42（b）］，南刘庄植物非根际底泥细菌优势菌种主要为变形菌门（Proteobacteria）、绿弯菌门（Chloroflexi）、酸杆菌门（Acidobacteria），植物根际细菌优势菌种除了上述三种菌门外还有放线菌门（Actinobacteria）；而优势属的差异则较大（图1-43），南刘庄植物非根际底泥真菌优势菌种为鳞伞属（*Pholiota*），南刘庄植物根际优势菌种为链格孢属（*Alternaria*）、曲霉属（*Aspergillus*）、枝孢属（*Cladosporium*）。植物根际细菌菌种相对丰度从高到低依次是牙孢八叠球菌属（*Sporosarcina*）、鞘氨醇单胞菌属（*Sphingobacterium*）、双孢小双孢菌属（*Microbispora*）。非根际相对丰度从高到低依次是梭菌属（*Clostridium*）、芽孢杆菌属（*Bacillus*）、巨型单胞菌属（*Megamonas*）。

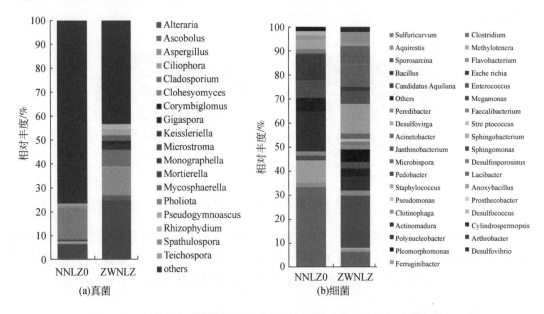

图1-43　属分类水平植物根际与非根际底泥微生物的物种相对丰度分布

3. 不同富营养化程度底泥微生物分析

1）微生物 α 多样性分析

　　本研究测序共获得 204 320 条序列，共检测到 16 005 个 OTUs。单个测样点 OTUs 数为 2455～2895 个。不同富营养化水平水体底泥细菌群落 α 多样性指数如表 1-15 所示。Chao1 指数用来评估样本中被检测到的 OTUs 量，而 Shannon-Wiener 指数、Simpson 指数以及 PD_whole_tree 综合考虑群落中物种的丰富度和均匀度。不同采样点的 α 多样性指数表明，中度富营养化区域细菌群落的丰富度和均匀度均高于重度富营养化区域，因此可认为，富营养化水体沉积物中细菌群落多样性随营养水平升高而降低。

表 1-15 不同富营养化水平底泥微生物 α 多样性指数

富营养化程度	采样点位		Chao1	Shannon-Wiener	Simpson
重度	白沟引河入淀口（BGYHRDK）	真菌	1607	6.72	0.97
		细菌	3050	9.25	0.97
	鸳鸯岛（YYD）	真菌	1582	5.69	0.87
		细菌	2993	8.62	0.99
	府河入淀口（FHRDK）	真菌	1465	4.53	0.75
		细菌	2927	8.89	0.99
中度	采蒲台（CPT）	真菌	1316	4.74	0.89
		细菌	3364	9.34	0.99
	王家寨（WJZ）	真菌	1766	7.34	0.98
		细菌	3468	9.35	0.99
	枣林庄（ZLZ）	真菌	1629	6.83	0.97
		细菌	3438	9.27	0.99

2) 微生物群落结构分析

白洋淀沉积物细菌群落结构在门分类水平上具有较高的多样性，各采样点位细菌组成差异不大（图 1-44），优势菌门为变形菌门（31%～43%）、绿弯菌门（10%～21%）、拟杆菌门（Bacteroidetes，9%～20%）、浮霉菌门（Patescibacteria，3%～9%）、疣微菌门（Verrucomicrobia，3%～7%）、酸杆菌门（3%～7%）、硝化螺旋菌门（Nitrospirae，1%～4%）等；在大多数沉积物样品中，变形菌门（34%～47%）、酸杆菌门（3%～8%）、绿弯菌门（3%～10%）和拟杆菌门（3%～13%）为优势种类。硝化螺旋菌门也多次被发现在淡水沉积物中为优势菌群。在变形菌门中发现的主要菌种有 α-变形菌纲（α-Proteobacteria，1.47%～6.11%）、γ-变形菌纲（γ-Proteobacteria，12.80%～32.99%）和 δ-变形杆菌纲（δ-Proteobacteria，8.50%～11.73%）。白沟引河入淀口的 α-Proteobacteria 丰度和 δ-Proteobacteria 高于其他采样点，分别为 6.11%、11.73%，而 γ-Proteobacteria 丰度却远低于其他采样点，为 12.80%。有研究表明，α-Proteobacteria、β-Proteobacteria 和 γ-Proteobacteria 中含有许多反硝化细菌，可进行自养或异养反硝化，δ-Proteobacteria 包含了以其他细菌为食的细菌，对沉积物氮、磷、硫和有机质循环有重要作用。据报道，绿弯菌门为光能自养型细菌，可在各种条件下较好生存，其多数种类是涉及有机污染物降解的细菌，白洋淀水体不同程度的富营养化状态使得绿弯菌门具有显著生存优势，成为白洋淀水体底泥的第二大优势菌门。绿弯菌门在重度富营养化采样点白沟引河入淀口、府河入淀口、鸳鸯岛的占比分别为 16%、17%、21%，而在中度富营养化采样点王家寨、枣林庄、采蒲台的占比分别为 10%、14%、10%，这间接说明了重度富营养化区域的化学需氧量（COD）含量高于中度富营养化区域，和水质分析结果一致。疣微菌门是革兰氏阴性细菌，在海洋动物、南极沿岸沉积物和海水等环境中存在，在厌氧条件下进行亚硝化作用。

不同富营养化水平采样点属分类水平上细菌群落结构有差异（图 1-45），且物种丰度小于 1% 的菌属较多，这也说明不同富营养化水平底泥的物种丰富度较高，与 Alpha 多样

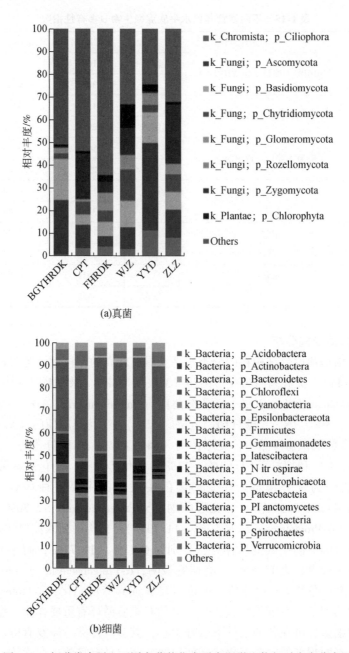

(a)真菌

(b)细菌

图1-44　门分类水平上不同富营养化水平底泥微生物相对丰度分布图

性较高一致。研究表明这些沉积物细菌群落的丰富性和多样性使沉积物在营养盐循环、有机物降解、重金属形态转化等方面起着重要的生态功能。重度富营养化水体底泥的优势菌属是硫杆菌属（*thiobacillus*）、脱氯单胞菌属（*dechloromonas*）、厌氧绳菌属（*anaerolinea*）；中度富营养化水体底泥的优势菌属是硫杆菌属（*thiobacillus*）、*OLB12*、黄杆菌属。有多种菌属在重度和中度富营养化区域的相对丰度有明显差异。硫杆菌属在重度富营养化采样点白沟引河入淀口、府河入淀口、鸳鸯岛的占比低，在中度富营养化采样点王家寨、枣林庄、采蒲台的占比高；厌氧绳菌属在白沟引河入淀口、府河入淀口、鸳鸯岛的占比高，在王家寨、枣林庄、采蒲台的占比低；*OLB12* 在白沟引河入淀口、府河入淀口、鸳鸯岛的占比低，在王家寨、枣林庄、采蒲台的占比高。

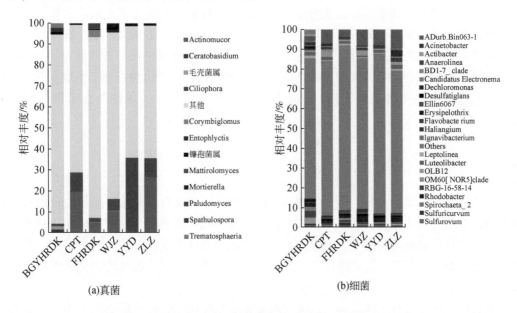

(a)真菌   (b)细菌

图 1-45 属分类水平上不同富营养化水平底泥微生物相对丰度

3）微生物 β 多样性分析

  针对真菌样本，采蒲台与端村采样点组成最为接近，距离为 0.59。王家寨处采样点与枣林庄处采样点组成次之，距离为 0.64。差异最大的为白沟引河入淀口与圈头采样点，距离为 0.93（图 1-46）。

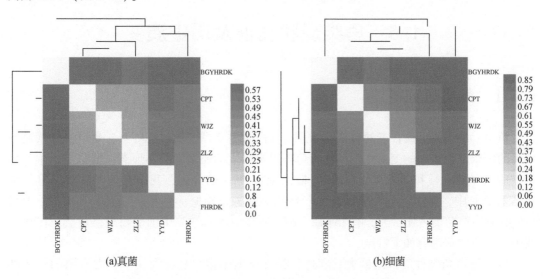

(a)真菌   (b)细菌

图 1-46 不同富营养化水平底泥微生物样本距离热图

β 多样性可反映不同富营养化程度沉积物样品细菌群落结构差异。从样本相关距离热图（图 1-46）可以看出，样本分为两大簇，一簇为重度富营养化区域白沟引河入淀口、府河入淀口、鸳鸯岛；另一簇为中度富营养化区域枣林庄、王家寨、采蒲台。这说明湖泊富营养化水平对沉积物细菌群落结构有一定影响，重度和中度富营养化水平水体沉积物细菌群落结构有明显差异，同一营养水平下的底泥细菌群落结构更相似。中度富营养化采样点王家寨和枣林庄的距离最近，为 0.11，说明王家寨和枣林庄的细菌群落具有较高的相似度；府河入淀口和白沟引河入淀口的距离最远，为 0.63，二者虽然都属于重度富营养化区域，但其细菌群落结构差异明显，可能和不同地理位置、人文条件及有机物组分差异有关。

1.5.3　小结

白洋淀底泥的碳源充足，微生物物种丰度较高，不同富营养化水平采样点位属分类水平上细菌群落结构有差异。在不同深度底泥中，随底泥深度增加，真菌不仅在物种丰富度上降低，而且在物种均匀度上也明显降低，表层泥中真菌群落具有更大的多样性，并且随底泥深度增加，真菌群落多样性降低。而随着深度增加，细菌的物种均匀度和多样性无明显变化。

植物根际底泥物种多样性和均匀度均略低于非根际底泥，但差异不大。根际与非根际底泥在真菌与细菌群落结构上均无较大差异。变形菌门和放线菌门是白洋淀植物根际最主要的优势菌群。

不同富营养化程度水体沉积物细菌群落结构在门分类水平上没有明显差异，在属分类水平上有差异。重度富营养化区域的优势菌属主要与含碳氮污染物的降解和循环有关；中度富营养化水体底泥的优势物种大多参与了硫循环活动。

1.6　鱼类现状特征及历史演变

1.6.1　鱼类研究概述

鱼类，是世界上最古老的脊椎动物，身体由骨鳞支撑，通过鳃呼吸，是以身体摆动和鱼鳍的协调进行运动的变温水生动物。鱼类以水为生活环境，身体形态、器官与水生环境相互适应（刘凌云和郑光美，1997）。根据 *Fish Base* 的介绍，我国有鱼类总类别量约为3446 种。其中，海洋鱼类约有 1994 种，淡水鱼类种类较少，约为 1452 种。淡水中，鲤科（Cyprinidae）鱼类占比最大，有 154 属，674 种（中国科学院中国动物志委员会，1998）。我国淡水鱼类资源有如下特点。

（1）鲤科鱼类种类占比最大。鲤科鱼类种类最丰富，是我国淡水鱼类资源的一大特点，其占比超过淡水鱼类总量的一半，也是我国渔业利用的主要经济鱼类。

（2）经济鱼类的鱼卵具有漂流性。我国主要的经济鱼类大多数属于江河或河海洄游的洄游型鱼类，如常见的"四大家鱼"、铜鱼等，每到 5 月、6 月产卵之际，发育完全的鱼类到江河中繁殖，鱼卵吸水漂流，随着水流被带入沿岸的洼地、湖泊中，在营养充足的环境内生长（唐启升，2011）。

鱼类是湖泊的重要成员，对湖泊的整个环境情况以及渔业资源情况的变化有较好的指示作用。因此，研究湖泊内鱼类的生物学特性和生态学作用是加强湖泊渔业管理和可持续利用渔业资源的重要途径。陶洁（2012）通过对淀山湖内小型鱼进行采样和数据分析，掌握了其基本生长与死亡特性和资源情况，为该湖泊生态系统的平衡提供了很好的参考。李杰钦（2013）对洞庭湖内鱼类的种类、生态类型、产量及其变化进行了分析和研究，对鱼类多样性、群落结构的变化及其相关环境影响因素进行了讨论，为洞庭湖水生动物的保护和资源的可持续利用提供了科学研究资料，为洞庭湖生态工程的建设提供了可靠的信息。

1.6.2　白洋淀鱼类现状

1. 鱼类的种类组成

分析白洋淀鱼类的种类组成（表 1-16、图 1-47），可知 2018～2019 年共采集鱼类 18 种，隶属 4 目 9 科。在目级水平上，鲤形目（Cypriniformes）（11 种）种类最多，占调查物种总数的 61.11%；其次是鲈形目（Perciformes）（5 种），占 29.41%，其他目各 1 种。在科的水平上，鲤科（Cyprinidae）（31 种）种类最多。

参照鱼类食性文献资料（易伯鲁，1982）可将白洋淀鱼类划分为杂食性鱼类、肉食性鱼类、滤食性鱼类和草食性鱼类。由表 1-17 和图 1-48 可知，2018～2019 年白洋淀鱼类主要以肉食性和杂食性为主，分别占 44.44% 和 38.89%。其中，鲤形目为主要的杂食性鱼类，肉食性鱼类主要以鲈形目为主。

表 1-16　2018～2019 年白洋淀鱼类的种类组成

目	科	种
鲤形目	鲤科	马口鱼、棒花鱼、鲫鱼、鲦鱼、红鳍鲌、麦穗鱼、鲤鱼、草鱼、鲢鱼、中华鳑鲏
	鳅科	泥鳅
鲶形目	鲿科	黄颡鱼
鲈形目	塘鳢科	黄黝鱼
	鳢科	乌鳢
	丝足鲈科	圆尾斗鱼
	石首鱼科	大黄鱼
	虾虎鱼科	虾虎鱼
合鳃鱼目	合鳃鱼科	黄鳝

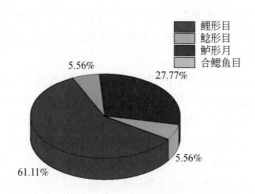

图 1-47　2018～2019 年白洋淀鱼类的种类组成

表 1-17　2018～2019 年白洋淀鱼类食性组成

食性分类	物种数	物种组成	食性特点
肉食性鱼类	8	马口鱼、黄鲀鱼、黑鱼、大黄鱼、黄鳝、圆尾斗鱼、黄颡鱼、虾虎鱼	幼鱼以枝角类、桡足类和水生昆虫等水生无脊椎动物及小鱼为食，成鱼主要食小型鱼类、虾类和水生昆虫，偶尔也摄食无脊椎动物
杂食性鱼类	7	棒花鱼、泥鳅、鲫鱼、鲦鱼、红鳍鲌、麦穗鱼、鲤鱼	以枝角类、桡足类和水生昆虫等水生无脊椎动物及鱼虾为食；也以浮游藻类和原生动物为食
草食性鱼类	1	草鱼	以水生维管束植物为食
滤食性鱼类	2	中华鳑鲏、鲢鱼	以浮游藻类和原生动物为食

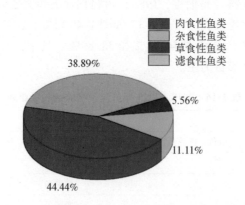

图 1-48　2018～2019 年白洋淀鱼类食性组成

2. 鱼类优势种组成

采用 Pinkas 等（1971）提出的相对重要性指数（IRI）研究鱼类群落优势种的成分，即

$$IRI=(N\%+W\%)F\% \qquad (1\text{-}12)$$

式中，$N\%$ 为某一种鱼类的尾数占总尾数的比重；$W\%$ 为某一种鱼类的质量占总质量的比

重；*F*%为某一种鱼类出现的站数占调查总站数的比重。

根据以往研究结果（韩婵等，2014），将相对重要性指数 IRI≥500 的物种定为优势种，500>IRI≥100 的物种定为常见种，100>IRI≥10 的物种定为一般种，10<IRI 定为少有种。

按照 IRI 值进行排序（表1-18），2018～2019 年优势种鱼类有鲫鱼、大黄鱼、红鳍鲌、鲦鱼、圆尾斗鱼（*Macropodus chinensis*）、黄鲴鱼、草鱼（*Ctenopharyngodon*）、乌鳢（*Channa argus*）和棒花鱼（*Abbottina*）9 种。不同时间鱼类的优势度存在一定差别。2018 年 7 月和 11 月主要的优势种鱼类为鲫鱼和红鳍鲌；2019 年 3 月为大黄鱼和圆尾斗鱼，6 月为鲫鱼、圆尾斗鱼和黄鲴鱼。

表 1-18　白洋淀 2018～2019 年鱼类优势种组成

种类	2018 年 7 月			2018 年 11 月			2019 年 3 月			2019 年 6 月		
	N%	*W*%	IRI	*N*%	*W*%	IRI	*N*%	*W*%	IRI	*N*%	*W*%	IRI
鲫鱼	75.93	87.93	14044.87	23.58	32.77	3130.34	3.35	37.02	1834.70	4.82	24.15	1738.24
大黄鱼							65.32	24.08	4876.42	4.82	1.83	133.02
红鳍鲌	0.46	2.10	3656.86	8.94	6.38	851.35	1.23	4.57	105.46	0.00	0.00	0.00
鲦鱼	6.02	5.12	477.36	26.42	10.08	3244.80	0.00	0.00	0.00	0.00	0.00	0.00
圆尾斗鱼				0.81	0.35	25.77	14.08	8.90	626.95	31.93	9.35	2476.83
黄鲴鱼	12.96	2.07	644.13	6.10	0.87	387.36	8.27	3.56	430.37	28.31	12.82	2468.03
草鱼							5.63	7.19	466.26	20.48	2.78	1395.95
乌鳢				4.07	31.65	1190.63	0.18	0.82	9.03	3.61	10.94	873.28
棒花鱼	0.93	0.07	14.23	13.01	2.16	842.66	0.53	2.36	52.55	1.20	4.59	115.92
黄颡鱼							0.18	1.25	12.95	1.20	8.25	378.35
泥鳅	2.31	0.74	43.71	0.81	4.03	107.71	0.70	8.86	260.75	0.60	16.97	351.49
马口鱼	1.39	1.97	96.00	14.63	11.10	285.98	0.00	0.00	0.00	0.00	0.00	0.00
虾虎鱼							0.00	0.00	0.00	1.81	4.52	126.50
中华鳑鲏				1.63	0.59	24.67	0.53	1.39	52.38	1.20	3.79	99.80

3. 鱼类的平均生物量分布特征

以 2018 年为例，分析 2018 年白洋淀的鱼类平均生物量的分布特征（图1-49）。2018 年白洋淀鱼类的平均生物量范围为 52.03～1309g/m²。其中，圈头的鱼类平均生物量最多，为 1309g/m²，金龙淀次之，府河入淀口的鱼类平均生物量最少。其中，鲫鱼对采蒲台和金龙淀的鱼类总生物量的贡献率最高。作为一种适应性较强的鱼类，鲫鱼食性广、适应性强、繁殖力强、抗病力强、生长快、对水温要求不高，便于养殖，因而是白洋淀主要的经济鱼类，也是鱼类的主要优势种（张江凡等，2018）。

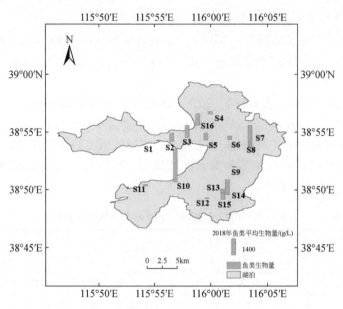

图 1-49　2018 年白洋淀鱼类平均生物量空间分布图

1.6.3　白洋淀鱼类历史演变规律

根据历年的采样调研可知（图 1-50），白洋淀的鱼类最多包括 11 个目（1958 年），最少包括 5 个目（1975 年）。其主要的分布趋势为鲤鱼目占较大比重，鲈形目次之，其他目占比相差不大，但白洋淀的鱼类组成数量在 1958～2010 年仍存在较大差异，其主要与白洋淀各方面的水文条件等有关。

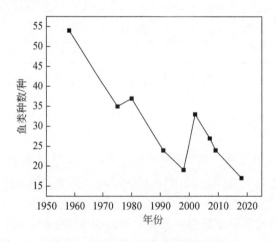

图 1-50　1960～2020 年白洋淀采样

根据郑葆珊等（1960）的调研记录，1958 年白洋淀被发现的鱼类达 11 目 17 科 30 属 54 种。1958 年后由于上游的拦洪建库加上大清河下游筑坝和围水造田工程，不但阻截了顺河入淀的鱼类，切断了洄游鱼类的入淀通道，而且使得白洋淀除汛期排洪外，很少有水入淀，1975～1976 年调查到的鱼类仅有 5 目 11 科 33 属 35 种（王所安，2001），所减少的主要是沿海河溯水入淀和上游河流产卵入淀的鱼类，如鳗鲡（*Anguilla japonica*）、梭鱼（*Liza haematocheila*）、银鱼（*Cephalophyllum loreum*）、鳡（*Elopichthys bambusa*）、赤眼鳟（*Squaliobarbus curriculus*）和青鱼（*Mylopnaryngodon piceus*）等。随后 1980 年蓄水的作用下，白洋淀鱼类有所上升，可发现 8 目 14 科 37 种。1991 年调查到白洋淀鱼类仅 7 目 12 科 24 种（曹玉萍，1991）；1998 年保定水产技术站调查记录了 19 种鱼类，2001～2002 年调查有 7 目 12 科 30 属 33 种（曹玉萍等，2003）。之后在 2007～2009 调查得到鱼类 7 目 11 科 25 种，且很多为人工养殖种类（边蔚，2013）。2018 年调查到的鱼类仅 17 种，而 2019 年调查到鱼类仅 11 种，减少的鱼类品种除了溯河性鱼类鳗鲡目（*Anguilliformes*）的鳗鲡、鲻形目（*Mugiliformes*）鲻科（*Mugilidae*）的梭鱼、鲈形目的鲈鱼、形目科的暗纹东方鲀（*Takifugu fasciatus*）等处，一些大型的经济鱼类如鳡鱼、鳜鱼、青鱼、鳊鱼、赤眼鳟等也没有被发现。由此说明，白洋淀鱼类数量逐渐减少。

从习性的角度上看，白洋淀 1958～2019 年鱼类组成主要以杂食性鱼类为主，肉食性鱼类次之，草食性鱼类和滤食性鱼类的种类较少，但后两者的组成基本变化不大。对于肉食性鱼类，1958 年种类数较多（16 种），随后在 1975～2010 年维持在 9～11 种，在 2018～2019 年达到最低值，仅 3 种。目前，全年均可发现的肉食性鱼类主要包括黄黝鱼和乌鳢，马口鱼（*Opsariichthys bidens*）在 1991～2007 年未出现，2009 年后被发现。对于杂食性鱼类，其占比最大，在历年中的变化趋势与肉食性鱼类相当。其中棒花鱼（*Abbottina*）、泥鳅（*Misgurnus anguillicaudatus*）、鲫鱼、鲦鱼、麦穗鱼（*Pseudorasbora parva*）、鲤在历年均有出现。草食性鱼类主要以草鱼、鲢鱼（*Hypophthalmichthys molitrix*）为主，滤食性鱼类主要以中华鳑鲏（*Phodeus sinensis*）、鳙（*Aristichthys nobilis*）为主，且中华鳑鲏在 1958～2019 年一直存在。

1.6.4 小结

（1）2018～2019 年白洋淀鱼类主要有 4 目 9 科 17 种，其中鲤鱼目占比较大，鲈形目占比较小。不同食性鱼类主要为肉食性（鲈形目为主）和杂食性（鲤形目为主）。主要优势种为鲫鱼、大黄花鱼、红鳍鲌、鲦鱼、圆尾斗鱼、黄黝鱼、草鱼、乌鳢和棒花鱼 9 种。采蒲台的鱼类生物量最多，东田庄的鱼类生物量最少。

（2）白洋淀鱼类历史变化表明，白洋淀 1958～2019 年鱼类种数呈下降趋势，1958 年最多，2019 年最少。鱼类组成和食性组成在历年中变化不大，主要以杂食性鱼类为主，多数为鲤形目，肉食性鱼类次之，滤食性鱼类最少。

1.7 本章小结

以北方浅水湖泊白洋淀为研究区域，分析了底栖生物（包括沉水植物和底栖动物）、浮游生物（浮游动物、浮游植物）、鱼类和微生物群落的组成、结构和多样性的历史现状特征，明晰了白洋淀水生生物群落时空分布规律，为后续底栖生态系统修复奠定基础。

（1）2017～2019 年白洋淀采样发现沉水植物 11 种，与 1958 年（15 种）相比，有 4 种未采集到。主要优势种为篦齿眼子菜、菹草、穗状狐尾藻、金鱼藻和菹草。以耐污种群落为主，占比为 87%～94%。多样性的研究结果表明，平水期与枯水期沉水植物各多样性指数相当，丰水期与其他水期相比，Margalef 丰富度指数显著增高，Pielou 均匀度指数、Alatalo 均匀度指数降低，Shannon-Wiener 指数和 Simpson 多样性指数略有升高。1980～2018 年沉水植物历史演变发现，1980～2018 年沉水植物总物种数有所降低，历年沉水植物群落均以耐污种群落为主。1991～1993 年主要以竹叶眼子菜群落为主，2007 年和 2009 年为金鱼藻群落为主，2018 年以篦齿眼子菜群落为主。

（2）2017～2019 年共采集白洋淀大型底栖动物 6 纲 43 种，主要优势种为腹足纲和昆虫纲，以耐污种为主（占 41.2% 以上）。白洋淀平均生物量、平均生物密度和 Margalef 指数低于太湖、洞庭湖和鄱阳湖，Shannon-Wiener 指数和 Pielou 指数与其他湖泊相当。总物种数、平均生物量、平均生物密度和 Shannon-Wiener 指数在 2019 年均最高，在 2017 年除了平均生物密度外均最低。种类数最高的采样点主要分布在污染程度较低的区域（如烧车淀），平均生物量、平均生物密度和多样性指数最高的采样点均分布在污染程度较为严重的区域（如府河入淀口和南刘庄等）。与 2009～2012 年相比，2017～2019 年大型底栖动物的生物密度降低。2017～2019 年，平均生物量和种类数处于波动变化状态。

（3）白洋淀底泥中微生物的物种丰度小于 1% 的菌属较多，说明底泥的碳源充足，微生物的物种丰富度较高。在不同深度底泥中，底泥中真菌群落具有更大的多样性，并且随深度增加，真菌群落多样性降低，而细菌的物种均匀度和多样性无明显变化。植物根际底泥物种多样性和均匀度均略低于非根际底泥。不同富营养化程度水体沉积物细菌群落结构在门分类水平上没有明显差异，在属分类水平上有差异。重度富营养化区域的优势菌属主要与含碳氮污染物的降解和循环有关；中度富营养化水体底泥的优势物种大多参与了硫循环活动。

（4）2018 年白洋淀浮游藻共发现 5 门，包括蓝藻门、绿藻门、硅藻门、隐藻门和甲藻门，46 种以上，以蓝藻门为主；采集到浮游动物四大类。从时间变化上看，4 月浮游藻类和浮游动物的密度最高。对比 1980 年、2010 年和 2018 年浮游藻类和浮游动物调研数据，2010 年和 2018 年白洋淀浮游藻密度均大于 $3×10^7$ ind/L，较 1980 年有大幅度上升，1980～2018 年优势物种由绿藻门转变为蓝藻门；1980～2018 年，浮游动物数量总体呈上升趋势，相较于 1980 年，2010 年白洋淀原生动物、轮虫、枝角类数量明显增加，2018 年相较于 2010 年白洋淀原生动物、轮虫数量减少，枝角类、桡足类数量增加。

（5）2018～2019 年共采集鱼类 4 目 9 科 17 种，以鲤鱼目为主，经济鱼类鲫鱼为主要的优势种。分析 1950～2019 年鱼类的种类数可知，随着白洋淀富营养化以及污染的加重，淀内的鱼类种群的数量与种类呈下降趋势。

参 考 文 献

边蔚 . 2013. 白洋淀水产养殖污染负荷与控制研究 . 北京：中国地质大学 .
蔡永久，姜加虎，张路，等 . 2010. 长江中下游湖泊大型底栖动物群落结构及多样性 . 湖泊科学，22（6）：811-819.

曹玉萍 . 1991. 白洋淀重新蓄水后鱼类资源状况初报 . 淡水渔业, 21 (5): 20-22.

曹玉萍, 王伟, 张永兵 . 2003. 白洋淀鱼类组成现状 . 动物学杂志, 38 (3): 65-69.

陈立婧, 彭自然, 孙家平, 等 . 2008. 安徽南漪湖底栖动物群落结构 . 动物学杂志, 43 (1): 63-68.

陈其羽, 梁彦龄, 吴天惠 . 1980. 武汉东湖大型底栖动物群落结构和动态的研究 . 水生生物学集刊, 4 (1): 41-56.

陈伟民, 黄祥飞, 周万平, 等 . 2005. 湖泊生态系统观测方法 . 北京: 中国环境科学出版社 .

陈小峰, 陈开宁, 肖月娥, 等 . 2006. 光和基质对菹草石芽萌发、幼苗生长及叶片光合效率的影响 . 应用生态学报, 17 (8): 1413-1418.

崔俊辉, 董鑫 . 2020. 白洋淀芦苇生态功能与经济发展研究 . 石家庄铁道大学学报 (社会科学版), 14 (3): 34-38.

刁正俗 . 1990. 中国水生杂草 . 重庆: 重庆出版社 .

董芮, 王玉玉, 吕偲, 等 . 2020. 水文连通性对西洞庭湖大型底栖动物群落结构的影响 . 生态学报, 40 (22): 8336-8346.

甘新华, 林清 . 2008. 广西河池沉水植物多样性及分布初步调查 . 广西师范学院学报 (自然科学版), 25 (3): 83-88.

高芬 . 2008. 白洋淀生态环境演变及预测 . 保定: 河北农业大学 .

高丽楠 . 2013. 水生植物光合作用影响因子研究进展 . 成都大学学报 (自然科学版), 32 (1): 1-8, 23.

耿世伟, 陈晨, 陈安, 等 . 2019. 天津淡水生态系统大型底栖动物群落结构特征研究 . 环境科学与管理, 44 (7): 156-160.

龚志军 . 2002. 长江中游浅水湖泊大型底栖动物的生态学研究 . 武汉: 中国科学院水生研究所 .

顾宝瑛 . 1982. 白洋淀的浮游生物 . 河北农学报, 7 (2): 90-98.

郭晓丽 . 2010. 大王滩水库集水区沉水植物分布特征及多样性研究 . 桂林: 广西师范大学 .

韩婵, 高春霞, 田思泉, 等 . 2014. 淀山湖鱼类群落结构多样性的年际变化 . 上海海洋大学学报, 23 (3): 403-410.

郝贝贝 . 2018. 浅水湖泊沉水植物建构功能及其对升温的响应 . 武汉: 中国科学院大学 .

黄明显, 欧阳惠卿, 张崇洲, 等 . 1959. 白洋淀冬季渔业生物学基础调查 . 动物学杂志, (3): 89-95.

惠晓梅, 王爱花, 李超, 等 . 2019. 沁河山西段大型底栖动物多样性及水质生物评价 . 山西大学学报 (自然科学版), 42 (1): 253-264.

江波, 陈媛媛, 肖洋, 等 . 2017. 白洋淀湿地生态系统最终服务价值评估 . 生态学报, 37 (8): 2497-2505.

金相灿, 屠清瑛 . 1990. 湖泊富营养化调查规范 . 2 版 . 北京: 中国环境科学出版社 .

李峰, 谢永宏, 杨刚, 等 . 2008. 白洋淀水生植被初步调查 . 应用生态学报, 19 (7): 1597-1603.

李杰钦 . 2013. 洞庭湖鱼类群落生态研究及保育对策 . 长沙: 中南林业科技大学 .

李玲玉 . 2015. 鄱阳湖湿地沉水植物群落与水体、底泥营养化及重金属污染的关系 . 南昌: 江西师范大学 .

李强 . 2007. 环境因子对沉水植物生长发育的影响机制 . 南京: 南京师范大学 .

李强, 王国祥 . 2008. 冬季降温对菹草叶片光合荧光特性的影响 . 生态环境, 17 (5): 1754-1758.

李新正, 刘录三, 李宝泉, 等 . 2010. 中国海洋大型底栖生物: 研究与实践 . 北京: 海洋出版社 .

梁彦龄, 刘伙泉 . 1995. 草型湖泊资源、环境与渔业生态学管理 . 北京: 科学出版社 .

刘嫦娥, 陈亮, 和树庄, 等 . 2012. 水体水质理化性质与沉水植物生长的生物学特征相关性研究 . 环境科学与技术, 35 (11): 1-5, 15.

刘成林, 谭胤静, 林联盛, 等 . 2011. 鄱阳湖水位变化对候鸟栖息地的影响 . 湖泊科学, 23 (1):

129-135.

刘春兰，谢高地，肖玉．2007．气候变化对白洋淀湿地的影响．长江流域资源与环境，12（2）：245-250.

刘鸿亮．1987．湖泊富营养化调查规范．北京：中国环境科学出版社．

刘凌云，郑光美．1997．普通动物学．3版．北京：高等教育出版社．

刘息冕，俞薇，李天胜，等．2013．城市湖泊大型底栖动物群落结构及季节变化．南昌大学学报（理科版），37（6）：564-569.

刘正，黄振芳，杨忠山．2008．底栖动物的种类及其在环境学中的应用．北京：北京市水文科学技术研讨会．

芦康乐，杨萌尧，武海涛，等．2020．黄河三角洲芦苇湿地底栖无脊椎动物与环境因子的关系研究——以石油开采区与淡水补给区为例．生态学报，40（5）：1637-1649.

陆晓晗，曹宸，李叙勇．2020．基于浮游植物的北方景观河流水生态系统评价．环境保护科学，46（3）：104-113.

牛淑娜，张沛东，张秀梅．2011．光照强度对沉水植物生长和光合作用影响的研究进展．现代渔业信息，26（11）：9-12.

欧阳坤．2007．沉水植物逆境生理及其净化作用研究．长沙：中南林业科技大学．

尚丽，陈丽，张涛，等．2021．长期砷胁迫下大屯海浮游植物群落的季节性特征及其驱动因子．应用生态学报，32（5）：1845-1853.

申国行．2019．白洋淀地区土水特性及其应用研究．保定：河北大学．

沈国英，施并章．2002．海洋生态学．2版．北京：科学出版社．

沈佳．2008．沉水植物菹草生物学特性及对污染水体净化能力的研究．天津：南开大学．

沈佳，许文，石福臣．2008．菹草石芽大小和贮藏温度对萌发及幼苗生长的影响．植物研究，28（4）：477-481.

沈亚强，王海军，刘学勤．2010．滇中五湖水生植物区系及沉水植物群落特征．长江流域资源与环境，19（S1）：111-119.

孙威威．2020．鄱阳湖不同渔业生境大型底栖动物群落特征研究．南昌：南昌大学．

唐慧芳，孙力军，刘颖，等．2020．基于Illumina MiSeq高通量测序技术分析硇洲岛海星共附生微生物多样性．微生物学通报，47（6）：1675-1684.

唐启升．2011．碳汇渔业与又好又快发展现代渔业．江西水产科技，（2）：5-7.

陶洁．2012．淀山湖小型鱼类群落结构及优势种的生物学研究．上海：上海海洋大学．

陶磊．2010．象山港大型底栖动物生态学研究．宁波：宁波大学．

田玉梅，张义科，张雪松．1995．白洋淀水生植被．河北大学学报（自然科学版），15（4）：59-66.

童文辉．1984．白洋淀大型水生植物及其资源利用．华北农学报，（4）：72-80.

王德华．1994．水生植物的定义与适应．生物学通报，（6）：10.

王芳侠，祝国荣，刘晓峰，等．2020．淇河河南段的水生植物区系及沉水植物群落特征．应用与环境生物学报，26（4）：985-998.

王华，逄勇，刘申宝，等．2008．沉水植物生长影响因子研究进展．生态学报，28（8）：3958-3968.

王欢欢，白洁，刘世存，等．2020．白洋淀近30年水质时空变化特征．农业环境科学学报，39（5）：1051-1059.

王京，卢善龙，吴炳方，等．2010．近40年来白洋淀湿地土地覆被变化分析．地球信息科学学报，12（2）：2292-2300.

王若柏，苏建锋．2008．冀中平原历史地貌研究与白洋淀成因的探讨．地理科学，28（4）：501-506.

王所安．2001．河北动物志鱼类．石家庄：河北科学技术出版社．

王韬. 2019. 沉水植物菹草生长与繁殖对全球不同升温情景模式及富营养化的响应特征研究. 武汉：华中农业大学.

王兴民. 2006. 沉水植物生态恢复机理的探索研究. 保定：河北农业大学.

王乙震, 罗阳, 周绪申, 等. 2015. 白洋淀浮游动物生物多样性及水生态评价. 水资源与水工程学报, 26（6）：94-100.

王银东, 熊邦喜, 杨学芬. 2005. 武汉市南湖底栖动物的群落结构. 湖泊科学, 17（4）：327-333.

吴天惠. 1989. 保安湖底栖动物资源及季节动态的研究. 湖泊科学, 1（1）：71-78.

吴振斌. 2011. 水生植物与水体生态修复. 北京：科学出版社.

吴征镒. 1980. 中国植被. 北京：科学出版社.

肖国华, 陈力, 胡晓波, 等. 2010. 白洋淀养殖水域浮游植物种群结构初步分析. 河北渔业,（7）：26-30.

肖国华, 高晓田. 2010. 白洋淀水生维管束植物现状分析. 河北渔业,（8）：36-38.

谢松, 黄宝生, 王宏伟, 等. 2010. 白洋淀底栖动物多样性调查及水质评价. 水生态学杂志, 31（1）：43-48.

谢贻发. 2008. 沉水植物与富营养湖泊水体、沉积物营养盐的相互作用研究. 广州：暨南大学.

徐霖林, 马长安, 田伟, 等. 2011. 淀山湖沉水植物恢复重建对底栖动物的影响. 复旦学报（自然科学版）, 50（3）：260-267.

徐小雨, 周立志, 朱文中, 等. 2011. 安徽菜子湖大型底栖动物的群落结构特征. 生态学报, 31（4）：943-953.

许浩, 蔡永久, 汤祥明, 等. 2015. 太湖大型底栖动物群落结构与水环境生物评价. 湖泊科学, 27（5）：840-852.

许静波, 张加雪, 徐明, 等. 2019. 大纵湖大型底栖生物群落结构及水质生物学评价. 人民长江, 50（1）：24-28.

许木启. 1996. 从浮游动物群落结构与功能的变化看府河-白洋淀水体的自净效果. 水生生物学报,（3）：212-220.

许瑞, 邹平, 付先萍, 等. 2019. pH 对黑臭水体净化效率及真菌群落结构的影响. 环境工程, 37（10）：97-104.

薛培英, 赵全利, 王亚琼, 等. 2018. 白洋淀沉积物-沉水植物-水系统重金属污染分布特征. 湖泊科学, 30（6）：1525-1536.

阳小兰, 张茹春, 毛欣, 等. 2018. 白洋淀水体氮磷时空分布与富营养化分析. 江苏农业科学, 46（24）：370-373.

杨苗, 龚家国, 赵勇, 等. 2020. 白洋淀区域景观格局动态变化及趋势分析. 生态学报, 40（20）：7165-7174.

杨威, 孙雨琛, 张婷婷, 等. 2020. 富营养化对小型湖泊浮游甲壳动物群落结构及多样性的影响. 生态学报, 40（14）：4874-4882.

杨薇, 孙立鑫, 王烜, 等. 2020. 生态补水驱动下白洋淀生态系统服务演变趋势. 农业环境科学学报, 39（5）：1077-1084.

易伯鲁. 1982. 鱼类生态学. 武汉：华中农学院出版社.

游清徽, 王硕, 孙晨松, 等. 2019. 基于大型底栖无脊椎动物的鄱阳湖湿地水质评价. 应用与环境生物学报, 27（6）：1570-1576.

虞左明, 李瑾, 蔡飞. 1997. 西湖引水治理前后底栖动物群落的比较研究. 杭州大学学报（自然科学版）, 24（1）：93-94.

张波，高兴梅，宋秀贤，等．1998. 芝罘湾底质环境因子对底栖动物群落结构的影响．海洋与湖沼，29（1）：53-60.

张彩霞．2012. 新一代高通量测序技术研究土壤微生物群落结构对环境条件的响应．南京：南京农业大学.

张江凡，齐甜甜，董传举，等．2018. 中国不同鲫鱼品系系统发育关系研究进展．河南水产，（3）：25-27.

张蕾．2019. 白洋淀水生植物群落分布与水环境因子关系研究．保定：河北大学.

张敏，宫兆宁，赵文吉．2016. 近30年来白洋淀湿地演变驱动因子分析．生态学杂志，35（2）：499-507.

章伟．2016. 洪泽湖、南四湖沉水植物分布及其优势种的C-N代谢研究．武汉：湖北工业大学.

赵芳．1995. 白洋淀大型水生植物资源调查及对富营养化的影响．环境科学，16（S1）：21-23.

赵海光，孔德平，范亦农，等．2017. 抚仙湖大型水生植物现状及其变化趋势分析．环境科学导刊，36（3）：53-58.

郑葆珊，等．1960. 白洋淀鱼类．天津：河北人民出版社.

中国科学院中国动物编辑志委员会．1998. 中国动物志，硬骨鱼纲，鲤形目．中卷．北京：科学出版社.

钟非，吴振斌．2007. 水生态修复对莲花湖底栖动物群落的影响．应用与环境生物学报，13（1）：55-60.

朱丹婷．2011. 光照强度，温度和总氮浓度对三种沉水植物生长的影响．杭州：浙江师范大学.

朱光敏．2009. 水体浊度和低光条件对沉水植物生长的影响．南京：南京林业大学.

朱金峰，周艺，王世新，等．2019. 1975年—2018年白洋淀湿地变化分析．遥感学报，23（5）：971-986.

朱利明，肖文胜，周东，等．2019. 淀山湖大型底栖动物群落结构及其与环境因子的关系．水生态学杂志，40（2）：55-65.

朱文静，胡文革，张映东，等．2020. 大泉沟水库不同水文时期浮游动物群落特征及其对水环境因子的响应．生态毒理学报，15（6）：243-251.

Coen L D, Heck K L Jr, Abele L G. 1981. Experiments on competition and predation among shrimps of seagrass meadows. Ecology, 62（6）：1484-1493.

Gray J, Ambrose W, Szaniawska A, et al. 1999. Biogeochemical cycling and sediment ecology-Preface. Dordrech：Springer.

Jensen E. 2014. Technical Review：In Situ Hybridization. The Anatomical Record, 297（8）：1349-1353.

Margalef R. 1968. Perspectives in Ecological Theory. Chicago：University of Chicago Press.

Pielou E C. 1996. The measurement of diversity in different types of biological collections. Journal of Theoretical Biology, 13：131-144.

Pinkas L, Oliphant M S, Iverson I L K. 1971. Food habits of albacore, bluefin tuna, and bonito in California waters. California Department of Fish and Game Fish Bulletin, 152：1-105.

Shannon C E, Weaver W. 1963. The Mathematical Theory of Communication. Urbana：University of Illinois Press.

Szoszkiewicz K, Ferreira T, Korte T, et al. 2006. European river plant communities：the importance of organic pollution and the usefulness of existing macrophyte metrics. Hydrobiologia, 566（1）：211-234.

Van T K, Haller W T, Bowes G. 1976. Comparison of the photosynthetic characteristics of three submersed aquatic plants. Plant Physiology, 58（6）：761-768.

Vannote R L, Minshall G W, Cummins K W, et al. 1980. The river continuum concept. Canadian Journal of Fisheries and Aquatic Sciences, 37（1）：130-137.

Warwick R M. 1986. A new method for detecting pollution effects onmarine macrobenthic communities. Marine Biology, 92（4）：557-562.

第2章 | 环境因子与生物关系

2.1 环境因子与生物关系概述

湖泊是一个与外界环境有着频繁的物质、能量、基因交流的生态系统，湖泊中存在的水生植物、大型底栖动物和微生物群落的生长均受到湖泊中环境因子的影响，并会根据生态环境的变化而调整群落结构。水生植物是湖泊生态系统中的重要初级生产者，为湖泊中其他水生生物提供食物来源和栖息地（余居华等，2021，Fu et al.，2021）；底栖动物对环境条件的适应性以及对污染程度的耐受力和敏感程度不同，不同环境因子对底栖动物的影响差别较大（龙诗颖等，2022）；湖泊中环境因子同样对微生物群落结构存在综合影响，底栖微生物会根据生态环境的变化而调整群落结构，微生物群落的组成与特性在一定程度上又反映了湖泊生态系统的环境状况（刘涛等，2021）。因此，系统研究水生植物、大型底栖动物和微生物群落与环境因子的季节变化关系，确定关键影响因子，有助于揭示环境变化驱动生物群落组成变化的生态过程，通过改善关键环境因子促进生境修复，为生物群落的恢复提供良好的栖息条件，对恢复健康的底栖生态系统具有重要意义。本节以北方浅水湖泊白洋淀为例，在对水生植物、底栖动物和微生物群落的野外调查和湖泊水质与底泥环境因子数据监测的基础上，通过对比分析丰平枯3个水期水体和沉积物环境因子与不同生物群落生物量的相关性，确定影响生物群落生长分布的关键环境因子，以期为该地区的湖泊底栖生态恢复和生物环境保护提供科学依据。

2.2 环境因子对沉水植物的影响

2.2.1 环境因子对沉水植物的影响概述

环境因子对沉水植物的影响贯穿其整个生长过程中。对于沉水植物，通常要考虑水体环境因子与沉积物环境因子两方面。本节通过对比分析丰平枯3个水期水体和沉积物环境因子与沉水植物生长的相关性，确定影响沉水植物生长的关键环境因子，采取合理措施对其进行改善，进而可促进沉水植物的恢复。

2.2.2 不同水期水体环境因子对沉水植物的影响

1. 2018 年淀区水体环境因子与沉水植物相关性分析

将 2018 年全年水体中各项环境因子指标与不同沉水植物生物量及种类数进行冗余分析（RDA），结果如图 2-1 所示。可以发现对于淀区内沉水植物，水体相关物理特性（如水温、DO）对沉水植物的种类数有明显的正相关作用，碳、氮营养盐（COD 和 TN）对沉水植物的生长有明显的抑制作用。

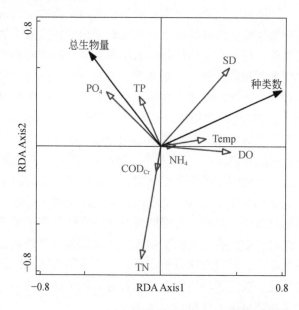

图 2-1 2018 年各项水体环境因子与不同沉水植物的 RDA 图

2. 不同水期水体环境因子与沉水植物相关性分析

白洋淀不同种沉水植物的生物量与水体环境因子的 RDA 结果如图 2-2 所示。平水期中沉水植物与环境因子的关系大体可分为 4 个组。第 1 组由一种植物篦齿眼子菜和两种环境因子（NO_3^--N 和 TP）组成，水体中的 NO_3^--N 和 TP 与篦齿眼子菜的生长有明显的相关性关系，即这两种环境因子对篦齿眼子菜的生长有明显的影响；第 2 组由光叶眼子菜和温度组成，在平水期光叶眼子菜的生长与水体温度呈显著性相关；第 3 组由 3 种沉水植物（轮藻、金鱼藻和穗状狐尾藻）和 4 种水体环境因子 [NH_4^+-N，TOC，DO 和透明度/水深（Z_{SD}/Z_M）] 组成，在平水期轮藻、金鱼藻和穗状狐尾藻与上述 4 种环境因子呈显著性相关；第 4 组由 2 种植物（附着藻和菹草）和 5 种环境因子 [正磷酸盐（PO_4-P），TN，NO_2^--N，COD 和 pH）组成，在平水期附着藻和菹草与上述 5 种环境因子呈显著性相关。同时还发现，金鱼藻、轮藻和穗状狐尾藻与 NO_3^--N 和 TP 具有显著的负相关性。金鱼藻、轮藻和穗状狐尾藻这 3 种植物种类数占淀区平水期植物总种类的半数，生物量占总生物量的 50% 以上，即在淀区测定范围内，上述环境因子浓度的增大会导致相关沉水植物的生长受到抑制，导致总生物量明显减小。

丰水期中不同沉水植物与水体环境因子的相关性关系大体可分为 3 组：篦齿眼子菜和 4 种环境因子（TOC、COD、TN 和 pH）构成第 1 组，在丰水期影响耐污种篦齿眼子菜生长的因素主要为上述 4 种环境因子；2 种沉水植物（菹草和金鱼藻）与 3 种环境因子 $[NO_3^--N、NH_4^+-N$ 和叶绿素 a（Chl. a）] 构成第 2 组，在丰水期菹草和金鱼藻的生长主要受以上这 3 种环境因子的影响；4 种沉水植物（黑藻、穗状狐尾藻、黄花狸藻和光叶眼子菜）与 4 种环境因子（NO_2^--N、TP、PO_4-P 和 Z_{SD}/Z_M）构成第 3 组，这 4 种植物的生长主要受到上述 4 种环境因子的影响。同时可以发现，黑藻、光叶眼子菜和穗状狐尾藻的生长与 DO 和 Chl. a 呈明显的负相关，即在测定范围内，DO 与 Chl. a 的浓度越低，三种植物的生物量越大。综合分析，可得到 NH_4^+-N、DO 和 Chl. a 3 种环境因子对篦齿眼子菜、黑藻、穗状狐尾藻、黄花狸藻和光叶眼子菜具有明显的负相关性，且这 5 种沉水植物种类数占淀区丰水期植物总种类的半数以上（Egerer et al.，2019）。即在淀区测定范围内，上述环境因子浓度的增大会导致相关沉水植物的生长受到抑制，导致总生物量明显减小。

枯水期中不同沉水植物与水体环境因子的相关性关系大体可分为 3 组：篦齿眼子菜与 TOC 和 PO_4-P 构成第 1 组，在枯水期水体中 TOC 和 PO_4-P 与篦齿眼子菜的生长具有显著的正相关性；金鱼藻与 COD 构成第 2 组，在枯水期水体中的 COD 对金鱼藻的生长具有显著的正相关促进作用；两种沉水植物（黄花狸藻与菹草）与 6 种环境因子（pH、TN、NO_3^--N、NO_2^--N、DO、NH_4^+-N 和 Chl. a）共同组成第 3 组，在黄花狸藻与菹草的生长过程中，上述 6 种环境因子对其具有显著的正相关促进作用。同时还可以发现篦齿眼子菜与 Chl. a 呈现明显的负相关性，即在枯水期淀区内可以检测的范围内，Chl. a 浓度的增加可以明显地影响篦齿眼子菜的生长，使其总生物量减少。金鱼藻与 TP 和 pH 呈明显的负相关性，菹草和黄花狸藻与 Z_{SD}/Z_M 呈明显的负相关性，在枯水期淀区内可以检测的范围内，上述环境因子浓度的增加可以明显的影响金鱼藻、菹草和黄花狸藻的生长，使其总生物量减少。综合分析，可得到 Chl. a、Z_{SD}/Z_M 2 种环境因子组合对淀区内的篦齿眼子菜、菹草和黄花狸藻呈明显地抑制作用。由于上述 3 种沉水植物种类数占总种类数的 75%，生物量占淀区总生物量的 68% 以上，在枯水期影响多数沉水植物的水体环境因子主要为 Chl. a 和 Z_{SD}/Z_M。

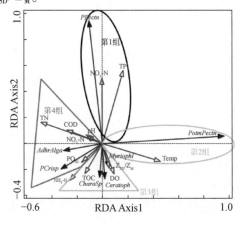
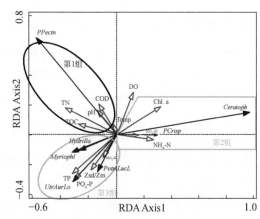

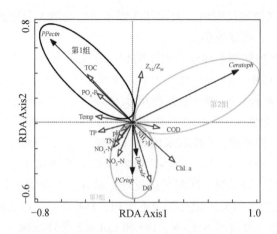

图 2-2　不同水期各项水体环境因子与不同沉水植物生物量的 RDA 图

水体中环境因子与沉水植物相关性分析结果表明，在平水期、丰水期和枯水期影响白洋淀半数以上的沉水植物的生物量的水体环境因子分别主要为（NO_3^-N 和 TP），（NH_4^+-N、DO 和 Chl. a），（Chl. a 和 Z_{SD}/Z_M）。三个水期中与沉水植物显著相关的水体环境因子主要为氮磷元素、Chl. a 和 Z_{SD}/Z_M，且这些环境因子均与沉水植物呈负相关。沉水植物的正常生长应该有适宜的氮、磷浓度范围，若超出适宜的浓度范围，沉水植物无法自身代谢超额部分，导致其出现威胁沉水植物生长的情况。水体中氮磷元素含量的升高主要由白洋淀水域受到的工业、农业和生活污染造成，通常可通过控制水体营养盐浓度使白洋淀水体得到有效改善。Chl. a 含量的升高主要由于沉水植物在水质恶化的情况下，其生长受到抑制，导致浮游藻类过度繁殖。Z_{SD}/Z_M 偏低则表明水体的能见度过低，影响沉水植物对光能的利用（Yang et al., 2019）。

2.2.3　不同水期沉积物中环境因子对沉水植物的影响

通过对比分析全年及丰平枯 3 个水期中水体中环境因子和沉积物环境因子与沉水植物生长的相关性，确定影响沉水植物生长的关键环境因子。

1. 2018 年淀区沉积物环境因子与沉水植物相关性分析

将 2018 年沉积物中各项环境因子与沉水植物的生物量进行 RDA，结果如图 2-3 所示。可以发现淀区内沉积物中的 C、N、P 营养盐［TOC、TN、无机磷（IP）和 TP］对沉水植物生物量有明显的抑制作用。

2. 不同水期沉积物中环境因子与沉水植物相关性分析

白洋淀不同种沉水植物的生物量与沉积物环境因子的 RDA 结果见图 2-4。平水期沉积物中各项环境因子与不同沉水植物的相关性关系大体可分为 3 个组：2 种沉水植物（轮藻和金鱼藻）与 pH 构成第 1 组，在平水期中沉积物的 pH 与轮藻和金鱼藻呈明显的正相关

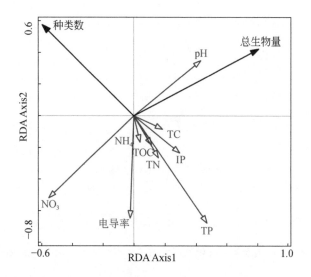

图 2-3　2018 年各项沉积物环境因子与不同沉水植物生物量 RDA 图

关系；菹草与 2 种氮元素环境因子（NH₄⁺-N 和 NO₃⁻-N）和 TP 构成第 2 组，两者之间呈明显的正相关关系；篦齿眼子菜和 TOC、TN、TC 和电导率构成第 3 组，这 3 种沉积物中的环境因子对篦齿眼子菜的生长有明显的影响作用。同时可以发现轮藻和金鱼藻与 TOC、TN 和 TC 具有显著的负相关性，光叶眼子菜和穗状狐尾藻与 NO₃⁻-N 和 TP 具有显著的负相关性，菹草与 IP 具有显著的负相关性。这说明在淀区环境因子可检测浓度范围内，随着上述环境因子浓度的增加，会导致上述沉水植物的生长与总生物量受到明显的影响。综合分析，可得到 IP、NO₃⁻-N、TP 和 pH 对篦齿眼子菜、光叶眼子菜、穗状狐尾藻和菹草的生长有明显的抑制作用，且这 4 种植物种类数占淀区平水期植物总种类的半数以上，生物量占总生物量的 85% 以上。表明在平水期影响沉水植物的沉积物环境因子主要为 IP、NO₃⁻-N、TP 和 pH。

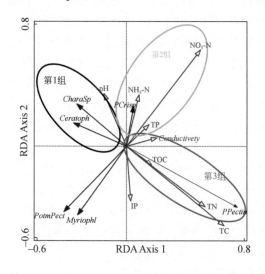

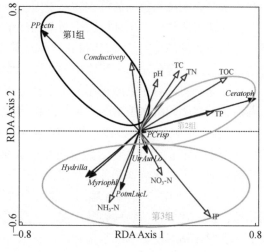

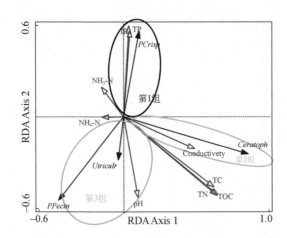

图 2-4　不同水期各项沉积物环境因子与不同沉水植物生物量 RDA 图

丰水期沉积物中各项环境因子与不同沉水植物的生物量相关性关系大体可分为 3 个组：篦齿眼子菜与电导率构成第 1 小组，在丰水期中篦齿眼子菜的生长与沉积物中的电导率正相关关系较大；2 种植物（金鱼藻和菹草）与 2 种环境因子（TOC 和 TP）构成第 2 小组，在丰水期中这两种植物的生长受这 2 种碳磷元素影响较大；4 种沉水植物（黑藻、穗状狐尾藻、光叶眼子菜和黄花狸藻）与 3 种环境因子（NH_4^+-N、NO_3^--N 和 IP）构成第 3 组，这 4 种沉水植物的生长与上述 3 种环境因子有明显的正相关关系。同时，还可以发现篦齿眼子菜的生长与 IP 呈明显的负相关性，而黄花狸藻与电导率呈明显的负相关性，黑藻和穗状狐尾藻的生长与 TC 和 TN 呈明显的负相关性，光叶眼子菜的生长与沉积物中的 pH 呈明显的负相关性。在淀区环境因子的测定范围内，上述环境因子的浓度越低，沉水植物的生物量相对越大，长势越好。综合分析，可以得到 NO_3^--N、IP、TOC 和 pH 这四种环境因子组合与篦齿眼子菜、黑藻、穗状狐尾藻、光叶眼子菜呈明显的负相关，且这 4 种沉水植物种类数占淀区丰水期植物总种类的半数以上，生物量占总生物量的 50% 以上，表明在丰水期影响沉水植物的沉积物环境因子主要为 NO_3^--N、IP、TOC 和 pH。

枯水期沉积物中各项环境因子与不同沉水植物的生物量的相关性关系大体可分为 3 个组：菹草与 2 种环境因子（TP 和 IP）构成第 1 小组，在枯水期 2 种磷元素对菹草具有显著的正相关性；金鱼藻与沉积物中的电导率构成第 2 小组，在金鱼藻的生长过程中，沉积物中的电导率对其有明显的正相关作用；篦齿眼子菜和黄花狸藻与 pH 构成第 3 组，在枯水期内，上述 2 种沉水植物的生长与沉积物的 pH 具有显著的正相关性。同时可以发现菹草与 pH 具有明显的负相关性，黄花狸藻与 IP 和 TP 呈显著负相关性，金鱼藻与 NO_3^--N 和 NH_4^+-N 具有明显的负相关性。这说明在枯水期淀区环境因子可被检测的范围内，上述环境因子的增加，可以影响这几种沉水植物的生长，使其总生物量减少。综合分析，可以得到 IP、TP、pH 和 NH_4^+-N 4 种环境因子的组合对篦齿眼子菜、菹草和金鱼藻的生长呈明显抑制作用，且上述 3 种植物种类数占淀区植物总种类数的 75%，生物量占总生物量的 95% 以上，表明在枯水期影响沉水植物的沉积物环境因子主要为 IP、TP、pH 和 NH_4^+-N。

综合对比三个水期沉积物环境因子与沉水植物的生物量的影响关系为：平水期、丰水期和枯水期影响沉水植物生物量的沉积物环境因子主要为碳氮磷元素，且这些环境因子均与沉水植物呈负相关性，表明当沉积物中的该种环境因子含量过高时会限制沉水植物的生长。

2.2.4 三个水期环境因子与沉水植物的相关性总结对比分析

综合对比 3 个水期中水体和沉积物环境因子与沉水植物的生物量相关性结果可以发现，影响沉水植物生长的水体环境因子主要为 $NO_3^- - N$、TP、$NH_4^+ - N$、DO、Z_{SD}/Z_M 和 Chl. a；影响沉水植物生长的沉积物环境因子主要为 IP、$NO_3^- - N$、TP、pH、TOC 和 $NH_4^+ - N$ 三种元素碳氮磷（Ding et al., 2018；Yang et al., 2020；Zhu et al., 2019）。由此表明影响沉水植物生长分布的环境因子可分为 2 类，一类为营养盐，即沉水植物通过水体以及沉积物可吸收利用的营养物质，主要为碳氮磷元素；另一类为 Chl. a 和 Z_{SD}/Z_M，该因素直接作用于沉水植物的光合作用（Jiang et al., 2019；Wen et al., 2020）。

2.2.5 小结

（1）2018 年沉水植物生物量与水体环境因子的相关性分析结果表明，水体中过剩的 C、N、P 元素对大多沉水植物的生长有明显的抑制作用。通过对不同水期不同种类的沉水植物生物量与水体环境因子的相关性分析，发现在不同水期对沉水植物生长有抑制作用的关键环境因子不同：平、丰、枯三个水期，关键抑制因子分别为（$NO_3^- - N$ 和 TP），（Chl. a、$NO_2^- - N$、TN）和（$NH_4^+ - N$，Z_{SD}/Z_M）。

（2）2018 年沉水植物生物量与沉积物环境因子的相关性分析结果表明，沉积物中 TOC、TN、IP 和 TP 对大多沉水植物的生长有明显的抑制作用。通过对不同水期不同种类的沉水植物生物量与沉积物环境因子的相关性分析，发现在不同水期对沉水植物生长有抑制作用的关键环境因子不同：平、丰、枯三个水期，关键抑制因子分别为（TOC 和 IP），（TOC 和 IP）和（$NH_4^+ - N$ 和 IP）。

（3）综合对比三个水期环境因子对沉水植物生长分布的影响，水体和沉积物中的碳氮磷元素均对沉水植物的生长有明显的抑制作用，同时也受到水体中 Chl. a 和 Z_{SD}/Z_M 的影响，这说明在解决沉水植物退化的问题，除了采取降低营养盐浓度的措施，还要注重水下光场的调研，确定具有针对性的白洋淀沉水植物恢复技术（Penning et al., 2008）。

2.3 底栖动物与环境因子的关系

2.3.1 环境因子对底栖动物的影响概述

大型底栖动物主要指在生命周期的全部或者大部分时间生活在水底、肉眼可见（能被 500μm 孔径网筛截留）的水生无脊椎动物群（杨颖等，2022）。大型底栖动物按门可分为节肢动物门、环节动物门、软体动物门和扁形动物门 4 门，按纲可分为软甲纲、昆虫纲、双壳纲、蛭纲、寡毛纲、多毛纲和腹足纲等 9 纲。大型底栖动物广泛分布于河流、湖泊、海洋和湿地等各种水体生境。生境区域的多样性使得大型底栖动物具有较高丰富性（王昱等，2022）。

大型底栖动物具有污染物代谢、转化和迁移的能力。大型底栖动物通过移动、摄食等生命活动进行污染物的富集、降解和体外转移，影响了水体污染物迁移和转化过程；大型底栖动物还影响了底质环境的粒度组成、渗透性和稳定性等物理特性，从而间接地影响水生态系统（徐霖林等，2011）。此外，作为生态系统的重要类群，大型底栖动物在食物网中扮演着消费者和转移者的角色。作为食物网的消费者，大型底栖动物以沉水植物为食物来源和生产场所，沉水植物的分布状况影响着大型底栖动物群落（刘成林等，2013）。作为食物网的转移者，大型底栖动承担鱼类等高级消费者的食物供给，影响着其生长发育繁殖等过程。大型底栖动物在湖泊生态系统的物质循环和能量流动中维持着输入与输出保持平衡，维持水体健康生态系统稳定和完整性（耿世伟等，2019）。

大型底栖动物的组成、密度和生物量等与环境因子密切相关。随污染程度的不同，大型底栖动物的群落结构和空间分布存在显著差异（Di Blasio et al.，2020）。影响大型底栖动物群落特征的因素主要有底质、水深、温度、溶解氧、氮磷环境因子和生物作用等。本节通过对比分析丰平枯 3 个水期中水体和沉积物环境因子与大型底栖动物生长的相关性，确定影响大型底栖动物生长分布的关键环境因子。

2.3.2　水体中环境因子对底栖动物的影响

1. 2018 年淀区水体环境因子与底栖动物相关性分析

将 2018 年水体中各项环境因子与淀区内底栖动物的总生物量、生物密度及物种数进行 RDA，结果如图 2-5 所示。对于淀区内底栖动物，物理指标（水深）、磷酸盐（TP、PO_4^{3-}）与底栖动物的种类呈正相关性，氮盐（NH_4^+、NO_3^- 和 NO_2^-）对底栖动物的生长即总生物量有促进作用，水温和碳源（TOC 和 TC）对底栖动物的生长有明显抑制作用。

2. 生物量与水体环境因子的关系

白洋淀不同种大型底栖动物的生物量与水体环境因子的 RDA 结果见图 2-6。TOC、温度和透明度为平水期主要影响因子；NO_3^--N 和 NO_2^--N 为丰水期主要影响因子；NO_2^--N、pH 和 NO_3^--N 为枯水期主要影响因子。不同耐污性大型底栖动物与水质环境因子的相关关系存在差异。清洁种与水质、NO_3^--N 和透明度呈正相关，与 TOC 呈负相关。兼性种与水质、透明度呈正相关，与 TOC、NO_3^--N 和 TN 呈负相关；耐污种与水质、温度、NO_2^--N 呈正相关，与 TN 呈负相关（Li et al.，2021）。

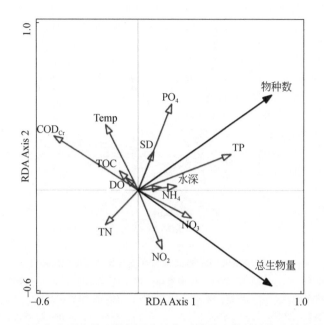

图 2-5 2018 年各项水体环境因子与底栖动物总生物量及物种数的 RDA 图

3. 多样性与水体环境因子的关系

大型底栖动物的多样性指数与水体环境因子的 RDA 结果如图 2-7。全年水体环境因子中，物理指标 [DO 和水深（depth）] 和碳磷（TOC 和 PO_4^{3-}）环境因子对大型底栖动物的多样性有明显的负相关关系，全年影响大型底栖动物多样性指数的主要环境因子为 DO、CODcr 和 TP，贡献率分别为 30.70%、16.80% 和 14.10%。其中，平水期主要影响环境因子为 TOC、水深和 TN；丰水期主要影响环境因子为水深、DO 和 PO_4^{3-}；枯水期主要影响环境因子为 NO_2^--N 和 pH。

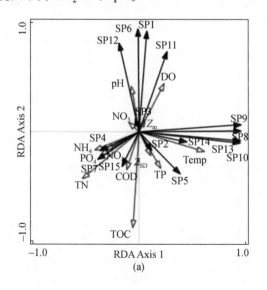
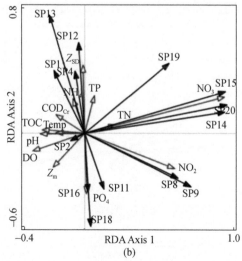

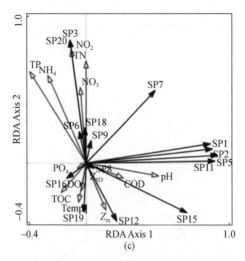

图 2-6　白洋淀大型底栖动物与水质环境因子的 RDA 分析

（a）平水期；（b）丰水期；（c）枯水期；SP1：日本沼虾；SP2：中华米虾；SP3：中华绒毛蟹；SP4：克氏螯虾；SP5：团水虱；SP6：前囊管水蚓；SP7：扁蛭；SP8：中国圆田螺；SP9：中华圆田螺；SP10：梨形环棱螺；SP11：萝卜螺；SP12：大红德永摇蚊；SP13：箭蛭；SP14：马大头；SP15：羽摇蚊；SP16：扁卷螺；SP17：圆背角无齿蚌；SP18：拟摇蚊；SP19：侧叶雕翅摇蚊；SP20：粗壮褐蜓

对于不同水期多样性指数与环境因子的相关性，平水期 Margalef 指数（D'）与水深呈正相关，与氮磷环境因子均呈负相关，Shannon- Wiener 指数（H'）、Pielou 指数（J'）与碳环境因子（TOC 和 COD_{Cr}）均呈正相关。丰水期 Margalef 指数（D'）与 NH_4^+-N、NO_2^--N 呈正相关，与水深呈负相关，Shannon- Wiener 指数（H'）与 TOC、TN 呈负相关，Pielou 指数（J'）与 CODcr 呈正相关；枯水期 Margalef 指数（D'）与 NH_4^+-N 呈正相关，与 TOC、温度呈负相关，Pielou 指数（J'）与 CODcr、pH 呈正相关，Shannon- Wiener 指数（H'）与环境因子相关性不显著。由此说明，大型底栖动物的丰度、多样性、均匀度主要受到水体中的碳氮等营养元素和物理生境条件如 DO、水深和温度的影响，且在一定范围内水体中的碳氮营养盐对大型底栖动物丰度、多样性和均匀度存在一定促进作用。

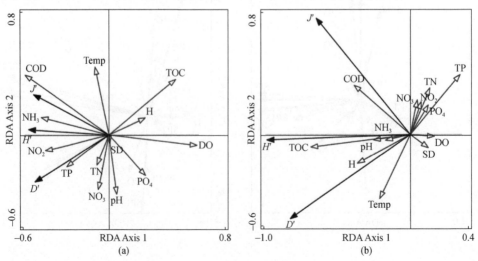

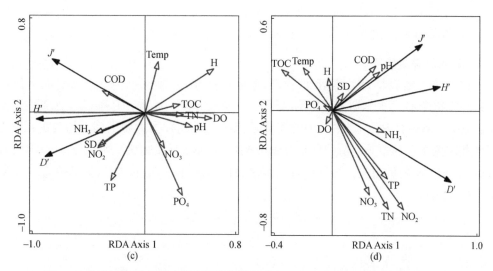

图 2-7　白洋淀大型底栖动物多样性指数在全年（a）、平水期（b）、丰水期（c）
和枯水期（d）与水质环境因子的 RDA 图

2.3.3　沉积物中环境因子对底栖动物的影响

1. 2018 年淀区沉积物环境因子与底栖动物相关性分析

将 2018 年沉积物中各项环境因子与淀区内底栖动物的总生物量和物种数进行 RDA 分析，结果如图 2-8 所示。可以发现对于淀区内底栖动物，C、N 营养盐（TC、TOC 和 TN）对底栖动物的生长有明显的抑制作用。

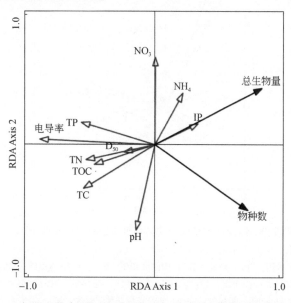

图 2-8　2018 年沉积物各项环境因子与底栖动物总生物量和物种数的 RDA 图

2. 生物量与沉积物环境因子的关系

1）氮磷等环境因子

不同水期大型底栖动物与沉积物环境因子的 RDA 结果见图 2-9。土壤中值粒径（D_{50}）、TP 和 TOC 为平水期主要影响因子；电导率、pH、IP 和 NH_4^+-N 为丰水期主要影响因子；TOC、NO_3^--N 和 pH 为枯水期主要影响因子。不同种类大型底栖动物与沉积物环境因子的相关关系存在差异，清洁种与沉积物 NO_3^--N、pH 呈正相关；兼性种与沉积物 pH 正相关，与 NH_4^+-N 呈负相关；耐污种与沉积物 pH、NO_3^--N、D_{50} 和 TOC 呈正相关，与 NH_4^+-N 呈负相关。

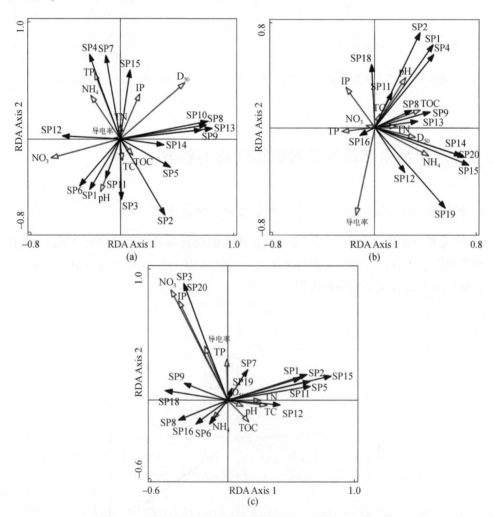

图 2-9 白洋淀大型底栖动物与沉积物环境因子的 RDA 图

（a）平水期；（b）枯水期；（c）丰水期；SP1：日本沼虾；SP2：中华米虾；SP3：中华绒毛蟹；SP4：克氏螯虾；SP5：团水虱；SP6：前囊管水蚓；SP7：扁蛭；SP8：中国圆田螺；SP9：中华圆田螺；SP10：梨形环棱螺；SP11：萝卜螺；SP12：大红德永摇蚊；SP13：箭蜓；SP14：马大头；SP15：羽摇蚊；SP16：扁卷螺；SP17：圆背角无齿蚌；SP18：拟摇蚊；SP19：侧叶雕翅摇蚊；SP20：粗壮褐蜓

2）重金属等环境因子

以 2018 年夏季采集的沉积物样品为例，分析了大型底栖动物生物量与沉积物重金属的关系（图 2-10）。促进底栖动物生长的主要重金属元素为铬（Cr）、镉（Cd）和锌（Zn），贡献率分别为 21.50%、14.20% 和 16.30%。其中，腹足纲螺类、昆虫纲摇蚊幼虫与 Cr、Cd 和 Zn 呈正相关，与砷（As）呈显著负相关，说明 As 对底栖动物存在一定的抑制作用，其他种类与重金属环境因子相关性较小。由于腹足纲螺类和昆虫纲摇蚊幼虫均为耐污种，对沉积物中的 Cr、Cd 和 Zn 耐受性较强，而对高浓度的 As 的耐污性较弱，As 对该类底栖动物存在一定的抑制作用（Wang et al.，2022；Ye et al.，2021）。

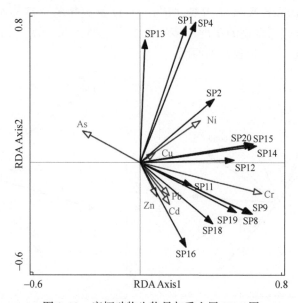

图 2-10　底栖动物生物量与重金属 RDA 图

SP1：日本沼虾；SP2：中华米虾；SP3：中华绒毛蟹；SP4：克氏螯虾；SP5：团水虱；SP6：前囊管水蚓；SP7：扁蛭；SP8：中国圆田螺；SP9：中华圆田螺；SP10：梨形环棱螺；SP11 萝卜螺；SP12：大红德永摇蚊；SP13：箭蜓；SP14：马大头；SP15：羽摇蚊；SP16：扁卷螺；SP17：圆背角无齿蚌；SP18：拟摇蚊；SP19：侧叶雕翅摇蚊；SP20：粗壮褐蜓

3. 多样性与沉积物环境因子的关系

1）氮磷的环境因子

将大型底栖动物多样性指数与沉积物环境因子进行 RDA（图 2-11），全年沉积物环境因子中，物理指标（D_{50}）和碳氮磷（TOC、TC、TP 和 TN）环境因子对大型底栖动物的多样性有明显的负相关关系。全年影响大型底栖动物多样指数的主要沉积物环境因子为 NO_3^--N、TP 和 IP；平水期影响大型底栖动物多样指数的主要沉积物环境因子为 D_{50}、电导率和 TOC；丰水期主要的影响因子为 TP、电导率和 TC；枯水期主要的影响因子为 NH_4^+-N 和 IP。

不同水期多样性指数与沉积物环境因子的相关性表明，平水期 Margalef 指数（D'）与 D_{50} 呈正相关，与 TN、TP 和 NO_3^--N 呈负相关，Shannon-Wiener 指数（H'）与电导率呈正相关，Pielou 指数（J'）与环境因子无相关性。丰水期 Margalef 指数（D'）与 NO_3^--N 呈负相关，Shannon 指数（H'）、Pielou 指数（J'）与 D_{50} 和磷环境因子呈负相关；枯水期 Margalef 指数（D'）与 TP、PO_4^{3-} 和 NO_3^--N 呈正相关，Shannon 指数（H'）、Pielou 指数（J'）与 NH_4^+-N 呈负相关。由此说明，氮磷环境因子为主要的沉积物影响因子，其对大型底栖动物的丰度、多样性和均匀度存在一定的抑制作用。

2）重金属因子

以 2018 年夏季为例，分析了大型底栖动物多样性指数与沉积物重金属的关系（图 2-12）。影响底栖动物多样性主要的重金属元素为镍（Ni）、Cr 和 As，贡献率分别为 38.50%、30.50% 和 11.80%。其中，Pielou 指数（J'）与多数重金属因子呈正相关，Margalef（D'）和 Shannon-Wiener 指数（H'）与 As 呈负相关，与其他环境因子相关性较小。由此说明，大型底栖动物的丰度和多样性主要受到 As 的影响。生活污水排放和工业生产活动可能是导致 As 含量较高的原因。

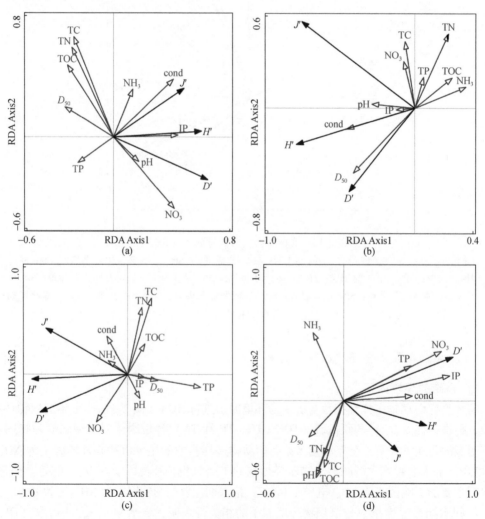

图 2-11　白洋淀大型底栖动物多样性指数在全年（a）、平水期（b）、丰水期（c）和
枯水期（d）与沉积物环境因子的 RDA 图

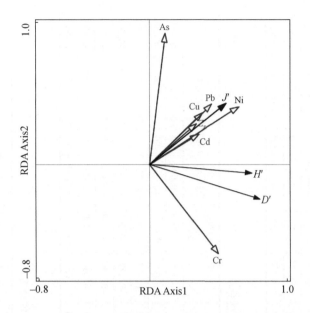

图 2-12　白洋淀大型底栖动物多样性指数与沉积物重金属的 RDA 图

2.3.4　底栖动物与沉水植物的关系

采用皮尔逊相关性分析，分析不同季节大型底栖动物与沉水植物的关系如表 2-1、表 2-2 和表 2-3。三个季节大型底栖动物的生物量均与沉水植物生物量呈显著正相关，不同季节不同种类间的相关性不同。在春季和夏季，篦齿眼子菜、菹草、金鱼藻等与腹足纲螺类、昆虫纲摇蚊幼虫、蜓属呈显著正相关，其他沉水植物与底栖动物相关性不大；在秋季，菹草、金鱼藻与蛭纲、寡毛纲和软甲纲呈显著正相关（Hata et al.，2021；Li et al.，2012）。

2.3.5　小结

（1）通过对不同水期不同种类的底栖动物与水体环境因子的相关性分析结果，总结对比得到三个水期中水体环境因子对底栖动物的生长分布的影响，对底栖动物影响最大的水体环境因子在平水期为 TOC，丰水期为 NO_3^--N，枯水期为 NO_2^--N。

（2）通过对不同水期不同种类的底栖动物与沉积物环境因子的相关性分析结果，总结对比得到三个水期中沉积物环境因子对底栖动物生长分布的影响，对底栖动物影响最大的沉积物环境因子为在平水期为 D_{50}；在丰水期为电导率和 pH；在枯水期为 TOC。

（3）综合对比三个水期环境因子对底栖动物生长分布的影响，底栖动物受到碳氮营养盐的限制，同时也受到电导率、pH 和粒径等的影响，仅仅采取降低营养盐浓度的措施并不能解决底栖动物丰度和多样性降低的问题，还要注重底栖动物周边生境的改善。

表 2-1 大型底栖动物与沉水植物春季相关性分析

	日本沼虾	中华米虾	中华绒毛蟹	克氏螯虾	团水虱	扁蛭	前襄管水蚓	中国圆田螺	中华圆田螺	梨形环棱螺	萝卜螺	短沟蜷	大红德永摇蚊	侧叶雕翅摇蚊	箭蜓	马大头	羽摇蚊	粗壮褐蜓
穗状狐尾藻	-0.122	0.347	-0.105	-0.066	-0.078	-0.119	-0.120	-0.019	-0.115	-0.098	-0.208	-0.093	-0.261	-0.093	0.075	0.080	-0.203	-0.093
篦齿眼子菜	-0.132	-0.224	-0.108	-0.112	-0.054	-0.089	-0.123	-0.120	-0.119	-0.101	-0.191	-0.096	-0.110	-0.096	-0.125	-0.178	-0.198	-0.096
篦齿眼子菜	-0.029	-0.073	-0.098	-0.142	0.239	-0.111	-0.112	0.992**	0.985**	0.998**	0.202	-0.086	-0.154	1.000**	0.983**	0.340	0.166	1.000**
菹草	0.308	0.518	0.659*	0.027	-0.412	-0.008	0.239	-0.222	-0.233	-0.272	0.374	0.325	0.157	-0.284	-0.157	-0.432	-0.094	-0.284
金鱼藻	-0.162	0.112	-0.140	-0.169	0.290	-0.159	-0.101	-0.126	-0.145	-0.122	-0.272	-0.123	-0.278	-0.116	-0.099	0.010	-0.255	-0.116
轮藻	-0.103	0.307	-0.139	-0.196	0.768**	-0.158	-0.159	-0.162	-0.126	-0.129	-0.275	-0.123	-0.335	-0.123	-0.160	0.059	-0.051	-0.123

** 表示在 0.01 水平（双侧）上显著相关；* 表示在 0.05 水平（双侧）上显著相关。

表 2-2 大型底栖动物与沉水植物夏季相关性分析

	日本沼虾	中华米虾	克氏螯虾	扁蛭	中国圆田螺	中华圆田螺	萝卜螺	扁卷螺	梨形环棱螺	大红德永摇蚊	侧叶雕翅摇蚊	羽摇蚊	拟摇蚊	箭蜓	马大头
穗状狐尾藻	-0.070	-0.079	0.232	-0.105	0.135	-0.087	0.194	0.624**	0.317	-0.106	-0.078	-0.004	-0.003	0.135	0.184
篦齿眼子菜	-0.141	0.166	-0.211	0.382	0.581*	0.158	0.168	0.332	0.563*	0.670**	0.060	-0.136	-0.138	0.094	-0.125
篦齿眼子菜	-0.073	-0.109	-0.010	-0.063	-0.163	0.215	-0.095	-0.116	-0.142	-0.077	-0.091	-0.064	-0.063	-0.165	-0.074
菹草	-0.073	-0.109	-0.112	-0.063	-0.163	-0.146	0.050	-0.116	-0.107	-0.077	-0.091	-0.064	-0.063	-0.165	-0.074
金鱼藻	0.274	0.055	0.302	-0.184	-0.380	-0.291	-0.192	-0.340	-0.365	-0.199	-0.268	-0.182	-0.178	-0.031	-0.219
轮藻	-0.088	-0.132	0.286	-0.075	0.145	-0.100	-0.114	0.665**	0.104	-0.084	-0.110	-0.077	-0.076	0.156	0.119
黄花狸藻	-0.132	-0.199	-0.096	-0.114	0.184	0.194	-0.080	0.291	-0.194	-0.056	0.865**	0.510*	0.510*	-0.300	0.485*

** 表示在 0.01 水平（双侧）上显著相关；* 表示在 0.05 水平（双侧）上显著相关。

表 2-3 大型底栖动物与沉水植物秋季相关性分析

	日本沼虾	中华米虾	中华绒毛蟹	团水虱	前襄管水蚓	扁蛭	中国圆田螺	中华圆田螺	萝卜螺	扁卷螺	梨形环棱螺	大红德永摇蚊	侧叶雕翅摇蚊	箭蜓	羽摇蚊	拟摇蚊
篦齿眼子菜	0.008	-0.189	-0.210	-0.210	-0.176	-0.035	-0.408	-0.338	-0.199	0.121	-0.104	-0.224	0.217	-0.210	-0.122	-0.210
菹草	-0.173	-0.121	0.212	-0.111	0.934**	0.531*	-0.016	-0.105	-0.120	-0.147	-0.052	-0.167	0.019	0.212	-0.098	0.210
金鱼藻	0.397	0.469*	-0.145	0.521*	-0.024	0.132	0.053	0.035	0.545*	0.278	-0.080	0.006	-0.166	-0.145	0.181	-0.143
金鱼藻	-0.096	-0.079	-0.062	-0.062	-0.062	-0.128	-0.012	-0.071	-0.017	0.128	-0.129	0.162	0.151	-0.062	0.070	-0.064

** 表示在 0.01 水平（双侧）上显著相关；* 表示在 0.05 水平（双侧）上显著相关。

2.4 底栖微生物与环境因子关系

2.4.1 环境因子对微生物的影响概述

湖泊微生物群落的周期性变化主要受环境因子的影响，了解环境变量和微生物群落之间的关系尤其重要。细菌群落结构变化与营养物质的可利用性、生物相互作用和季节变化有关（Dondajewska et al., 2019），各细菌类群在不同季节的分布存在较为明显的差异（何世耀，2019；余冬元和汪东亮，2021）。与微生物群落分布影响相关的环境因子主要有pH、温度、溶解氧、氮磷等（冯烁，2021；黄晨，2021；Shang et al., 2022）。本节通过对比分析平水期和丰水期两个水期水体环境因子和沉积物环境因子与微生物群落生长的相关性，确定影响微生物群落生长分布的关键环境因子。

2.4.2 不同水期水质环境因子对微生物的影响

1. 平水期水体中环境因子对微生物的影响

将平水期水体中各项环境因子与南刘庄、烧车淀以及鸳鸯岛底泥微生物门分类水平进行 RDA 分析，结果如图 2-13 所示。可以发现不同门分类水平的底泥微生物与水体环境因子的相关关系结果有差异。底泥中占主导地位的优势细菌有变形菌门（Proteobacteria）、绿弯菌门（Chloroflexi）、酸杆菌门（Acidobacteria）和芽单胞菌门（Gemmatimonadetes）。硝态氮与绿弯菌门（Chloroflexi）、芽单胞菌门（Gemmatimonadetes）、变形菌门（Proteobacteria）、硝化螺旋菌门（Nitrospirae）等呈正相关性，与蓝细菌（Cyanobacteria）、厚壁菌门（Firmicutes）、疣微菌门（Verrucomicrobia）、拟杆菌门（Bacteroidetes）等呈负相关性趋势。总有机碳与酸杆菌门（Acidobacteria）、拟杆菌门（Bacteroidetes）、厚壁菌门（Firmicutes）、疣微菌门（Verrucomicrobia）、放线菌门（Actinobacteria）呈一定的正相关性，与绿弯菌门（Chloroflexi）、绿弯菌门（Chloroflexi）呈显著的负相关性。综合分析可知，硝态氮主要与变形菌门（Proteobacteria）和芽单胞菌门（Gemmatimonadetes）的生长呈正相关性，总有机碳主要与酸杆菌门（Acidobacteria）呈正相关性，这 4 种微生物菌门占总生物量的 70% 以上，在平水期影响底泥微生物的水体环境因子主要为硝态氮和总有机碳。

将平水期水体环境因子与底泥微生物属分类水平进行 RDA，结果如图 2-14 所示。可以发现不同属分类水平的底泥微生物与水体环境因子的相关关系结果有差异。底泥的优势菌属是硫化细菌（Thiobacillus）、硫弯曲菌属（Sulfuricurvum）和脱硫球菌（Desulfococcus）等。亚硝态氮与黄杆菌属（Flavobaterium）、海藻球菌属（Limnohabitans）、Luteolibacter 属、硫杆菌属（Thiobacillus）、梭状芽孢菌属（Clostridium）、红育菌属（Rhodoferax）、八叠球菌属呈正相关性，与 LCP-6、硫杆菌属（Thiobacillus）、脱硫球菌（Desulfococcus）、厌

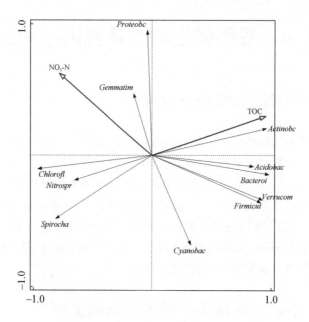

图 2-13　平水期微生物门分类水平与水体环境因子冗余分析（RDA）图

氧绳菌属（*Anaerolinea*）等呈负相关性。硝态氮与黄杆菌属（*Flavobaterium*）、海藻球菌属（*Limnohabitans*）、*Luteolibacter* 属、梭状芽胞菌属（*Clostridium*）、红育菌属（*Rhodoferax*）、八叠球菌属呈负相关性，与 *LCP-6* 呈正相关性。综合分析可知，硫化细菌（*Thiobacillus*）、硫弯曲菌属（*Sulfuricurvum*）和脱硫球菌（*Desulfococcus*）主要受亚硝态氮的影响，与亚硝态氮呈负相关性。硝态氮与大部分的菌属呈正相关性，与硝态氮对菌属的影响趋势在属分类水平上相反。

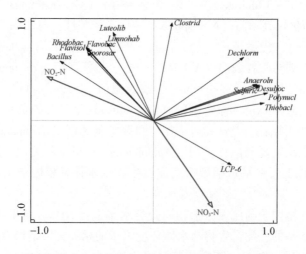

图 2-14　平水期微生物属分类水平与水体环境因子冗余分析（RDA）图

2. 丰水期水体中环境因子对微生物的影响

将丰水期水体中各项环境因子与底泥微生物门分类水平进行 RDA, 结果如图 2-15 所示, 可以发现不同门分类水平的底泥微生物与水体环境因子的相关关系结果有差异。与平水期不同的是, 丰水期中淀区的优势菌门变为变形菌门 (Proteobacteria)、绿弯菌门 (Chloroflexi)、拟杆菌门 (Bacteroidetes)、浮霉菌门 (Planctomycetes)、疣微菌门 (Verrucomicrobia)、酸杆菌门 (Acidobacteria,)、硝化螺旋菌门 (Nitrospirae) 等。温度、CODcr 与浮霉菌门 (Planctomycetes) 具有显著的正相关性, 与放线菌门 (Actinobacteria) 具有明显的负相关性, 与绿弯菌门 (Chloroflexi)、厚壁菌门 (Firmicutes) 具有负相关性, 与变形菌门 (Proteobacteria)、芽单胞菌门 (Gemmatimonadetes)、杆菌门 (Patescibacteria)、疣微菌门 (Verrucomicrobia) 具有一定的正相关性。水体色度与疣微菌门 (Verrucomicrobia) 具有显著的正相关性, 与酸杆菌门 (Acidobacteria) 具有显著的负相关性, 与浮霉菌门 (Planctomycetes)、髋骨菌门 (Patescibacteria)、拟杆菌门 (Bacteroidetes) 具有一定的正相关性, 与绿弯菌门 (Chloroflexi)、硝化螺旋菌门 (Nitrospirae) 具有负相关性。总有机碳与厚壁菌门 (Firmicutes) 具有显著的正相关性, 与变形菌门 (Proteobacteria) 具有显著的负相关性, 与浮霉菌门 (Planctomycetes)、疣微菌门 (Verrucomicrobia)、硝化螺旋菌门 (Nitrospirae)、芽单胞菌门 (Gemmatimonadetes) 呈一定的负相关性, 与拟杆菌门 (Bacteroidetes) 具有一定的正相关性。硝态氮与酸杆菌门 (Acidobacteria) 具有显著的正相关性, 与浮霉菌门 (Planctomycetes) 具有明显的负相关关系, 与绿弯菌门 (Chloroflexi)、厚壁菌门 (Firmicutes) 具有一定的正相关性, 变形菌门 (Proteobacteria)、浮霉菌门 (Planctomycetes)、疣微菌门 (Verrucomicrobia)、芽单胞菌门 (Gemmatimonadetes)、具有负相关关系。氨氮和溶解氧与酸杆菌门 (Acidobacteria) 具有显著的正相关性, 与疣微菌门 (Verrucomicrobia) 具有明显的负相关性, 与芽单胞菌门 (Gemmatimonadetes)、放线菌门 (Actinobacteria)、绿弯菌门 (Chloroflexi)、硝化螺旋菌门 (Nitrospirae) 具有一定的正相关性, 与拟杆菌门 (Bacteroidetes)、杆菌门 (Patescibacteria) 具有负相关性。

将丰水期水体中各项环境因子与底泥微生物属分类水平进行 RDA, 结果如图 2-16 所示。可以发现不同属分类水平的底泥微生物与水体环境因子的相关关系结果有差异。微生物底栖微生物优势菌属为硫杆菌属 (*Thiobacillus*)、脱氯单胞菌属 (*Dechloromonas*)、厌氧绳菌属 (*Anaerolinea*)、OLB12、黄杆菌属 (*Flavobacterium*)、不动杆菌属 (*Acinetobacter*) 等。pH 和溶解氧与 *Luteolibacter*、曲霉属、黄杆菌属 (*Flavobacterium*) 呈显著的正相关性, 与螺旋体菌属 (*Spirochaeta_2*)、脱氯单胞菌属 (*Dechloromonas*)、蛭弧菌属 (*Bdellovibrio*) 呈负相关性, 与 *RBG-16-5*、*Sulfurifustis*、不动杆菌属、硫杆菌属呈一定的正相关性。叶绿素 a 与 *Actibacter* 呈显著的正相关性。硝态氮、总氮、总有机碳、叶绿素 a 与电缆细菌 (*Candidatus_Electronema*)、*Rhodobacter*、厌氧绳菌属、杆菌属 (*Flavobacterium*)、不动杆菌属呈一定的正相关性, 与 *Ignavibacterium*、脱氯单胞菌属 (*Dechloromonas*) 等呈负相关性。氨氮与 *RBG-16-5* 呈显著的负相关性, 与螺旋体菌属 (*Spirochaeta_2*)、蛭弧菌属 (*Bdellovibrio*)、*ADurb. Bin063-1*、*Leptolinea*、脱氯单胞菌属 (*Dechloromonas*) 呈一定的正

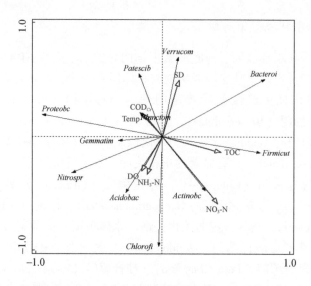

图 2-15　丰水期微生物门分类水平与水体环境因子的冗余分析（RDA）图

相关性，与 *Ignavibacterium*、不动杆菌属不具有相关性。色度与 *OM60*［*NOR5*］*clade* 呈显著的正相关性，与不动杆菌属呈显著的负相关性，与硫杆菌属（*Thiobacillus*）呈一定的正相关性，与 *Luteolibacter*、螺旋体菌属（*Spirochaeta*_2）不具有相关性。综合分析可知，pH、溶解氧、叶绿素 a、硝态氮、总氮、总有机碳等对微生物菌属的影响较大，丰度水平要远远高于氨氮和色度。将丰水期水体中各环境因子对底栖微生物生长的贡献率进行排序对比，与影响单一微生物的环境因子相类似，在丰水期水体中主要影响底栖微生物生长属分类水平的环境因子为总氮、氨氮、硝态氮、溶解氧、总有机碳、pH 等。

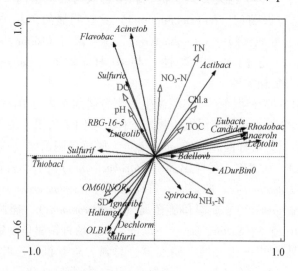

图 2-16　丰水期微生物属分类水平与水体环境因子的冗余分析（RDA）图

2.4.3 不同水期沉积物中环境因子对微生物的影响

1. 平水期沉积物中环境因子对微生物的影响

将平水期沉积物中各项环境因子与南刘庄、烧车淀以及鸳鸯岛底泥微生物门分类水平进行 RDA，结果如图 2-17 所示。可以发现不同门分类水平的底泥微生物与沉积物环境因子的相关关系结果有差异。硝态氮与蓝细菌（Cyanobacteria）、厚壁菌门（Firmicutes）、疣微菌门（Verrucomicrobia）、拟杆菌门（Bacteroidetes）、硝化螺旋菌门（Nitrospirae）呈正相关性，与绿弯菌门（Chloroflexi）、变形菌门（Proteobacteria）呈负相关性。总磷与蓝细菌（Cyanobacteria）、硝化螺旋菌（Nitrospirae）、酸杆菌门（Acidobacteria）、芽单胞菌门（Gemmatimonadetes）呈一定的正相关性，与绿弯菌门（Chloroflexi）、变形菌门（Proteobacteria）呈负相关性。将平水期水体中各环境因子对底栖微生物生长的贡献率进行排序对比，得出在平水期水体中主要影响底栖微生物生长的环境因子为总有机碳和硝态氮。

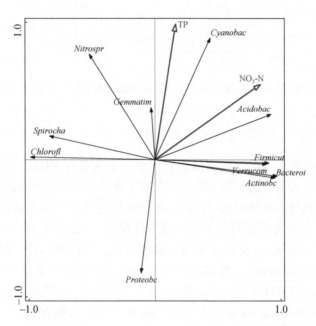

图 2-17 平水期微生物门分类水平与沉积物环境因子的冗余分析（RDA）图

将平水期沉积物中各项环境因子与底泥微生物属分类水平进行 RDA，结果如图 2-18 所示。可以发现不同属分类水平的底泥微生物与沉积物环境因子的相关关系结果有差异。无机磷（IP）与硫杆菌属（Thiobacillus）、厌氧绳菌属（Anaerolinea）、脱硫球菌（Desulfococcus）、硫弯曲菌属（Sulfuricurvum）呈显著的负相关性，总氮与黄杆菌属（Flavobaterium）、海藻球菌属（Limnohabitans）、Luteolibacter 属和硫杆菌属（Thiobacillus）、梭状芽孢菌属（Clostridium）、红育菌属（Rhodoferax）、八叠球菌属呈正相关性，与 LCP-6

呈负相关性。综合分析可知，总氮与大部分属分类水平的微生物具有正相关性，无机磷（IP）与部分优势菌属呈负相关性。将平水期沉积物中各环境因子对底栖微生物的贡献率进行排序对比，在丰水期沉积物中主要影响底栖微生物生长的环境因子为总氮、无机磷（IP）。这与上述微生物的环境影响因子相一致。

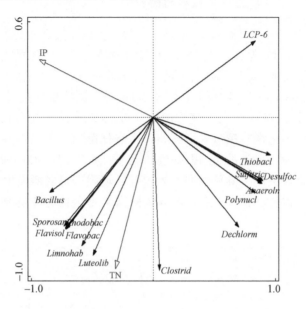

图2-18　平水期微生物属分类水平与沉积物环境因子的冗余分析（RDA）图

2. 丰水期沉积物中环境因子对微生物的影响

将丰水期沉积物环境因子与底泥微生物门分类水平进行 RDA，结果如图2-19所示。可以发现不同门分类水平的底泥微生物与沉积物环境因子的相关关系结果有差异。丰水期底泥微生物菌门组成与丰水期的菌门相同，沉积物环境因子中以无机磷（IP）、总碳、硝态氮、氨氮、电导率作为研究对象。电导率与杆菌门（Patescibacteria）呈显著的正相关性，与放线菌门（Actinobacteria）呈显著的负相关性，与浮霉菌门（Planctomycetes）、芽单胞菌门（Gemmatimonadetes）、疣微菌门（Verrucomicrobia）、变形菌门（Proteobacteria）呈一定的正相关性，与酸杆菌门（Acidobacteria）、绿弯菌门（Chloroflexi）具有负相关性。氨氮与疣微菌门（Verrucomicrobia）呈显著的正相关性，与酸杆菌门（Acidobacteria）呈显著的负相关性，与芽单胞菌门（Gemmatimonadetes）、杆菌门（Patescibacteria）、浮霉菌门（Planctomycetes）、拟杆菌门（Bacteroidetes）、厚壁菌门（Firmicutes）呈一定的正相关性，与绿弯菌门（Chloroflexi）、硝化螺旋菌（Nitrospirae）具有负相关关系。无机磷（IP）、总碳、硝态氮均与酸杆菌门（Acidobacteria）、变形菌门（Proteobacteria）、硝化螺旋菌（Nitrospirae）呈一定的正相关性，与疣微菌门（Verrucomicrobia）、厚壁菌门（Firmicutes）、拟杆菌（Bacteroidetes）呈负相关性。综合分析可知，电导率与氨氮与大部分的优势菌门具有正相关性，影响菌门的多样性要比无机磷（IP）、总碳、硝态氮的作用要强。

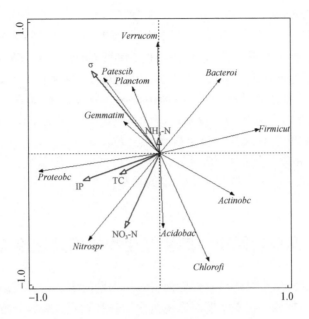

图 2-19　微生物门分类水平与沉积物环境因子冗余分析（RDA）图

　　将丰水期沉积物中各项环境因子与底泥微生物属分类水平进行 RDA，共测定了 pH、电导率（EC）、总碳（TC）、总有机碳（TOC）、总氮（TN）、氨氮（NH_3-N）、硝态氮（NO_3^--N）、总磷（TP）、无机磷（IP）9 个沉积物环境因子，结果如图 2-20 所示。可以发现不同属分类水平的底泥微生物与沉积物环境因子的相关关系结果有差异。底栖微生物属分类水平与上文相同，电导率与革兰氏杆菌属、OLB12、硫杆菌属（Thiobacillus）、脱硫球菌（Desulfococcus）等呈一定的正相关性，与蛭弧菌属（Bdellovibrio）呈显著的负相关性，与电缆细菌、Rhodobacter、厌氧绳菌属（Anaerolinea）等呈负相关性。总氮和总有机碳与

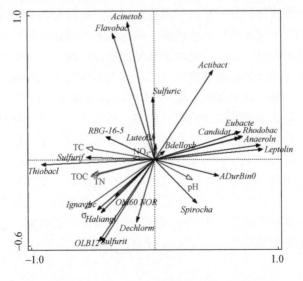

图 2-20　微生物属分类水平与沉积物环境因子冗余分析（RDA）图

硫杆菌属（*Thiobacillus*）、RBG-16-5、脱氯单胞菌属（*Dechloromonas*）、OLB12、*Sulfuritalea*、*Ignavibacterium* 呈一定的正相关性，与电缆细菌、*Rhodobacter*、厌氧绳菌属（*Anaerolinea*）呈显著的负相关性。硝态氮和总碳与 *Luteolibacter*、RBG-16-5、硫杆菌属（*Thiobacillus*）、*Sulfurifustis* 呈一定的正相关性，与 *ADurb. Bin063-1* 呈显著的负相关性，与八叠球菌属、*Leptolinea*、厌氧绳菌属（*Anaerolinea*）等呈负相关性。pH 与螺旋体菌属（*Spirochaeta_2*）、*ADurb. Bin063-1*、*Leptolinea*、*Anaerolinea*、电缆细菌呈一定的正相关性，与 RBG-16-5 呈显著的负相关性，与黄杆菌属（*Flavobacterium*）、不动杆菌属、曲霉属、*Luteolibacter* 属呈负相关性。综合分析可知，电导率、总碳、硝态氮、总氮、总有机碳等对底泥微生物属分类水平的大多数菌属呈一定的正相关性。pH 对菌属的影响也较大，对优势属有影响。

2.4.4 两个水期环境因子与底栖微生物的相关性趋势总结对比分析

相对于平水期底泥微生物群落多样性而言，丰水期的微生物群落结构更加丰富，门分类水平具有较高的多样性。在平水期对底泥微生物具有显著影响的上覆水体环境因子只有两项，且贡献率都较高，丰水期的微生物群落多样性的影响因子较多，贡献率较为平均。平水期对底泥微生物具有显著影响的沉积物环境因子数量较少，丰水期环境因子变得较为复杂。平水期水体环境因子与沉积物环境因子中对底泥微生物有影响的主要环境因子都为硝态氮、总有机碳和总磷。通过对两个水期环境因子与底栖微生物 RDA 结果可知，其中硝态氮对底泥微生物群落的硝化螺旋菌门始终保持正相关。丰水期水体环境因子中硝态氮始终与硝化螺旋菌呈正相关，与酸杆菌门呈负相关。平水期和丰水期的上覆水体环境因子和沉积物环境因子的硝态氮对微生物具有显著的影响，对硝化螺旋菌具有正相关性。变形菌门与上覆水体的温度、化学需氧量、硝态氮呈正相关，绿弯菌门与上覆水体的硝态氮、氨氮、溶解氧呈正相关，拟杆菌门与上覆水体的总有机碳、色度和底泥硝态氮、氨氮呈正相关，疣微菌门与上覆水体的总有机碳、温度、化学需氧量和底泥硝态氮、电导率、氨氮呈正相关，酸杆菌门与上覆水体的总有机碳、硝态氮和底泥硝态氮、总碳呈正相关。芽单胞菌门与上覆水体的硝态氮、温度、化学需氧量和底泥总磷、电导率、氨氮呈正相关。

相对于平水期底泥微生物群落多样性而言，丰水期的微生物群落结构更加丰富，属分类水平具有较高的多样性。在平水期对底泥微生物具有显著影响的上覆水体环境因子较少，丰水期的微生物群落多样性的影响因子较多。并且在丰水期上覆水体和沉积物的环境因子总氮、硝态氮、总有机碳都是微生物属分类水平的影响因子。在丰水期的优势菌属硫化细菌与上覆水体中亚硝态氮、pH、溶解氧及沉积物电导率、总氮、总有机碳、硝态氮呈正相关；脱氯单胞菌属与上覆水体的氨氮和沉积物电导率、总氮呈正相关，与上覆水体的亚硝态氮、硝态氮、总氮和沉积物硝态氮呈负相关；曲霉菌和上覆水体的 pH、溶解氧、硝态氮和沉积物硝态氮呈正相关；厌氧绳菌属与上覆水体的硝态氮、总氮和沉积物硝氮呈显著正相关，与沉积物总氮呈负相关（Xing et al., 2018）。

2.4.5 小结

(1) 环境因子对底泥微生物群落结构有重要影响，上覆水体（pH、DO、COD、TOC、TN、氨氮、硝态氮、温度）和沉积物（TOC、TN、氨氮、硝氮、TP）性质对底泥群落结构均有一定的影响。

(2) 在丰水期，不同采样点位底泥中微生物群落结构相似性极高，优势菌门有变形菌门、绿弯菌门、拟杆菌门、酸杆菌门、浮霉菌门、疣微菌门、硝化螺旋菌门，占生物量的80% 以上，优势菌门与上覆水体环境因子温度、化学需氧量、总有机碳、硝态氮、氨氮，及沉积物电导率、氨氮、硝态氮、总碳有关。优势菌属为硫杆菌属、脱氯单胞菌属、厌氧绳菌属等，它们主要与含氮污染物的降解和循环有关，优势菌属与上覆水体的 pH、溶解氧、叶绿素 a、硝态氮、总有机碳、氨氮及沉积物电导率、总氮、总有机碳、硝态氮、总碳、pH 有关。

(3) 在平水期优势菌门为变形菌门、绿弯菌门、拟杆菌门、酸杆菌门、芽单胞菌门、疣微菌门、硝化螺旋菌门、放线菌门，优势菌门受上覆水体硝态氮、总有机碳及沉积物硝态氮、总磷的影响。优势菌属为硫化细菌、不动杆菌属、脱硫球菌、厌氧绳菌属等，优势菌属受到上覆水体硝态氮、亚硝态氮及底泥无机磷（IP）和总磷的影响。

(4) 平水期底泥微生物主要受氮和磷元素的影响；丰水期不仅受氮磷的影响，更是受到营养物质、温度、pH 的影响。

参 考 文 献

冯烁 . 2021. 北京市顺义区金鸡河流域土壤中抗生素抗性菌及抗性基因的分布特征 . 北京：中国农业科学院 .

耿世伟，陈晨，陈安，等 . 2019. 天津淡水生态系统大型底栖动物群落结构特征研究 . 环境科学与管理，44（7）：156-160.

何世耀 . 2019. 鄱阳湖饶河入湖口水体和底泥微生物对氮、磷及重金属污染物输入的响应 . 南昌：南昌大学 .

黄晨 . 2021. 西安市典型景观湖泊中抗生素分布特征及其生态风险评价 . 西安：西安理工大学 .

刘成林，谭胤静，林联盛，等 . 2013. 鄱阳湖水位变化对候鸟栖息地的影响 . 广州：中国水利学会 2013 学术年会 .

刘涛，吴佩，唐金灿，等 . 2021. 沉湖钻孔沉积物中微生物脂肪酸特征与意义 . 中国环境科学，41（1）：5264-5273.

龙诗颖，修玉娇，李瑶，等 . 2022. 黄河三角洲水质对底栖动物群落结构的影响 . 环境科学学报，42（1）：104-110.

王昱，李宝龙，冯起，等 . 2022. 黑河大型底栖动物功能摄食类群时空分布及水环境评价 . 环境科学研究，35（1）：150-160.

徐霖林，马长安，田伟，等 . 2011. 淀山湖沉水植物恢复重建对底栖动物的影响 . 复旦学报（自然科学版），50（3）：260-267.

杨颖，陈思思，周红宏，等 . 2022. 长江口潮间带底栖生物生态及变化趋势 . 生态学报，42（4）：1606-1618.

余冬元，汪东亮 . 2021. 浅水湖泊水体富营养化治理技术研究进展 . 中国资源综合利用，39（6）：95-97，101.

余居华，王乐豪，康得军，等 . 2021. 湖滨带芦苇恢复过程中沉积物氮赋存形态及含量变化：以巢湖为例 . 湖泊科学，33：1467-1477.

Di Blasio A，Bertolini S，Gili M，et al. 2020. Local context and environment as risk factorsfor acute poisoning in animals in northwest Italy. Science of The Total Environment，709：136016.

Ding S，Chen M S，Gong M D，et al. 2018. Internal phosphorus loading from sediments causes seasonal nitrogen limitation for harmful algal blooms. Science of the Total Environment，625：872-884.

Dondajewska R，Kozak A，Rosińska J，et al. 2019. Water quality and phytoplankton structure changes under the influence of effective microorganisms（EM）and barley straw-Lake restoration case study. Science of the Total Environment，660：1355-1366.

Egerer M H，Lin B B，Threlfall C G，et al. 2019. Temperature variability influences urban garden plant richness and gardener water use behavior，but not planting decisions. Science of the Total Environment，646：111-120.

Fu H，Zhou Y，Yuan G X，et al. 2021. Environmental and spatial drivers for wetland plant communities in a freshwater lake：Reduced coupling of species and functional turnover. Ecological Engineering，159：106092.

Hata A，Shirasaka Y，Ihara M，et al. 2021. Spatial and temporal distributions of enteric viruses and indicators in a lake receiving municipal wastewater treatment plant discharge. Science of the Total Environment，780：146607.

Jiang Z，Du P，Liu J J，et al. 2019. Phytoplankton biomass and size structure in Xiangshan Bay，China：Current state and historical comparison under accelerated eutrophication and warming. Marine Pollution Bulletin，142：119-128.

Li Q G，Long Z Q，Wang H J，et al. 2021. Functions of constructed wetland animals in water environment protection—A critical review. Science of the Total Environment，760：144038.

Li W H，Shi Y L，Gao L H，et al. 2012. Occurrence of antibiotics in water，sediments，aquatic plants，and animals from Baiyangdian Lake in North China. Chemosphere，89（11）：1307-1315.

Penning W E，Dudley B，Mjelde M，et al. 2008. Using aquatic macrophyte community indices to define the ecological status of European Lakes. Aquatic Ecology，42（2）：253-264.

Shang Y Q，Wu X Y，Wang X B，et al. 2022. Factors affecting seasonal variation of microbial community structure in Hulun Lake，China. Science of the Total Environment，805：150294.

Wang H，Yuan W H，Zeng Y C，et al. 2022. How does Three Gorges Dam regulate heavy metal footprints in the largest freshwater lake of China. Environmental Pollution，292：118313.

Wen Z D，Song K S，Shang Y X，et al. 2020. Variability of chlorophyll and the influence factors during winter in seasonally ice-covered lakes. Journal of Environmental Management，276：111338.

Xing Z L，Zhao T T，Bai W Y，et al. 2018. Temporal and spatial variation in the mechanisms used by microorganisms to form methylmercury in the water column of Changshou Lake. Ecotoxicology and Environmental Safety，160：32-41.

Yang T X，Sheng L X，Zhuang J，et al. 2016. Function，restoration，and ecosystem services of riverine wetlands in the temperate zone. Ecological Engineering，96：1-7.

Yang W，Yan J，Wang Y，et al. 2020. Seasonal variation of aquatic macrophytes and its relationship with environmental factors in Baiyangdian Lake，China. Science of the Total Environment，708：135112.

Ye J H，Yu T，Xu Z T，et al. 2021. Distribution and probabilistic integrated ecological risk assessment of heavy metals in the surface water of Poyang Lake，China. Chinese Journal of Analytical Chemistry，49（11）：29-34.

Zhu Y，Jin X，Tang W Z，et al. 2019. Comprehensive analysis of nitrogen distributions and ammonia nitrogen release fluxes in the sediments of Baiyangdian Lake，China. Journal of Environmental Sciences，76：319-328.

第3章 | 白洋淀食物网结构演变特征

3.1 湖泊食物网研究概述

湖泊生态系统由水陆交错带与敞水区生物群落所组成，结构强大、功能复杂的湖泊生态系统是水生态系统的重要组成。根据全国水利普查数据显示，目前中国常年水面积超过 1km² 的湖泊共有 2865 个，其中超过 100km² 的湖泊有 129 个，全国湖泊总面积可达 78000km²，约占我国水域总面积的 1.7%。作为重要的水域资源，湖泊生态系统具备多种功能，它不仅能为人类提供饮用水源以及水产品，带动周边的工业、旅游业发展，同时还具备蓄洪、调节局部气候等功能，在人类生产发展活动中发挥着不可或缺的作用（Zhan et al.，2019）。相较于其他水体，湖泊的水流速度较低，流动性较差，水体物质交换过程缓慢，生态系统较为脆弱，加之人类频繁的不合理地利用湖泊资源，易造成湖泊面积缩小、水质变差、富营养化加速以及水产资源枯竭等问题。根据水利部公布的《2018 年中国水资源公报》，2018 年监测的 124 个湖泊中，Ⅰ~Ⅲ类湖泊 31 个，占评价湖泊总数的 25.0%；Ⅳ~Ⅴ类湖泊 73 个，占评价湖泊总数 58.9%；劣Ⅴ类 20 个，占 16.1%。

湖泊生态系统的结构较为复杂，既包含有水陆交错区域，也有敞水区和深水区，有大量的水生植物、水生动物以及微生物群落。不同的生物间有错综复杂的食物关系，生物群落相互联系、相互作用，构成一个复杂的食物网，物质和能量在食物网中不停地输送和流动。食物网研究在理论和应用上均具有十分重要的意义。从理论上讲，一是研究食物网可以让我们深入理解生态系统中物质循环和能量流动的格局，以进一步探讨系统的功能。许多经典生态理论均是在研究食物网的过程中提出来的，如生态金字塔概念（周中玉，1984）和林德曼定律（于丹等，1988）；二是研究食物网是了解群落结构的重要途径，食物网中的相互作用如捕食对群落结构的形成可产生重要影响。例如，潮间带食物网研究表明，当来自滨螺的捕食压力处于中等程度时，藻类的多样性最高；三是研究食物网可以帮助回答种群生态学的一些基本问题，如食物的可得性和被摄食的危险是影响种群动态的主要因子之一，如果隔离于食物网来考虑，就会忽略很多通过网络产生的相互作用。

为了更好地研究人类活动干扰和物理环境扰动对水生态系统食物网所造成的影响，迄今为止已有多种理论模型用于预测和分析食物网的结构和功能，其对水生态系统的研究具有极其重要意义。目前，常见的食物网模型主要有以下几个类型：①结构模型，被用来预测食物网的结构特征值。最早出现的是随机模型（Random Model）（Erdös and Rényi，1960），随后又有人提出级联模型（Cascade Model）（Cohen et al.，1990）、生态位模型（Niche Model）（Williams and Martinez，2000）以及嵌合等级模型（Nest-hierachy Model）（Cattin et al.，2004）等。随机模型、级联模型以及嵌合等级模型由于在实际应用时限制条件少，模型所产生的结果与经验结构特征值吻合度较低，不能够准确地预测食物网特征，而生态位模型虽然与经验结构特征值吻合度较高，但是在应用时存在一定的区间限制。②动态模型，基于种间竞争模型（Lotka-Volterra）（Pimm，1977）建立的模型，用于预测食物网结构的动态变化过程。③能流模型，可以预测物种间的物质循环和能量流动过程。其中最常用的模型为 Ecopath 模型，该模型通过结合生态系统各物种生物量、营养关系估算生态系统中物质循环和能量流动，是目前常用的食物网模型之一。Ecopath 模型由 Polovina（Polovina，1984）提出，该模型以食物网为主线，通过建模方式量化生态系统各特征参数，能够较为清晰地反映出生态系统的能量流动、营养关系等，可以用来探索生态系统中物种组成变化带来的直接和间接影响，从而评估对生态系统整体功能的影响。自20世纪90年代中期以来，随着计算能力的提高和新思想的融合，Ecopath 模型的应用范围迅速扩大。按照模型的实际用途可将 Ecopath 模型的研究目标分为以下几个方面：①生态系统结构和功能；②环境变化及水质污染；③渔业政策；④特殊感兴趣的物种。截止到2020年，在各类期刊上发表 Ecopath 模型相关论文700多篇（Colléter et al.，2015），Ecopath 模型在国内外的河流、湖泊、海洋等多种水生态系统被广泛应用（Coll and Steenbeek，2017；Frisk et al.，2011；Liu et al.，2007）。

Nuttall 等（2011）利用 Ecopath 模型对纽约大南湾生态系统进行评估，发现近120年来纽约大南湾生态系统营养级结构和成熟度均有所降低。林群（2012）对我国黄渤海地区生态系统结构和功能进行了研究，发现黄海南部区域在2010~2011年牧食食物链对食物网的贡献率达到61%，而其中浮游植物在初级生产者中占主导地位，1985~2011年大多数鱼类功能组营养级均有不同程度的降低，如鳀（*Engraulis japonicus*）由于高强度捕捞导致生物量显著降低，营养级下降，而带鱼（*Trichiurus japonicus*）摄食食性由肉食性转变为杂食性，也成为其营养级下降的主要原因。渤海区域在1992年顶级捕食者鲈鱼、蓝点马鲛的生物量相比1982年大幅度降低，而鳀生物量增加近三倍，高层次鱼类资源被中小型鱼类所代替，多数功能组平均营养级呈现不同程度的降低趋势，渤海生态系统处于不稳定的状态。

运用 Ecopath 模型，可以分析人类活动和环境变化对生态系统的影响。Geers 等（2016）对墨西哥湾生态系统进行分析发现，季节性的水体缺氧是导致鱼类生物量减少的重要因素；海洋渔业捕捞活动的增加，导致系统成熟度降低，对外部干扰的抵抗力降低。Frisk 等（2011）对特拉华湾生态系统研究发现，1996~1997年湿地总面积增加3%，导致生态系统总生物量增加47.7t/（km^2·a），且对生态系统结构也有显著影响，系统的总呼吸量和系统的路径长度增加，生态系统稳定性提高。

运用 Ecopath 模型，还可以对特殊感兴趣的物种进行重点分析。Li 等（2019）运用 Ecopath 模型研究了竹山湖湿地生态系统，捕食者生态位重叠和增殖生态容量表明，甲壳类生态承载力为3.05t/（km^2·a），当甲壳类生物量降低到50%时，该功能组的生态营养效率提高了一倍，碎屑流减少。大型鲌属（Culter）和其他鱼食性鱼类功能群占据食物网的顶端，对维持生态系统食物网结构起着重要作用，两组的生态容量分别有46.38%和50.07%的增长空间。

湖泊生态系统中不同的生物之间构成错综复杂的食物网，物质和能量在食物网中不停地输送和流动。本研究在对白洋淀水生生物群落进行调研后，利用 Ecopath with Ecosim（EwE）软件构建白洋淀生态系统的物质平衡模型，深入分析白洋淀食物网物质输送和能量流动过程，并对比分析 1980 年、2010 年、2018 年白洋淀食物网结构及物质流和能量流，以期为白洋淀生态系统修复提供科学依据。

3.2 基于食物网模型的白洋淀食物网结构特征

3.2.1 Ecopath 食物网模型原理

Ecopath 模型运用热力学原理，使生态系统中功能群的输入与输出保持平衡。Ecopath 模型涉及到了物质平衡与能量平衡两种核心方程，最终得到方程式为

$$B_i \times (P/B)_i \times \mathrm{EE}_i - E_i = \sum B_j \times (Q/B)_j \times \mathrm{DC}_{ij} \tag{3-1}$$

式中，i 为被捕食功能组；B_i 为被捕食功能组 i 的生物量（t·km^{-2}）；$(P/B)_i$ 为被捕食功能组 i 的生物量与生产量比值；EE_i 为第 i 组的生态营养转化效率，为捕捞量与被捕捞量之和与其生产量的比例，代表该组的生产量在系统内被利用的比例；E_i 为被捕食组的营养消耗；j 为捕食功能组，其中 B_j 为捕食功能组 j 的生物量；$(Q/B)_j$ 为 j 组消耗量与生产量比值；DC_{ij} 为功能组 i 所占捕食组 j 食物组成的比例。

生态效率（EE）指在生态系统内（通过食物网传递）种群生产量与消费量（或渔业捕获）之间的比例，EE 值范围在 0 ~ 1。对于不同年份生态系统的每个功能组，需要确定 B、P/B、Q/B 等参数，并通过调整参数来调整 EE，直至 Ecopath 模型达到稳态。

3.2.2 Ecopath 食物网模型构建方法

1. 功能组划分

把生境条件和捕食习性相似种群归为同一功能组，建立了包含 12 个功能组的白洋淀底栖–浮游耦合食物网：①浮游藻类；②底栖藻类；③大型沉水植物；④浮游动物；⑤其他底栖动物；⑥螺；⑦虾；⑧草食性鱼类；⑨杂食性鱼类；⑩肉食性鱼类；⑪滤食性鱼类；⑫碎屑。

2. 参数确定与模型平衡

本研究通过现场采集、历史数据收集等，确定模型相应参数，构建了白洋淀 1980 年、2010 年和 2018 年的 EwE 模型。

Ecopath 模型的基本输出是建立在生态系统能量输入和输出保持平衡的过程之上，维持模型平衡的最基本的条件是 EE 在 0 ~ 1。若模型不平衡，则需要反复调整不平衡功能组的相关参数直至模型达到最佳状态。

3.2.3 基于食物网模型的白洋淀食物网结构演变

1. 生态系统食物网结构演变

营养级是根据系统食物网络关系，得到功能组与初级生产者的营养级数，可以用分数表示。1980 年白洋淀生态系统营养级范围为 1～3.406（表3-1，图3-1）。浮游藻类和碎屑 EE 值较高，可能与 1980 年浮游植物生物量较低有关。沉水植物的生物量相对过高，而相对应的 EE 值最低，仅为 0.01，说明大量沉水植物没有通过捕食进入下一营养级，而进入碎屑中。2010 年白洋淀生态系统营养级范围为 1～3.025（表3-2，图3-2）。大型肉食性鱼类 EE 比较高，达到 0.92，浮游藻类、底栖藻类、沉水植物和碎屑相对应的 EE 值都较低，分别为 0.20、0.34、0.27、0.12，沉水植物生物量比 1980 年少了近 81.7%。2018 年沉水植物生物量最大，滤食性鱼类生物量最小，甲壳类的 EE 最低，为 0.37，肉食性鱼类和底栖藻类 EE 最高，均为 0.88，营养级分别为 3.081 和 1（表3-3，图3-3）。

表 3-1 1980 年白洋淀生态系统模型基本输入与参数估计表

功能组	营养级 (Trophic level)	生物量（Biomass） / (t·km^{-2})	P/B (a^{-1})	Q/B (a^{-1})	P/Q (a^{-1})	EE
肉食性鱼类	**3.406**	2	1.16	**3.867**	0.300	**0.53**
杂食性鱼类	**2.525**	9.9	1.363	**9.796**	0.137	**0.79**
草食性鱼类	**2.003**	3.2	1.18	**11.028**	0.107	**0.45**
滤食性鱼类	**2.15**	0.32	1.37	**7.829**	0.175	**0.25**
甲壳类	**2.2**	29.34	1.65	33	**0.05**	**0.33**
软体动物	**2**	29.352	1.65	13.2	**0.125**	**0.86**
其他底栖动物	**2**	1.455	5.42	108.4	**0.05**	**0.92**
浮游动物	**2**	5.867	45	900	**0.05**	**0.81**
浮游藻类	**1**	6.017	112	—	—	**0.90**
底栖藻类	**1**	28.37	84.3	—	—	**0.05**
沉水植物	**1**	4325.75	1.25	—	—	**0.01**
碎屑	**1**	221.37	—	—	—	**0.82**

注：表格中加粗为输出数据。

表 3-2 2010 年白洋淀生态系统模型基本输入与参数估计表

功能组	营养级 (Trophic level)	生物量（Biomass） / (t·km^{-2})	P/B (a^{-1})	Q/B (a^{-1})	P/Q (a^{-1})	EE
肉食性鱼类	**3.025**	1.12	0.86	2.867	**0.300**	**0.92**
杂食性鱼类	**2.322**	22.96	0.97	7.088	**0.137**	**0.53**
草食性鱼类	**2.003**	6.56	0.88	8.234	**0.107**	**0.55**
滤食性鱼类	**2.2**	12.3	1.07	6.114	**0.175**	**0.64**

续表

功能组	营养级 (Trophic level)	生物量 (Biomass) / (t·km⁻²)	P/B (a⁻¹)	Q/B (a⁻¹)	P/Q (a⁻¹)	EE
甲壳类	**2**	2.16	2.53	50.6	**0.05**	**0.43**
软体动物	**2**	11.14	3.4	27.2	**0.125**	**0.69**
其他底栖 动物	**2**	2.94	4.862	97.24	**0.05**	**0.64**
浮游动物	**2**	2.64	25	500	**0.05**	**0.49**
浮游藻类	**1**	32	159.975	—	—	**0.20**
底栖藻类	**1**	13.18	44.3	—	—	**0.34**
沉水植物	**1**	789.86	1.25	—	—	**0.27**
碎屑	**1**	221.4	—	—	—	**0.12**

注：表格中加粗为输出数据。

表 3-3 2018 年白洋淀生态系统模型基本输入与参数估计

功能组	营养级 (Trophic level)	生物量 (Biomass) / (t·km⁻²)	P/B (a⁻¹)	Q/B (a⁻¹)	P/Q (a⁻¹)	EE
肉食性鱼类	**3.081**	5.87	0.86	**2.867**	0.30	**0.88**
杂食性鱼类	**2.55**	27.85	0.964	**7.088**	0.136	**0.73**
草食性鱼类	**2.003**	3.77	0.881	**8.234**	0.107	**0.55**
滤食性鱼类	**2.25**	0.02	1.07	**6.114**	0.175	**0.63**
甲壳类	**2.1**	20.81	2.53	**50.602**	0.05	**0.37**
软体动物	**2.1**	35.95	3.4	**27.202**	0.125	**0.69**
其他底栖动物	**2**	5.24	4.862	**97.24**	0.05	**0.58**
浮游动物	**2**	15.93	25	**500**	0.05	**0.61**
浮游藻类	**1**	16.85	159.975	—	—	**0.67**
底栖藻类	**1**	26	44.3	—	—	**0.88**
沉水植物	**1**	874.93	1.25	—	—	**0.53**
碎屑	**1**	324.5	—	—	—	**0.78**

注：表格中加粗为输出数据。

1980～2010 年间白洋淀生态系统营养级范围由 1～3.406 降为 1～3.025，最高营养级肉食性鱼类降低，且其他功能组的营养级也有轻微下降。相比 2010 年，2018 年肉食性鱼类、杂食性鱼类、滤食性鱼类和软体动物营养级略有上升，其他功能组无明显变化。与 1980 年相比，白洋淀生态系统多样性降低，鱼类结构趋于小型化、单一化；2010 年、2018 年沉水植物生物量明显降低，但浮游藻类生物量却增加，说明白洋淀草型湖泊发生逆向演替，向藻型湖泊发展，引起这一变化的原因是多方面的，可能与生态补水、食草性鱼类的大量放养有关。2018 年白洋淀甲壳类、软体动物生物量相比 2010 年明显增加，根据安新县水产畜牧局公开数据显示，2010 年白洋淀养殖面积为 2365hm²，水产养殖品种以草鱼、鲤鱼、鲢鱼、鳙鱼为主，到"十二五"末，养殖面积超过 2700hm^2，淀区内专门建立虾蟹螺养殖协会，虾蟹螺养殖量增加，期间近 5 次虾蟹螺增殖放流活动，淀区内甲壳类、软体动物生物量增加，这与调研结果相一致。

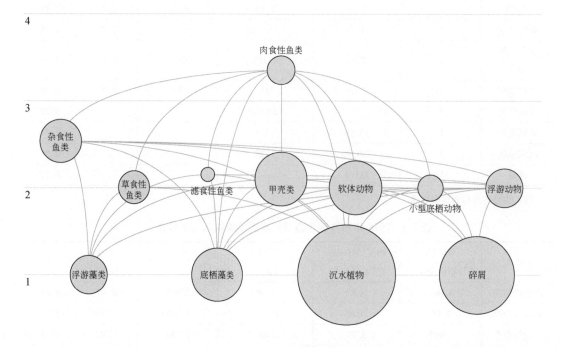

图 3-1　1980 年白洋淀生态系统模型结构图

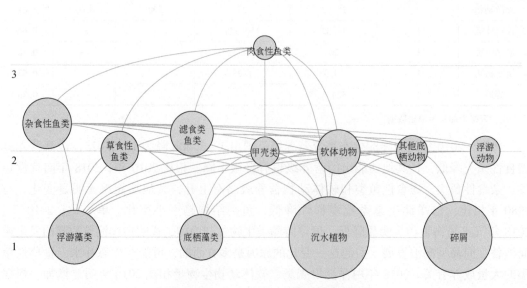

图 3-2　2010 年白洋淀生态系统模型结构图

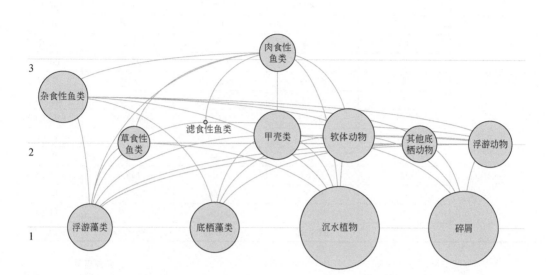

图 3-3　2018 年白洋淀生态系统模型结构

2. 生态系统生物量和流量分布

1) 生态系统的生物量和流量特征

除了计算小数形式的营养级之外，该模型也可以将整个生态系统不同功能组的营养流合并为以整数表示的营养级，这样不仅能简化食物网，也便于比较能流在各个营养级之间的分布。经过重新整合后得到数据列于表 3-4 中，可以看出，三个年份中白洋淀生态系统的能量流动都可以合并为五个整合营养级，其中营养级 Ⅰ 包括初级生产者和碎屑，而 1980年、2010 年、2018 年营养级 Ⅴ 以上的生物量和流量都很低，在整个系统中占的比例微小，因此可以认为此时的生态系统主要由四个营养级构成。从图 3-4 中可以看出，各个时期能量分布主要集中于第 Ⅰ、Ⅱ 营养级，超过白洋淀全部能量的 90%，底层营养级生物量和流量较大，随营养级上升而显著减小，整体变化符合能量和生物量金字塔形分布规律。

表 3-4　1980 年、2010 年、2018 年白洋淀生态系统生物量、流量分布

年份	营养级	生物量 /(t/km²)	生产量 /(t/km²)	流向碎屑量 /(t/km²)	总流量 /(t/km²)
1980	Ⅴ	0.09	0.05	0	0
	Ⅳ	0.61	0.35	0.03	1.69
	Ⅲ	9.43	2.36	6.10	153.53
	Ⅱ	71.29	153.61	187	6779.82
	Ⅰ	4360.14	6780.24	5143	14204.0
	合计	4441.38	6936.61	5336.13	21139.04

续表

年份	营养级	生物量 /(t/km²)	生产量 /(t/km²)	流向碎屑量 /(t/km²)	总流量 /(t/km²)
2010	V	0.01	0	0.01	0.02
	IV	0.46	0.02	0.58	2.27
	III	10.27	2.27	20.73	66.75
	II	51.09	66.75	1519	2244
	I	677.1	2244	5043	13519
	合计	738.93	2313.04	6583.32	15832.04
2018	V	0.07	0	0.04	0.19
	IV	2.23	0.04	2.20	9.28
	III	22.65	2.97	145.4	310.5
	II	90.5	96.88	6939	10430
	I	917.8	3410	1532	14208
	合计	1033.25	3509.89	8618.64	24957.97

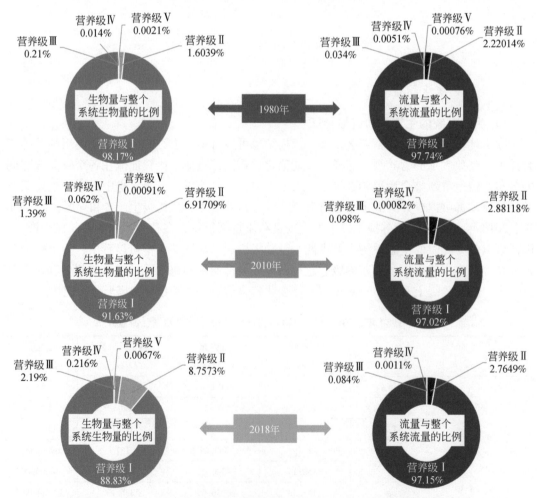

图 3-4　1980 年、2010 年和 2018 年各营养级生物量和流量与对应总量的占比情况

2） 生物量和流量变化分析

系统总流量是系统中输出、呼吸、流向碎屑的量、消费量的加和，可以用来代表整个系统的流量规模。从图 3-5 中可以看出，1980 年、2010 年、2018 年白洋淀生态系统各营养级之间总流量随营养级增加而减少；其中，生态系统总流量 2010 年<1980 年<2018 年，可以看出 1980～2018 年白洋淀生态系统规模先下降再上升，且 2018 年白洋淀生态系统规模要高于 1980 年。2018 年各营养级生物量都高于 2010 年，这与 2018 年白洋淀调研结果相吻合；从生产量来看，1980 年、2010 年和 2018 年第Ⅰ营养级均约占总生产量的 97%，白洋淀 2018 年总生产量是 2010 年生态系统的 1.5 倍，是 1980 年的 0.38%。2018 年流向碎屑量占总流量的 34.53%，低于 2010 年的 41.58%，高于 1980 年的 25.24%，2018 年白洋淀生态系统比 2010 年能量利用高，比 1980 年能量利用低，仍有大部分能量未被充分利用，同时 2018 年白洋淀初级生产者中沉水植物较 2010 年增加 10.77%，且 1980 年沉水植物远远高于其他年份，浮游藻类和底栖藻类生物量略有减少，说明 1980～2018 年白洋淀先发生逆向演替，后又有顺向演替趋势。

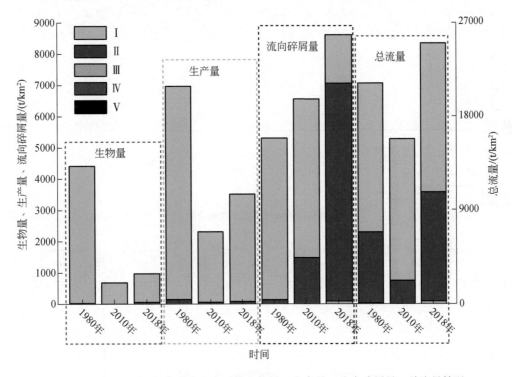

图 3-5　1980～2018 年白洋淀生态系统生物量、生产量、流向碎屑量、总流量情况

3. 生态系统物质循环

1） 生态系统物质循环特征

从各年营养层级能量效率图（图 3-6）中可以看出，2010 年初级生产者的净生产量最高，其次是 1980 年，分别为 6493t/（km²·a）和 6310t/（km²·a），相差不大，而 2018 年最低，为 4942t/（km²·a）。通过摄食行为，能量从初级生产者进入第Ⅱ营养级，沉水植物

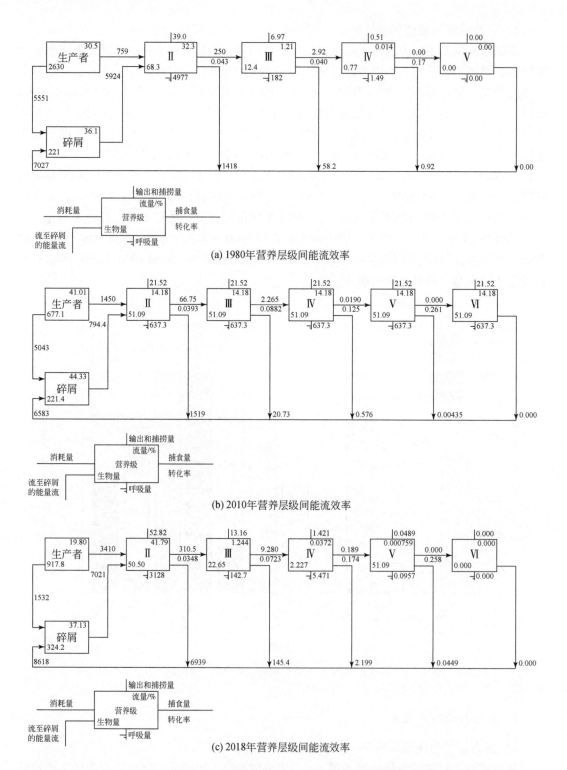

(a) 1980年营养层级间能流效率

(b) 2010年营养层级间能流效率

(c) 2018年营养层级间能流效率

图3-6 1980年（a）、2010年（b）和2018年（c）白洋淀生态系统各营养级间的物质流动

能量大量流至碎屑，通过碎屑链参与物质再循环。其中进入第Ⅱ营养级的能量最高的是2018年，也是流入碎屑量最多的一年，而1980年的第Ⅱ营养级输入能量最少，且流入碎屑量最少。碎屑组中会有部分流量再次通过被消费者的摄食而进入系统物质循环，其余的通过矿化沉积而脱离系统，其中流量最大的年份为2018年，其次是1980年。相对来说，营养级Ⅰ流入营养级Ⅱ的营养流量最大，营养级Ⅱ、Ⅲ、Ⅳ的总流量随营养级的增加而降低，而相应的传输效率依次增加（表3-5）。与1980年和2010年相比，2018年白洋淀生态系统总转换效率最大，且对应的初级生产者转换效率也最大。

表3-5 1980年，2010年和2018年白洋淀生态系统各营养级间传输效率

营养级	1980 年				2010 年				2018 年			
	Ⅱ	Ⅲ	Ⅳ	Ⅴ	Ⅱ	Ⅲ	Ⅳ	Ⅴ	Ⅱ	Ⅲ	Ⅳ	Ⅴ
生产者 （Producer）	3.050	5.621	28.744	28.7445	4.259	8.888	13.28	26.06	4.128	9.153	20.51	25.79
碎屑 （Detritus）	2.422	3.713	28.744	28.7445	3.338	8.682	11.48	26.06	3.171	6.353	15.87	25.79
总能流 （all flows）	2.767	4.799	28.744	28.7445	3.933	8.818	12.54	26.06	3.483	7.226	17.35	25.79
碎屑所占能流比 （proportion of total flow originating from detritus）	0.33				0.50				0.66			
初级生产者转换效率 （from primary producers） /%	7.898				7.952				9.185			
碎屑转换效率 （from detritus）/%	6.371				6.928				6.837			
总转换效率 （total）/%	7.254				7.576				7.587			

2）生态系统物质循环变化分析

三个时期能量分布主要集中于第Ⅰ、Ⅱ营养级，超过白洋淀全部能量的90%，随营养级升高营养级能量减少；2010年营养级Ⅰ到营养级Ⅱ以及营养级Ⅳ到营养级Ⅴ的转换效率均高于2018年，2018年营养级Ⅱ到营养级Ⅲ以及营养级Ⅲ到营养级Ⅳ的转换效率高于2010年。2018年白洋淀生态系统的总转换效率为7.587%，略高于2010年总转换效率7.576%和1980年的7.254%，但整体相差不大。对比国内相似湖泊生态系统发现（图3-7），1980年白洋淀生态系统总转换效率高于太湖生态系统（李云凯等，2014）4.1%和千岛湖生态系统6.8%（刘其根，2005），低于淀山湖生态系统11.7%（冯德祥等，2011），而湖泊生态系统普遍低于海洋生态系统总转换效率平均值10%。考虑其可能存在的原因，湖泊生态系统相对于海洋生态系统而言，水生生物种类较少，物种间捕食与被捕食的关系

简单，从而导致湖泊生态系统总转化效率偏低。

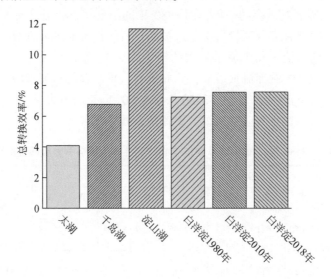

图 3-7　国内相似湖泊生态系统总转换效率对比图

4. 利用食物网模型的总体特征指数评价

1）总体特征指数的定义

在模型输出的生态系统总体参数中，有多个指标可以用来反映生态系统发育规律，体现系统在规模、成熟度、稳定性等方面的特征，其中系统总流量（TST）是系统中所有输出、呼吸、流向碎屑的量、消费量的加和，可以代表整个系统的流量规模，总初级生产量是所有生产者初级生产量的总和，可以用来代表系统固定的能量总量。

总系统初级生产/呼吸（TPP/TR）是一个描述系统成熟程度的重要比率。这个比值可以是任意的正数，也可以是无穷小的值。在系统发展的初级阶段，生产量超过呼吸量，导致其大于1；当系统遭受有机污染时该比例会小于1；最终在成熟的系统比例接近于1，这时固定的能量和用于维持的消耗基本持平。被可利用的能量流动支持的系统生物量（TB）被认为在系统的成熟阶段达到最大值。类似的指数还有净系统生产力（NSP），它是总初级生产力和总呼吸的差值（TPP–TR），净系统生产力在系统的发展期是比较大的，而在成熟的系统中接近于0，当系统有大量输入的时候这个值可能为负。

循环指数（cycling index）是系统流量进入再循环的比例，Finn's 循环指数（FCI）指的是系统中循环流量与总流量的比值，表明有机物流转的速度。$0<FCI<0.5$ 属于高再循环率，说明生态系统处于发育的成熟期。目前认为这一指数和生态系统的成熟度、恢复力、稳定性有着相关性。

连接指数（connectance index，CI）和系统杂食指数（system omnivory index，SOI）可以反映系统内部联系的复杂程度。成熟系统各功能组间的联系复杂，这两个指数值较高。连接指数（CI）是针对整个食物网而言的，是系统中实际的连接数和总可能连接数的比值，将碎屑和食碎屑者的联系计算在内，但其他功能组对碎屑的摄食则忽略。Ecopath 模型潜在连接的数目可以通过 $(N-1)^2$ 估计，其中 N 是生物功能组的数量。在生态系统的发展过程中，食物链将逐渐从线性结构向网状结构发展，以达到生态系统的成熟。因此 CI 被认为和成熟度有关。同时需要注意的是在水生态系统中 CI 的参数值很大程度上取决于表征被捕食者的生态学分类细节，在不同的生态系统中不具有可比性。系统杂食性系数（SOI）定义为系统中所有消费者食物摄取量（$B-Q/B$）对数的加权值，将对数值作为权重因子是因为摄食率被认为在生态系统中近似于对数正态分布。SOI 可以用来描述摄食作用是如何在不同营养级之间分布的，其理论受连接指数的缺陷启发而来，连接指数很大程度上依赖于系统中功能组的定义方式，同时被捕食者在连接指数中的评价不因其在捕食者食物组成比例的变化而变化，而系统杂食性系数克服了这两个缺点。这个指数推荐描述系统特征的时候使用。

2）1980～2018 年生态系统特征指数变化

1980 年、2010 年和 2018 年白洋淀生态系统总体特征参数对照表如表 3-6 所示。2018 年生态系统总净初级生产量和系统总流量达到 4941.52t/（km² · a）、24958.28t/（km² · a），分别为 2010 年的 0.76 倍、1.58 倍，是 1980 年的 0.58 倍、1.18 倍。通常而言，系统总流量与系统规模成正比，从图 3-8 可知，1980～2018 年白洋淀生态系统规模先下降再上升，2010 年后白洋淀生态系统规模呈现扩大趋势；2018 年流向碎屑总量为 8942.223t/（km² · a），是 2010 年的 1.3 倍，流向碎屑所占比例由 42.97% 减少到 35.83%；1980～2010 年白洋淀生态系统流向碎屑所占比例由 25.24% 增加到 44.54% 后减少到 42.87%，生态系统中未被利用的能量占比呈现先上升后下降趋势；1980～2018 年生态系统成熟度也呈现先下降后上升趋势。总初级生产量/总呼吸量（TPP/TR）用来描述系统成熟程度，在系统发展的初级阶段，生产量超过呼吸量，导致其大于 1；当系统遭受有机污染时该比例会小于 1；最终在成熟的系统中比例接近于 1，从图 3-9 看，TPP/TR 由 1980 年的 1.29 增加到 2010 年的 9.56 减少到 2018 年的 1.51，说明在 1980～2018 年白洋淀生态系统成熟度先降低后升高。总体来说，从 1980～2010 年，白洋淀生态规模不断缩小且系统成熟度降低，而 2010～2018 年，白洋淀生态规模不断扩大且系统成熟度升高，但仍低于 1980 年成熟度水平。

连接指数（CI）和系统杂食指数（SOI）是 Ecopath 模型中描述系统稳定性的参数，反映了系统内部联系的复杂程度，CI 和 SOI 越高，系统越稳定。Finn's 循环指数（FCI）指的是系统中循环流量与总流量的比值，表明有机物流转的速度。白洋淀生态系统的 CI 和 SOI 由 1980 年的 0.300 和 0.101 降至 2010 年的 0.233、0.065，2018 年增加至 0.273、0.097，说明系统成熟度先降低后增加。整体而言，1980～2010 年白洋淀在一定程度上成熟度和稳定性下降，2010～2018 年成熟度和稳定性有一定程度提高，但仍要比 1980 年低。

表 3-6 1980 年、2010 年和 2018 年白洋淀生态系统总体特征参数对照表

项目	1980 年	2010 年	2018 年	单位
总消耗量（sum of all consumption）	6936.20	2313.36	10750.33	t/（km² · a）
总输出量（sum of all exports）	2320.26	6035.51	1989.13	t/（km² · a）
总呼吸量（sum of all respiratory flows）	6547.43	678.83	3276.59	t/（km² · a）
流向碎屑总量（sum of all flows into detritus）	5336.28	6804.54	8942.22	t/（km² · a）

续表

项目	1980 年	2010 年	2018 年	单位
系统总流量（total system throughput）	21140.16	15832.23	24958.28	t/(km²·a)
总生产量（sum of all production）	8861.45	6658.74	5575.34	t/(km²·a)
平均捕捞营养级（mean trophic level of the catch）	2.15	2.16	2.24	—
总净初级生产量（calculated total net primary production）	8472.68	6492.93	4941.52	/(km²·a)
总初级生产量/总呼吸量（total primary production/total respiration）	1.29	9.56	1.51	—
净系统生产量（net system production）	1925.26	5814.10	1664.93	/(km²·a)
总初级生产量/总流量（total primary production/total biomass）	1.901	8.79	4.78	—
总生物量/总流量（total biomass/total throughput）	0.210	0.047	0.041	—
总生物量（total biomass（excluding detritus））	4441.57	738.89	1033.23	/(km²·a)
连接指数（connectance index）	0.300	0.233	0.273	—
系统杂食系数（system omnivory index）	0.101	0.065	0.097	—
模型置信指数（ecopath pedigree index）	0.500	0.500	0.432	—
传输路径总数（total number of pathways）	20	25	23	—
平均路径长度（finn's mean path length）	3	3.20	3.17	—
循环指数（finn's cycling index）	12.10	2.36	36.40	—

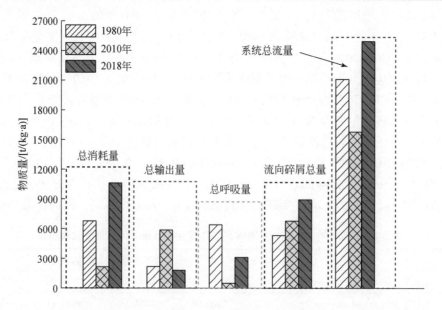

图 3-8　1980 年、2010 年和 2018 年白洋淀生态系统总消耗量、总输出量、流向碎屑总量、系统总流量分布图

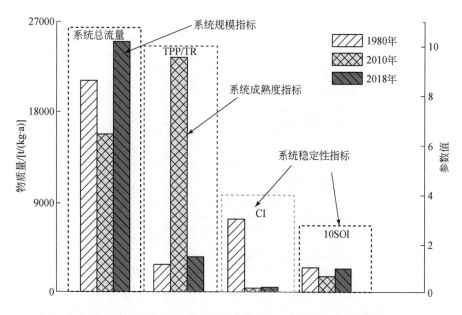

图 3-9 1980 年、2010 年和 2018 年白洋淀生态系统特征参数图

5. 混合营养关系

混合营养关系通常被用来描述 Ecopath 模型不同功能组间的相互影响关系。从图 3-10 看，同一功能组生物之间为负影响，捕食者与被捕食者功能群之间存在一定的相互关系，捕捞生产会对白洋淀生态系统中鱼类有负影响。例如，作为捕食者，1980 年、2010 年白洋淀肉食性鱼类功能群对杂食性鱼类功能群有明显负影响；2018 年肉食性鱼类功能群对杂食性鱼类功能群和滤食性鱼类功能群有明显负影响，对其他功能群负效应不明显；肉食性鱼类功能群对杂食性鱼类功能群以及滤食性鱼类功能群的捕食减轻了其他生物的被捕食压

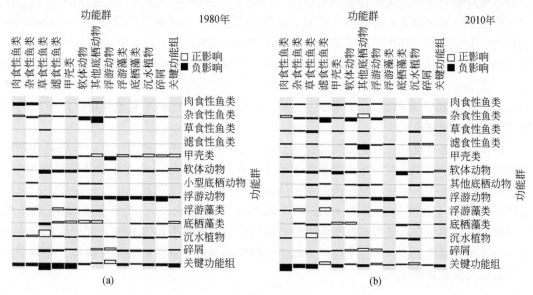

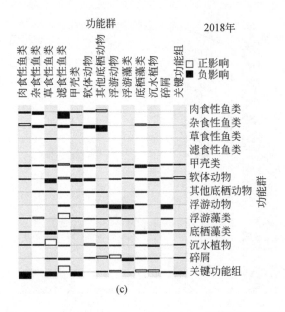

图 3-10　1980 年（a）、2010 年（b）和 2018 年（c）白洋淀生态系统混合营养效应

力，2018 年滤食性鱼类功能群生物量减少造成肉食性鱼类功能群对滤食性鱼类功能群捕食压力增加。在 1980 年、2010 年和 2018 年白洋淀生态系统模型中，作为初级生产者，沉水植物、浮游植物、底栖藻类对大部分功能群有正影响。

3.3　本章小结

利用 2018 年调研数据和 1980 年、2010 年文献调研数据，建立了白洋淀不同时期生态系统的 Ecopath 模型，量化并对比分析了白洋淀生态系统结构及能量流动，研究了白洋淀富营养化对消费者群落碳源和氮源的影响。1980 年、2010 年、2018 年生态系统各营养级之间能量随营养级增大显著减小，整体呈现金字塔状；生态系统总流量 2010 年＜1980 年＜2018 年，1980 年比 2010 年白洋淀生态系统规模大，2018 年生态系统规模比 2010 年高，且 2018 年白洋淀生态系统规模要高于 1980 年；2018 年白洋淀生态系统比 2010 年能量利用高，比 1980 年能量利用低，仍有大部分能量未被充分利用；2018 年白洋淀初级生产者中沉水植物较 2010 年增加 10.77%，且 1980 年沉水植物远远高于其他年份，浮游藻类和底栖藻类生物量略有减少。

白洋淀生态系统存在牧食链及腐食链，从生态系统食物网结构图中可以发现其食物网相对简单。三个时期能量分布主要集中于第 I、II 营养级，超过白洋淀全部能量的 90%，三个时期白洋淀生态系统的总转换效率整体相差不大。与其他湖泊对比，白洋淀生态系统总转换效率高于太湖生态系统 4.1% 和千岛湖生态系统 6.8%，低于淀山湖生态系统 11.7%，而湖泊生态系统普遍低于海洋生态系统总转换效率平均值 10%，湖泊生态系统相对于海洋生态系统而言，水生生物种类较少，物种间捕食与被捕食的关系简单，导致湖泊生态系统总转化效率偏低。

从1980~2010年，白洋淀生态规模不断缩小，2010年比1980年白洋淀湖泊成熟度和稳定性低，白洋淀湖泊先发生逆向演替，2018年比2010年成熟度和稳定性高，有顺向演替趋势，但仍未恢复到1980年水平。

1980~2018年，鱼类关键功能组由杂食性鱼类转变为肉食性鱼类，底栖动物关键功能组由甲壳类转变为软体动物，初级生产者关键功能组由底栖藻类转变为浮游藻类，初级生产者关键功能组的变化也可以表明在1980~2018年白洋淀水质不断恶化。基于2018年模型，调整软体动物功能组生物量，部分生态系统成熟度指标发生变化，继续改变软体动物生物量会导致生态系统失衡。关键功能组软体动物、肉食性鱼类生物量增加至最大生态容量有利于生态系统成熟度和稳定性升高，可以促进白洋淀生态系统的顺向演替过程；而关键功能组软体动物、肉食性鱼类生物量减小生态系统成熟度和稳定性略微降低，但影响不大。

参 考 文 献

冯德祥, 陈亮, 李云凯, 等. 2011. 基于营养通道模型的淀山湖生态系统结构与能量流动特征. 中国水产科学, 18 (4): 867-876.

刘其根. 2005. 千岛湖保水渔业及其对湖泊生态系统的影响. 上海: 华东师范大学.

林群. 2012. 黄渤海典型水域生态系统能量传递与功能研究. 青海: 中国海洋大学.

李云凯, 刘恩生, 王辉, 等. 2014. 基于Ecopath模型的太湖生态系统结构与功能分析. 应用生态学报, 25 (7): 2033-2040.

于丹, 聂绍荃, 董世林. 1988. 黑龙江省的水生维管束植物. 水生生物学报, 12 (2): 137-145.

周中玉. 1984. 生态系统基础知识——第二讲 生态系统中的能量流动. 江西农业科技, (5): 29-31.

Cattin M F, Bersier L F, Banašek-Richter C, et al. 2004. Phylogenetic constraints and adaptation explain food-web structure. Nature, 427: 835-839.

Cohen J E, Briand F, Newman C M. 1990. Community Food Webs: Data and Theory. Berlin: Springer.

Coll M, Steenbeek J. 2017. Standardized ecological indicators to assess aquatic food webs: The ECOIND software plug-in for Ecopath with Ecosim models. Environmental Modelling & Software, 89 (3): 120-130.

Colléter M, Valls A, Guitton J, et al. 2015. Global overview of the applications of the Ecopath with Ecosim modeling approach using the EcoBase models repository. Ecological Modelling, 302: 42-53.

Erdös P, Rényi A. 1960. On the evolution of random graphs. Publication of the Mathematical Institute of the Hungarian Academy of Sciences, 38 (1): 17-61.

Frisk M G, Miller T J, Latour R J, et al. 2011. Assessing biomass gains from marsh restoration in Delaware Bay using Ecopath with Ecosim. Ecological Modelling, 222 (1): 190-200.

Geers T M, Pikitch E K, Frisk M G. 2016. An original model of the northern Gulf of Mexico using Ecopath with Ecosim and its implications for the effects of fishing on ecosystem structure and maturity. Deep Sea Research Part II: Topical Studies in Oceanography, 129: 319-331.

Grigg A R W. 1984. Model of a coral reef ecosystem. Coral Reefs, 3 (1): 23-27.

Li C H, Xian Y, Ye C, et al. 2019. Wetland ecosystem status and restoration using the Ecopath with Ecosim (EWE) mode. Science of the Total Environment, 658 (25): 305-314.

Liu Y, Jiang T Q, Wang X H, et al. 2007. Establishment and analysis of the Ecopath model of the ecosystem in thenorthern continental shelf of south china sea. Acta Scientiarum Naturalium Universitatis Sunyatseni, (1): 123-127.

Nuttall M A, Jordaan A, Cerrato R M, et al. 2011. Identifying 120 years of decline in ecosystem structure and maturity of Great South Bay, New York using the Ecopath modelling approach. Ecological Modelling, 222 (18): 3335-3345.

Pimm S L. 1977. Number of trophic levels in ecological communities. Nature, 268 (5618): 329-331.

Polovina J J. 1984. Model of a coral reef ecosystem. Coral Reefs, 3 (1): 1-11.

Williams R J, Martinez N D. 2000. Simple rules yield complex food webs. Nature, 404 (6774): 180-183.

Zhan J Y, Zhang F, Chu X, et al. 2019. Ecosystem services assessment based on emergy accounting in Chongming Island, Eastern China. Ecological Indicators, 105: 464-473.

第4章 底栖生态系统健康评估

　　湖泊作为我国的重要水资源之一，是在水产品、淡水供应、农用灌溉、交通运输、发电和旅游中不可缺少的自然资源，起着调节周围地区生态环境和气候转变的重要作用，对于流域地区的人类生存和社会经济发展具有极为重要的意义（金相灿等，1995；杨桂山等，2010）。

　　在我国，湖泊分布广泛，各地区的湖泊均有其不同特点，我国湖泊分布可以分为"五大湖区"——东部有东部平原湖区和东北山地平原湖区，北部有蒙新高原湖区，南部有云贵高原湖区，西部有青藏高原湖区（王娜，2012）。其中东部平原湖区湖泊面积占全国湖泊的三分之一，是我国最大的淡水湖，该区内湖泊大多与河流相连，具有与河流相似的水文特征（曲庆新，2002）；东北山地平原湖区水深较浅、冬季水面冰封；蒙新高原湖区是我国湖泊最密集地区之一，湖中淡水少、湖面形状多变（王娜，2012）。

　　虽然湖泊因其地理位置、气候环境的不同而具有不同的特点，但目前我国许多湖泊都同样面临着农业生产占用、工业生活废水污染、生物资源退化、面积减小等问题。自20世纪50年代以来，长江部分地区有约三分之一的湖泊被农业生产占用，围垦总面积超过1300km^2，被完全占用的湖泊有一千余个（杨桂山等，2010；姜加虎等，2006）。由于我国经济的高速发展，工业生活污水的排入对湖泊水质造成极大影响，我国富营养化湖泊数量逐渐升高，其中东北山地平原湖区富营养化的湖泊占比高达96%，东部平原湖区为85.9%，占比最低的云贵高原湖区也有61.5%（杨桂山等，2010）。而湖泊围垦严重、水质恶化带来的后果之一就是生物生存环境的恶化，生物种类及多样性均有所减少。陈银瑞（1991）的调查显示，位于云贵高原湖区的滇池，鱼类种类由原本的24种下降至4种；位于青藏高原湖区的博斯腾湖芦苇面积由55800hm^{2}降低至27700hm^2（王苏民和窦鸿身，1998）；位于东部平原湖区的巢湖也先后因为湖泊富营养化、洪水、工程建设等原因严重影响了水生植物和鱼类的生存（王娜，2012）。

　　湖泊作为重要的水资源之一，健康的湖泊生态环境对人民生活有着重要影响。在意识到湖泊污染的严重性后，人们开始对湖泊生态环境越来越重视，许多科研工作者对湖泊生态修复技术做了许多研究。而在生态修复工程前后，对湖泊进行系统、全面的调研，了解湖泊生态状况是十分必要的。生态系统健康可以用于评价生态系统退化的程度及恢复状态的评估（任海等，2000），健康的湖泊生态系统对于可持续性发展具有十分重要的意义。

4.1 湖泊生态系统健康评价概述

4.1.1 概念和内涵

最早有关生态系统健康的表述来自于美国的学者 Leopold（1941）在 1941 年建立的"土地健康"，即没有受到人类使用的影响而自然存在的土地为健康土地，之后开启了人们对于生态系统健康的探索。早期人们认为系统发生变化就可能意味着健康的下降，如果系统中任何一种指示者的变化超过正常的幅度，系统的健康就受到了损害，而健康的生态系统对于干扰具有恢复力，有能力抵制疾病（刘建军等，2002）。随着人类对地球生态环境的影响加剧，全球多地生态系统状态变差，在这种背景下，国际生态系统健康学会 ISEH 成立于 1991 年，为生态系统健康评价提供概念和方法上的基础（Rapport and Whitford，1999；刘焱序等，2015）。

不同学者对于生态系统健康概念的理解与定义不同。Karr（1986）在他的著作中提到，健康的生态系统应具有维持自我状态的能力，即使是需要人类的维护也应给予最小的帮助就能恢复至原来状态。Rapport 和 Whitford（1999）提出健康的生态系统具有稳定性和可持续性，即具有维持其组织结构、自我调节和对胁迫的恢复能力，并认为生态系统保持健康可通过活力、组织结构和恢复力 3 个特征来定义（卢志娟，2008）。美国新泽西州从水质好坏、脆弱性高低、问题严重性方面对流域系统进行了健康评价（龙笛，2005）。

国内许多学者也对生态系统健康做了深入研究。孔红梅等（2002）认为生态系统健康是保证生态系统功能正常发挥的前提，包括从短期到长期的时间尺度、从地方到区域空间尺度的社会系统、经济系统和自然系统的功能。马克明等（2001）认为健康的生态系统具有稳定性和可持续性，时间上具有维持其组织结构、自我调节和对胁迫的恢复能力。肖风劲和欧阳华（2002）认为生态系统健康应该包括对人类社会、经济、文化的研究，是一门研究人类活动、社会组织自然系统的综合性科学。曾德慧（1999）结合生态系统观和人类功利观，认为健康的生态系统能够维持它复杂性的同时也能满足人类的需求。

目前 Costanz 对于生态系统健康的概念在国际上得到广泛认可，具体包括以下六点（卢志娟，2008）：①健康是生态内稳定现象；②健康是没有疾病；③健康是多样性或复杂性；④健康是稳定性或可恢复性；⑤健康是有活力或增长的空间；⑥健康是系统要素间的平衡。他强调生态系统健康恰当的定义应当是上面六个概念的结合。从这个概念可以看出，一个健康的生态系统应该是从短期来看，组织结构没有被破坏，系统具有一定的稳定性；从长期来看，当系统受到外界影响时，能够进行自我调节，具有一定的恢复能力，即可持续性。

具体到湖泊生态系统健康，胡志新（2005）认为湖泊内的关键生态组分和有机组织完整且没有疾病，受突发的自然或人为扰动后能保持原有的功能和结构，物质循环、能量和信息流动未受到损害，整体功能表现出多样性、复杂性和活力。赵思琪等（2018）从广义层面上阐述湖泊生态系统健康的内涵，即以人类社会经济可持续发展需要为核心，湖泊功能与特征的稳定与恢复能力。

4.1.2 评价方法及指标体系构建方法

针对湖泊生态系统健康评价,国内外研究学者提出了一些评价方法,目前常用的湖泊生态系统健康评价方法有两种(罗跃初等,2003;吴阿娜等,2005;Morley and Karr,2002):指示物种法和指标体系法。

(1)指示物种法。

指示物种法即采用一些指示类群来检测生态系统健康,主要是依据生态系统的关键物种、特有物种、指示物种、濒危物种、长寿命物种和环境敏感物种等的数量、生物量、生产力、结构指标、功能指标及其一些生理生态指标来描述生态系统的健康状况(孔红梅等,2002)。这些指标可以分为正向指标(随污染增大而指数值减小)和反向指标(随污染增大而指数值增大),在实地调查中根据指标值间的相对大小可以比较出生态系统的相对健康程度,同时,一些指标也可以用来反映生态系统受外部影响后的恢复能力。

指示物种法用到的指标主要有以下四个种类(王备新等,2006):表示各层级组成成分指标、功能指标、结构指标、综合性指标。综合性指标中的生物完整性指数(integrity of biological index,IBI)是一种目前应用较多的指示物种法指标。生物完整性指数最早由Karr(1981)建立,该指数由许多的候选参数组成,通过筛选选出适用于当地当时的核心参数,再将这些参数组合起来,全面准确地评价生态系统健康。

要采用生物完整性指数评价湖泊生态系统健康首要是选定合适的指示物种。Karr(1981)第一次采用生物完整性指数是将鱼类作为指示物种,而后研究学者们以许多不同的物种作为指示物种,采用了生物完整性指数进行评价。目前常用的物种有:鱼类、底栖动物、浮游动物、浮游植物、沉水植物等。Weisberg(1997)、Lacouture(2006)、Carpenter(2006)、Grabas(2012)分别成功的应用底栖动物生物完整性指数(B-IBI)、浮游植物生物完整性指数(P-IBI)、浮游动物生物完整性指数(Z-IBI)、沉水植物完整性指数(SAV-IBI)完成了生态系统健康评价。

国内也有许多学者采用生物完整性指数对河流和湖泊进行了健康评价。王备新(2003)于2005年从21个候选生物参数中选出6个核心参数构成B-IBI,对黄山地区溪流做出生态系统健康评价。李强(2007)于2007年采用与王备新(2003)相同的指标筛选方法,通过熵值法和变异系数法计算核心参数权重,成功评价了西苕溪的溪流健康。Zhu和Chang(2008)以鱼类为指示物种,根据1997~2002年的调查数据对长江上游主航道进行了生态健康评价。汪星等(2012)在2012年对洞庭湖进行了底栖动物的调查监测,采用B-IBI对三个断面进行了水质状况评价。2015年,张浩等(2015)采用鱼类生物完整性指数(F-IBI)对西辽河流域进行了健康评价,并探究了F-IBI与环境因子之间的关系。蔡琨等(2016)采用浮游植物完整性指数,筛选出了6个核心参数,评价了2012年冬季太湖的生态系统健康。2017年,徐丽婷等(2017)以植被完整性指数(V-IBI)对鄱阳湖的不同区域做了生态健康评价,并证明了方法的合理性。

生物完整性指数法已经较广泛地应用在国内外的河流湖泊生态系统健康评价中,但任何一种方法都不是完美的，这种方法依旧存在缺点。首先，在选取指示物种时，选出一种可以代表整个生态系统污染状况的生物群是困难的，即使是目前使用较为普遍的底栖动物，其中也有一些对环境污染反应敏感的物种，在感知到生态系统发生不利于生存的变化时，这些物种可能会立即迁移到其他区域，造成其与生态系统健康的关系较弱。其次，生物完整性指数法中用到的候选参数的选择没有规定的标准，在评价的过程中应当根据被评价对象的实际生态状况以及当地原生物种的习性进行选择，如果选用了不合适的候选参数则可能影响该次评价结果（戴纪翠和倪晋仁，2008）。例如，Makarewicz（1991）的研究发现大量相关或已通过实验确定的变量会影响光合作用参数（P max）和光谱效率（Alpha）以及各种营养状态不同的大湖内光合参数的相似性，这表明使用光合参数作为生态系统健康评价的指标是有缺陷的。

对于如上提到的将生物完整性指数应用于生态系统健康评价中的缺点以及可能会出现的问题，今后在使用这种方法时应该注意多角度、全面地了解指示物种的生活习性，了解被评价对象中的本地优势物种，谨慎地选择指示物种。而具体的指示物种选取方法与标准以及候选参数的选择需要综合考虑敏感性与可靠性，即要明确它们对生态系统健康指示作用的强弱（马克明等，2001）。

指示物种法仅采用一种物种代表整个复杂的生态系统容易造成评价结果的偏差，不同物种对不同的污染源有不同的反应体现，某一物种的参数只能反映相应特定的环境变化，而复杂的生态系统是很难通过一种生物来代表的，所以目前有许多学者开始采用多指标评价生态系统健康，即指标体系法。

（2）指标体系法。

指标体系法主要是综合生物、物理、化学，甚至社会经济等方面的指标建立评价指标体系，并确定评价标准，再根据数学计算模型，综合所有指标对生态系统进行健康评价（袁兴中等，2001）。国内外许多学者对指标体系法做了深入研究，Rapport（1992）根据对生态系统健康的广义概念，将指标体系构成分为三类：物理、生物和社会影响，相似的，袁兴中等（2001）将指标分为物理、生态、社会三类。罗跃初等（2003）针对流域生态系统是一个社会–经济–自然复合生态系统的特点，提出健康评价指标体系应从四个方面建立：生态、物化、社会和人类。张光生等（2010）认为水生态系统健康评价指标大致可以分为自然属性指标、社会属性指标两个方面。具体体现在生态、人类健康和社会经济、物化三大类指标上。姚艳玲和刘惠清（2004）从生物、人类健康、社会公共政策及经济四个方面构建指标体系，其中生物指标中包含活力、组织结构、恢复力指标。

许多学者采用状态–压力–响应（Pressure-State-Response，PSR）模型构建评价指标体系，该模型最早由 Rapport 提出，用来分析环境压力、现状与响应之间的关系（麦少芝等，2005），后被用于生态系统健康评价指标体系构建。史可庆（2011）根据 PSR 模型对南四湖健康状态进行了评价，并从水质、生物及工农业用水效率等方面对健康结果进行了分析。向丽雄（2015）采用 PSR 模型评价了 5 个不同年份的鄱阳湖湿地生态系统健康，其中状态层下包含了环境状态、生态状态以及功能状态指标。

一些学者认为生态系统健康不应只考虑生态系统本身，外部对其的影响以及生态系统自身对外部的影响均应该纳入生态系统健康评价的考虑范围内。孔红梅等（2002）提出通过借鉴化学、湖沼学、生态学等手段，归纳出了结构功能指标体系，从生态系统内部和外部两方面构建了指标体系。刘永等（2004）从湖泊生态系统是一个综合体考虑，认为应该从外部指标、湖泊内的环境要素状态指标和生态指标构建指标体系。其中外部指标是指系统外部对系统的影响，环境要素状态指标主要指湖泊内部的物理化学参数，生态指标则由结构、功能和系统指标构成。

综合考虑系统内部、外部的影响因素较多，在实际使用中许多指标难以获得，对人类的影响主观性较强，而最主要的反映湖泊生态健康的指标为物理化学和生物指标，一些学者采用物化生物指标进行了生态系统健康评价。陈涛等（2018）以物理化学生物为准则层构建河流健康综合指数。张春媛等（2011）针对乌梁素海，从物化、生物两方面构建指标体系，其中物化指标包括透明度、溶解氧、化学需氧量、生化需氧量、总氮、总磷和氨氮，生物指标包括浮游植物、动物数量、底栖动物生物量等。

4.1.3 评价计算模型

在将生态系统评价指标体系确定之后，将各指标综合起来得到最终的评价结果的计算方法目前常用的有综合指数法、综合评分法、模糊综合评价法、灰色评价法等（孔令阳，2012）。

（1）综合指数法。

综合指数法即通过将评价指标值无量纲化，权重与之累积后得到综合健康指数法。根据综合健康指数的大小可以判断出评价对象的相对健康状况。刘永等（2004）在对滇池生态系统进行健康评价时提出运用综合健康指数法（comprehensive health index，I_{CH}），取得了较好的结果，准确反映了滇池的实际状况，表明该法在生态系统健康评价中具有有效性和实用性。综合健康指数公式为

$$I_{CH} = \sum_{i=1}^{n} I_i W_i \tag{4-1}$$

式中，I_i 为第 i 种指标的归一化值，$0 \leqslant I_i \leqslant 1$；$W_i$ 为指标 i 的权重值。此方法已在生态系统健康评价中得以应用和发展。例如许文杰和许士国（2008）建立了包含压力指标、状态指标、响应指标的城市湖泊生态系统健康评价指标体系，对各指标相对最佳的值归一化为1，其余值以其与最佳值的比值或者是比值的倒数作为归一化后的值，并利用熵权综合指数法对东昌湖生态系统健康状况进行了评价。卢志娟（2008）利用此方法对杭州西湖进行了生态系统健康评价。

（2）综合评分法。

与综合指数法不同的是，综合评分法针对指标体系中的每个指标确定一份评价标准，根据检测和计算得到的指标值，参照评分标准为每个指标打分，再累积权重值，得到综合健康得分。Xu 等（2005）提出了能够定量评价湖泊生态系统健康的指数，即生态系统健康指数（ecosystem health indicator，EHI），后国内赵臻彦等（2005）进一步设计了一个0~100连续数值的生态系统健康指数（EHI），定义当 EHI 为 0 时，健康状态最差，当 EHI 为 100 时，健康状况最好。然后通过评价指标选择、各指标生态系统健康分指数计

算、各指标权重计算、生态系统健康综合指数计算等基本步骤评价湖泊生态系统健康状况，这一评价方法能够比较直观地反映湖泊的健康状况。计算公式为

$$EHI = \sum_{i=1}^{n} EHI_i \, W_i \tag{4-2}$$

式中，EHI 为生态系统健康指数；EHI_i 为第 i 个指标的生态系统健康分指数；W_i 为第 i 个指标的权重。该方法在评价过程中将指标量化，并指定分级尺度，因此运用此法既可以对不同湖泊进行比较，也可以在同一湖泊内进行不同时间或不同区块的比较。龙邹霞和余兴光（2007）提出湖泊生态系统弹性系数，对生态系统健康指数（EHI）做出适当改进，改进后的生态系统健康指数能够更好地反映各类型湖泊的生态健康状态，并成功对厦门杏林湾生态系统健康状况进行了评价。王佳等（2014）等采用综合指数法成功对瀛湖的水生态系统健康进行了评估。

（3）模糊综合评价法。

这是一种以模糊推理为主，定性与定量相结合、精确与不确定性统一的分析方法，通过构造隶属度函数，将不易定量的因素定量化，运用模糊变换原理分析和评价模糊系统（李冰等，2014）。采用模糊综合评价法评价生态系统健康得到的评价结果是模糊的，更符合生态系统的实际情况，健康与不健康之间并不是由高于或低于某个数值而能够下绝对的定论，更多时候生态系统是介于健康与不健康之间的状态，这种方法应用较为广泛（赵彦伟和杨志峰，2005；张凤玲等，2005）。已有一些学者采用模糊综合评价法对生态系统健康进行评价，罗坤（2017）采用基于最大隶属度原则的模糊综合评价模型对河流健康进行了评价；高宇婷等（2012）应用模糊关系合成原理，从多个因素对河流隶属等级状况进行综合评判，并针对性地提出了改进措施和建议；王国胜（2007）建立 AHP-模糊综合评价模型，综合多个评价主体的意见，得出了可靠的综合结果。模糊综合评价法适用于含有定性指标的评价指标体系，但计算过程较为复杂，无法进行自我验证。

与综合指数法相比，综合评分法加入了为每个指标打分的步骤，各指标根据国家或地方规定的标准进行打分，或者通过数学计算的方法计算出评分标准，以此得到各指标的分数，这样的方法更加客观且容易使人理解。模糊综合评价法弱化了评价等级之间的界限，加权平均的方法更注重计算得到的数值而不是等级，相较而言，能够得出明确健康等级的综合评分法更利于管理者做出决策。本研究采用综合评分法对白洋淀底栖生态健康进行评价。

4.2 白洋淀水质及底栖生态健康评价方法的建立

白洋淀湖泊生态健康对于周围生活的居民以及雄安新区的建设都具有重要意义。白洋淀历史悠久，被誉为"华北之肾"，在保护生物多样性和维持生态平衡等方面具有重要作用，是维系京津冀乃至华北地区生态平衡的核心（陈平等，2021）。本章首先以底栖动物、沉水植物、微生物三种底栖生物为研究对象，将比不同季节（春、夏、秋）不同底栖生物完整性指数的评价结果与基于优劣距离法（TOPSIS）模型的水质评价结果对比；以底栖动物完整性指数、沉水植物完整性指数、溶解氧和综合营养状态指数为指标体系，通过平均三个季节的健康得分考察全年的底栖生态健康评价结果，讨论微生物完整性指数和地质

累积指数（I_{geo}）对评价结果的影响，从而探究适用于白洋淀的底栖生态健康评价指标体系。

4.2.1　基于 TOPSIS 模型的水质评价方法

TOPSIS 法评价水质等级是通过比较实际检测样本指标值对理想解或负理想解的距离与制定的各个等级标准对理想解或负理想解的距离而得出评价等级的一种模型。这里以水质指标溶解氧（DO）、总氮（TN）、总磷（TP）、氨氮（NH_3-N）和化学需氧量（COD）为例。采用国家地表水标准《地表水环境质量标准》（GB 3838—2002）。由于各个指标的量纲不同，首先建立规范化矩阵 V：

$$V = (v_{ij})_{m \times n}; v_{ij} = \frac{a_{ij}}{\sqrt{\sum_{i=1}^{m} a_{ij}^2}} \tag{4-3}$$

式中，m 为采样点的个数；n 为指标的个数；a 为实际采样中的指标值。

再建立加权矩阵 R：

$$R = (r_{ij})_{m \times n}; \quad r_{ij} = w_j \times v_{ij} \tag{4-4}$$

式中，w_j 表示权重。

理想解S_j^+即每个指标中最接近理想状态的数值，如果该指标是随着污染增大而指标值减小（正向指标），则理想解为所有采样点中加权后指标值最大的那一个；如果该指标是随着污染增大而指标值增大（反向指标），则理想解为所有采样点中加权后指标值最小的那一个。即每个指标都有 1 个理想解。为简化计算，将坐标原点平移到理想点（王明翠等，2002），平移后的矩阵为 T。当指标为正向指标时，负理想解H_j^-为平移后指标值最小的那一个；当指标为反向指标时，负理想解为平移后指标值最大的那一个。最后计算实测值和标准值与理想解间的垂直距离 P_i，公式为

$$P_i = |H^- T_i| = \sum_{j=1}^{n} H_j^- \times t_{ij} \tag{4-5}$$

式中，t_{ij} 为矩阵 T 中变量。

各采样点实测值的垂直距离与哪一等级标准值的垂直距离最相近，该采样点的水质即为哪一等级。

4.2.2　底栖生态健康评价方法

1. 建立底栖生态健康评价指标体系

指标体系法是目前最常用的湖泊生态系统健康评价方法。常用指标见表 4-1，在构建指标体系时，往往根据不同的评价目的与实际情况从中选择针对被评价湖泊适用的指标。其中，生物指标为评价湖泊生态系统健康的必选指标，其余指标根据实际情况选用。

表 4-1　湖泊生态系统健康评价常用指标

类型	常用指标
水文指标	最低生态水位满足程度、入湖流量变异程度
物理结构指标	河湖连通状况、湖岸稳定性、湖泊萎缩比例、换水周期
化学水质指标	溶解氧、化学需氧量、高锰酸盐指数、生化需氧量、总氮、总磷、氨氮、叶绿素 a、综合营养状态指数
生物指标	浮游植物数量、浮游植物完整性指数、浮游动物数量、浮游动物完整性指数、底栖动物生物量、底栖动物完整性指数、鱼类完整性指数、鱼类生物损失指数、水生植物覆盖度、着生藻类优势度指数、着生藻类分类单元数

　　水文指标对于湖泊形态、流域内植被生物及湖泊水质等具有重要意义（田伟东，2016）。湖泊最低生态水位是湖泊合理水位的重要组成部分（徐志侠等，2004）。根据不同的定义，湖泊最低生态水位有不同的计算方法，包括天然水位资料法、湖泊形态分析法、生物空间最小需求法等。选用这个指标评价时，根据评价的目的及标准选用不同的方法。入湖流量过程变异程度指环湖河流入湖实测月径流量与天然月径流过程的差异，着重反映流域水资源开发利用对湖泊水文情势的影响（彭文启，2018）。

　　物理结构指标用来反映湖泊形态结构状况。河湖连通状况通过调查被评价湖泊上游河流被阻隔情况（有无大坝和水闸、是否断流等）以及年入湖水量占入湖河流多年径流量的比例进行评价。湖泊萎缩比例即评价年湖泊面积与历史年份面积之比，湖泊面积的减小不仅降低了湖泊的调蓄功能，还会使湖泊水量变小，自净能力降低等，湖泊萎缩状况是湖泊稳定与否的外在表现形式（田伟东，2016）。

　　溶解氧、化学需氧量、总氮、总磷等是我国常用的反映水质状况的化学指标。综合营养状态指数（The Comprehensive Trophic Level Index，TLI）（金相灿和屠清瑛，1990）以叶绿素 a（Chl. a）为基准，再选择 2~3 个参数，与 TLI（Chl. a）一起通过下面的计算公式加权得到。

$$\mathrm{TLI} = \sum_{j=1}^{m} W_j \mathrm{TLI}(j) = \sum_{j=1}^{m} \frac{r_{ij}^2}{\sum\limits_{j=1}^{m} r_{ij}^2} \mathrm{TLI}(j) \tag{4-6}$$

式中，$\mathrm{TLI}(j)$ 为第 j 种参数的营养状态指数；W_j 为第 j 种参数的相关权重；r_{ij} 为第 j 个参数与 Chl. a 的相关系数；m 为选用的参数的数目。

　　各参数的营养状态指数公式如下：

$$\mathrm{TLI(Chl.\ a)} = 10\left(2.5 + \frac{0.995\ln(\mathrm{chl.\ a})}{\ln 2.5}\right) \tag{4-7}$$

$$\mathrm{TLI(TN)} = 10\left(5.453 + \frac{1.552\ln(\mathrm{TN})}{\ln 2.5}\right) \tag{4-8}$$

$$\mathrm{TLI(TP)} = 10\left(9.436 + \frac{1.488\ln(\mathrm{TP})}{\ln 2.5}\right) \tag{4-9}$$

$$\mathrm{TLI(SD)} = 10\left(5.118 + \frac{1.788\ln(\mathrm{SD})}{\ln 2.5}\right) \tag{4-10}$$

$$\text{TLI}(\text{COD}) = 10\left(0.109 + \frac{2.438\ln(\text{COD})}{\ln 2.5}\right) \tag{4-11}$$

$$\text{TLI}(\text{BOD}_5) = 10\left(2.118 + \frac{2.363\ln(\text{BOD})}{\ln 2.5}\right) \tag{4-12}$$

$$\text{TLI}(\text{NH}_3\text{-N}) = 10\left(7.77 + \frac{1.511\ln(\text{NH}_3\text{-N})}{\ln 2.5}\right) \tag{4-13}$$

叶绿素 a（Chl. a）、总氮（TN）、总磷（TP）、透明度（SD）和化学需氧量（COD）与 Chl. a 的相关系数分别为 1、0.82、0.84、−0.83、0.83（金相灿等，1995）。

针对白洋淀底栖生态，我们建立以生物完整性和化学完整性为准则层的白洋淀底栖生态健康评价体系，见表4-2。其中生物指标包括底栖动物完整性指数、沉水植物完整性指数和微生物完整性指数，化学指标包括溶解氧、综合营养状态指数和地质累积指数。

表 4-2　白洋淀底栖生态健康评价体系

目标层	准则层	指标层
白洋淀底栖生态健康	生物	底栖动物完整性指数
		沉水植物完整性指数
		微生物完整性指数
	化学	溶解氧
		综合营养状态指数
		地质累积指数

生物完整性指数法评价生态系统健康即从反映生物生存的多方面指标（如物种组成、物种耐受能力、物种丰富度等）中，通过分布范围分析、判别能力分析以及相关性分析筛选出适用于评价对象的能够反映湖泊健康状态的核心指标，再将核心指标综合得到健康分值。这种评价方法是综合了多个指数对湖泊的生态健康进行测量及信息的表达（王备新，2003）。

（1）生物指标。

根据全面性、代表性和可测量性，本书底栖动物完整性指数（B-IBI）选用五类（反映底栖动物丰富度、组成、耐受能力、营养级组成以及生境质量）23 个指标作为候选指标，沉水植物完整性指数（SAV-IBI）四类（反映物种丰富度、群落组成、群落多样性以及物种耐受能力）14 个指标作为候选指标，微生物完整性指数（M-IBI）两类（反映群落多样性以及组成）12 个指标作为候选指标。具体各指标计算方法及对干扰的反应（随污染加强而增大或减小）如表4-3～表4-5所示。

（2）化学指标。

根据《湖泊富营养化调查规范》（第二版）（金相灿和屠清瑛，1990）采用相关加权营养状态指数法对白洋淀水体富营养化程度进行评价，相关加权综合营养状态指数公式为

$$\text{TLI} = \sum_{j=1}^{4} W_j \text{TLI}(j) = \sum_{j=1}^{4} \frac{r_{ij}^2}{\sum_{j=1}^{4} r_{ij}^2} \text{TLI}(j) \tag{4-14}$$

表 4-3 白洋淀底栖动物完整性指数（B-IBI）候选指标及计算方法

序号	类型	指标	计算方法	对干扰的反应
M1	反映生物丰富度	总分类单元数	通过鉴定得出底栖动物的分类单元数	减小
M2		EPT 分类单元数	蜉蝣（E）、襀翅（P）和毛翅（T）三目的分类单元数	减小
M3		摇蚊分类单元数	摇蚊幼虫的种类数	减小
M4		软体动物分类单元数	软体动物的种类数	减小
M5		双翅目分类单元数	双翅目的种类数	减小
M6		Shannon-Wiener 指数	$H = -\sum_{i=1}^{s} \left(\dfrac{n_i}{N}\right) \log_2 \left(\dfrac{n_i}{N}\right)$ 式中，H 为多样性指数；n_i 为第 i 种的个体数；N 为所有种类个体数	减小
M7	反映生物组成	优势分类单元个体比重	个体数量最多的一个分类单元的个体数占总个体数的比重	增大
M8		摇蚊个体比重	摇蚊幼虫个体数占总个体数的比重	增大
M9		双翅目个体比重	双翅目个体数占总个体数的比重	增大
M10		寡毛纲个体比重	寡毛类个体数占总个体数的比重	增大
M11		软体动物个体比重	软体动物个体数占总个体数的比重	减小
M12	反映生物耐污能力	敏感类群分类单元数	耐污值<4 的分类单元数	减小
M13		耐污类群分类单元数	耐污值>6 的分类单元数	增大
M14		HBI	$HBI = \sum_{i=1}^{s} t_i \times \left(\dfrac{n_i}{N}\right)$ 式中，HBI 为 Hilsenhoff 生物指数；n_i 为第 i 种的个体数；N 为所有个体数；t_i 为第 i 种的耐污值	增大
M15		敏感类群分类单元比重	敏感类群分类单元数占总分类单元数的比重	减小
M16		耐污类群分类单元比重	耐污类群分类单元数占总分类单元数的比重	增大
M17		敏感类群个体比重	敏感类群个体数占总个体数的比重	减小
M18		耐污类群个体比重	耐污类群个体数占总个体数的比重	增大
M19	反映营养级组成	捕食者个体比重	直接吞食或刺食猎物的一类生物的个体数占总个体数的比重	可变
M20		直接收集者个体比重	收集沉积于底质及沉水植物上物质的一类生物的个体数占总个体数的比重	减小
M21		过滤收集者个体比重	滤食悬浮于水体中食物颗粒的一类生物的个体数占总个体数的比重	减小
M22		刮食者个体比重	刮食附着生物的一类生物个体数占总个体数的比重	减小

续表

序号	类型	指标	计算方法	对干扰的反应
M23	反映生境质量	黏附者个体比重	黏附者个体数占总个体数的比重	减小

表 4-4　白洋淀沉水植物完整性指数（SAV-IBI）候选指标及计算公式

编号	类型	B-IBI 候选指数	指标定义及计算公式	污染加强指标值的变化
M1	反映物种丰富度	沉水植物物种数	采样得到的沉水植物物种数量	减少
M2		一年生植物物种丰富度	一年内完成所有生长周期的沉水植物物种数量	减少
M3		多年生植物物种丰富度	连续生活两年及以上的沉水植物物种数量	减少
M4	反映群落组成	一年生植物比重	一年内完成所有生长周期的沉水植物物种数量与总物种数之比	增大
M5		多年生植物比重	连续生活两年及以上的沉水植物物种数量与总物种数之比	减少
M6		一年生植物/多年生植物	一年内完成所有生长周期的沉水植物物种数量/连续生活两年及以上的沉水植物物种数量	增大
M7		兼性繁殖种比重	繁殖方式为兼性繁殖的物种数量/总物种数	减少
M8	反映群落多样性	Simpson 指数	$D = 1 - \sum\limits_{i=1}^{s} \left(\dfrac{n_i}{N} \right)^2$ 式中，n_i 为第 i 个物种的个体数；N 为所有个体数；s 为所有物种数	减少
M9		Shannon-Wiener 指数	$H = -\sum\limits_{i=1}^{s} \left(\dfrac{n_i}{N} \right) \ln\left(\dfrac{n_i}{N} \right)$ 式中，n_i 为第 i 个物种的个体数；N 为所有个体数；s 为所有物种数	减少
M10		均匀度指数	$J = \dfrac{H}{\ln s}$ 式中，H 为 Shannon 指数；s 为所有物种数	减少
M11	反映生物耐受能力	耐受性植物比重	在污染环境中仍能较好生存的物种数量与总物种数之比	增大
M12		敏感性植物比重	对污染反应迅速或被影响较大的物种数量与总物种数之比	减少
M13		耐受植物物种数	在污染环境中仍能较好生存的物种数量	增大
M14		敏感植物物种数	对污染反应迅速或被影响较大的物种数量	减少

表 4-5　白洋淀微生物完整性指数（M-IBI）候选指标及计算公式

编号	类型	M-IBI 候选指数	指标定义及计算公式	污染加强指标值的变化
M1	反映群落多样性	Simpson 指数	$D = 1 - \sum_{i=1}^{s} \left(\frac{n_i}{N} \right)^2$ 式中，n_i 为第 i 个物种的个体数；N 为所有个体数；s 为所有物种数	减小
M2		Shannon-Wiener 指数	$H = - \sum_{i=1}^{s} \left(\frac{n_i}{N} \right) \log_2 \left(\frac{n_i}{N} \right)$ 式中，n_i 为第 i 种的个体数；N 为所有物种数	减小
M3		Cha. 1 指数	$cha. 1 = S + \frac{F_1 (F_1 - 1)}{2 (F_2 + 1)}$ 式中，S 为所有物种数；F_1 为采集样本中出现一次的物种数量；F_2 为采集样本中出现两次的物种数量	减小
M4		observed_species	样本中出现的所有物种数	增大
M5		PD_Whole_tree	反应进化多样性的指数	减小
M6	反映群落组成	最高优势分类单元丰度	个体数量最多的一个分类单元的个体数占总个体数的比重	增大
M7		前 2 优势分类单元丰度	个体数量最多的前 2 个分类单元的个体数占总个体数的比重	增大
M8		前 3 优势分类单元丰度	个体数量最多的前 3 个分类单元的个体数占总个体数的比重	增大
M9		前 4 优势分类单元丰度	个体数量最多的前 4 个分类单元的个体数占总个体数的比重	增大
M10		前 5 优势分类单元丰度	个体数量最多的前 5 个分类单元的个体数占总个体数的比重	增大
M11		BFG/A	$\frac{BFG}{A} = \frac{Bac + GMP + Fir}{AlP}$ 式中，Bac、GMP、Fir 和 AlP 分别为拟杆菌门（Bacteroidetes）、γ-变形菌纲（Gammaproteobacteria）、厚壁菌门（Firmicutes）和 α-变形菌纲（Alphaproteobateria）的数量占总数量的比重	增大
M12		FCA 比重	厚壁菌门（Firmicutes）、绿弯菌门（Chloroflexi）和酸杆菌门（Acidobacteria）的数量占总数量的比重	增大

式中，$TLI(j)$ 为第 j 种参数的营养状态指数；W_j 为第 j 种参数的权重；r_{ij} 为第 j 个参数与叶绿素 a 的相关系数。

根据白洋淀的实际水质调查结果，选用的 4 个参数分别是叶绿素 a（Chl. a）、总氮（TN）、总磷（TP）和化学需氧量（COD），与 Chl. a 的相关系数采用《中国湖泊环境（第二册）》（金相灿等，1995）的规定，分别为 1、0.82、0.84、0.83。各参数的营养状

态指数公式如下

$$\text{TLI}(\text{Chl. a}) = 10\left(2.5 + \frac{0.995\ln(\text{chl. a})}{\ln 2.5}\right) \tag{4-15}$$

$$\text{TLI}(\text{TN}) = 10\left(5.453 + \frac{1.552\ln(\text{TN})}{\ln 2.5}\right) \tag{4-16}$$

$$\text{TLI}(\text{TP}) = 10\left(9.436 + \frac{1.488\ln(\text{TP})}{\ln 2.5}\right) \tag{4-17}$$

$$\text{TLI}(\text{COD}) = 10\left(0.109 + \frac{2.438\ln(\text{COD})}{\ln 2.5}\right) \tag{4-18}$$

采用地质累积指数反应沉积物中重金属的污染程度。共检测 7 种重金属，砷（As）、镉（Cd）、铬（Cr）、铜（Cu）、镍（Ni）、铅（Pb）和锌（Zn）。每个采样点，选取 7 种重金属中污染最严重的一个为重金属污染状况指标赋分。地质累积指数计算公式如下（Muller，1969）

$$I_{\text{geo}} = \log_2\left[\frac{c_n}{k \times B_n}\right] \tag{4-19}$$

式中，c_n 为元素 n 在沉积物中的含量，mg/kg；B_n 为元素 n 在当地的背景值，这里取河北省 A 层土壤的背景值（Zhang et al.，2018）（As：13.6，Cd：0.094，Cr：68.3，Cu：21.8，Ni：30.8，Pb：21.5，Zn：78.4）；k 为系数，取 1.5。

2. 生物完整性指数筛选方法

利用 Excel 软件整理各采样点鉴别计数结果计算各指标值，部分指标数据较为稀少（多数值为0），这类指标不适宜分析可直接删除。余下指标利用 SPSS 软件对各生物候选指标依次进行分布范围分析、判别能力分析和相关分析（王备新，2003）。通过分布范围分析删除随干扰单向变化而指标数值变动趋势不确定以及指标数值可变动范围较小的指标，指数值分布较散的指标也同样删去；通过绘制箱型图并完成判别能力分析，保留能够区分参照点与受损点的指标；计算各指标间的皮尔逊相关系数，删除表达信息重复度较高的指标。

（1）分布范围分析。

首先删除那些不是随干扰的增强而单向增大或减小的指标，由于不确定性，这类指标不能列入指标体系中。在此基础上，进一步分析参照点各指数值的分布范围，满足以下情况中的一种的指标也被删除（徐梦佳等，2012）：①当污染增大时，指数值减小的指标：参照点的25%分位数过小；②当污染增大时，指数值增大的指标：参照点的75%分位数过大；③参照点的标准差过大。当指标出现前两种情况时，说明该指标反映的生物参数在参照点的状况已经很差，当受损点出现更差情况时不能明确从指标值中反映出来，所以删除这种类型的指标。而当参照点的某一指标标准差过大时，说明该指标值在研究湖泊中不稳定，不易于正确反映生态系统的健康状况，所以删除这种类型的指标。分布范围分析后剩余的指标再依次进行后面的筛选。

（2）判别能力分析。

利用 SPSS 软件分别做各候选指标参照点和受损点的箱型图，分析上述初步筛选后各指标值在参照点和受损点之间的分布情况，按照 Barbour 等（1996）建立的判别能力分析法，以25%和75%分位数为箱体边界并标记中位数。①参照点与受损点在箱体范围内没有重叠；②箱体范围内重叠但参照点和受损点的中位数均在另一方的箱体范围外。当出现以上两种情况时，说明该指标在参照点和受损点之间有较好的区分能力，可用作进一步分析，指标保留，其余情况指标均删除。

（3）相关分析。

为了筛选出的核心指标反映的信息具有独立性，这里进行相关分析。采用SPSS软件对经过上两步筛选后得到的指标两两计算皮尔逊相关系数，这里采用已有较多人使用的Maxted标准（Maxted et al.，2000），即当指标间相关系数的绝对值大于0.75时认为两指标间存在重复信息，此时删除其中一个指标即可。经过上述筛选后得到的指标即为生物完整性指数的核心指标。

3. 生物完整性指数计算方法

根据王备新等（2005）对3分法、4分法和比值法的对比分析结果，这里选择比值法进行IBI分值计算，具体为（张远等，2007）：对于随干扰增强数值越低的指标，以95%分位数为最佳期望值，各采样点指标分值等于样点指数值除以95%分位数的指数值；对于随干扰增强数值越高的指标，以5%分位数为最佳期望值，计算公式为

$$\text{Bi}_m = (X_{\max} - X_m) / (X_{\max} - X_{0.05}) \tag{4-20}$$

式中，Bi_m为第m个采样点该指标的计算分值；$X_{\max}$为该指标在m个采样点中的最大数值；X_m为该指标在第m个样点的数值；$X_{0.05}$为该指标在m个采样点中的5%分位数。再将各指标的分值进行加和即得到m采样点的IBI值。根据参照点的IBI值均分成5个健康等级。

4. 确定底栖生态健康评价指标权重

权重是一个相对的概念，是指某一指标在整体评价中的相对重要程度（鞠永富，2017）。在生态系统健康评价中常用层次分析法和熵值法求权重，层次分析法属于主观赋权法，是由人为确定两两指标间的相对重要程度进而计算出各指标的权重值。

（1）熵值法。

监测和计算出来的指标值构成矩阵$\{a_{ij}\}_{m \times n}$，其中m表示指标个数，n表示采样点的数量，a_{ij}即为各指标值。将指标值归一化，归一化公式如下：

随污染增大而减小的指标（越大越优型）

$$r_{ij} = \frac{a_{ij} - \min_j\{a_{ij}\}}{\max_j\{a_{ij}\} - \min_j\{a_{ij}\}} \tag{4-21}$$

随污染增大而增大的指标（越小越优型）

$$r_{ij} = \frac{\max_j\{a_{ij}\} - a_{ij}}{\max_j\{a_{ij}\} - \min_j\{a_{ij}\}} \tag{4-22}$$

计算第i个指标的熵值

$$h_i = -\frac{1}{\ln n} \sum_{j=1}^{n} f_{ij} \ln f_{ij}, f_{ij} = \frac{r_{ij}}{\sum_{j=1}^{n} r_{ij}} \tag{4-23}$$

式中，当 $f_{ij}=0$ 时，令 $f_{ij}\ln f_{ij}=0$，计算第 i 个指标的熵权，即

$$w_i = \frac{1 - h_i}{m - \sum\limits_{i=1}^{m} h_i}, (0 \leqslant w_i \leqslant 1, \sum\limits_{i=1}^{m} w_i = 1) \qquad (4-24)$$

再将同一准则层内各指标的权重值除以层内所有指标的权重值之和得到各指标的层内权重值。

（2）层次分析法（刘莹昕等，2014；潘峰等，2003）。

各因子的重要程度可用权重来衡量，层次分析法是确定权重的有效方法。每个指标层内两两指标之间确定相对重要程度，a_{ij} 为第 i 个指标比第 j 个指标的重要程度，这一层内共 n 个指标，以此构成判断矩阵如下

$$A = \left[a_{ij} \right]_{n \times n} \qquad (4-25)$$

使用 MATLAB 软件计算各判断矩阵的最大特征值及对应的特征向量，并将向量归一化后得到权重向量 W。对最大特征值进行一致性检验，一致性检验指标为 CI，$CI = \frac{\lambda_{max} - n}{n-1}$，$CR = \frac{CI}{RI}$。一致性检验后，当 $CR>0.1$ 时，对判断矩阵进行修正再计算，最终得到各指标权重值。

但由于层次分析法过程中有人为定值，可能会出现失误。熵值法求权重属于客观赋权法，就是根据各项指标值的差异程度确定各指标的权重（陆添超和康凯，2009），故本次评价采用熵值法求权重。

5. 底栖生态健康评价综合评分法

1）指标赋分标准

根据参照点生物完整性指数值的 25% 分位数将健康等级划分为健康、亚健康、一般、微病态和病态 5 个等级。根据《地表水环境质量标准》（GB 3838—2002）中溶解氧（DO）的污染分级对应为本研究的健康状况，得到白洋淀底栖生态健康等级划分与溶解氧的赋分标准见表4-6。

表 4-6　溶解氧的赋分标准

溶解氧	≥7.5	[6, 7.5)	[5, 6)	[3, 5)	<3
分值	[70, 100]	[40, 70)	[20, 40)	[10, 20)	[0, 10)
健康等级	健康	亚健康	一般	微病态	病态

综合营养状态指数（TLI）的取值范围为 0~100，这里引用王明翠等（2002）的分级标准将健康划分为 5 个等级，并划分了赋分标准，见表4-7。

表 4-7　综合营养状态指数的赋分标准

综合营养状态指数	<30	[30, 50]	(50, 60]	(60, 70]	>70
分值	(70, 100]	[50, 70]	[40, 50]	[30, 40]	[0, 30]
健康等级	健康	亚健康	一般	微病态	病态

地质累积指数（I_{geo}）是一种用来反映沉积物中重金属污染的指数，该指数利用重金属的总含量与其背景值的关系反映沉积物中重金属的污染程度。根据地质累积指数将重金属污染划分为 5 个等级，并确定赋分标准，见表 4-8。

表 4-8　地质累积指数的赋分标准

地质累积指数	<0	[0，1)	[1，2)	[2，3)	[3，4]	≥4
分值	(80，100]	(60，80]	(40，60]	(20，40]	[0，20]	0
健康等级	健康	亚健康	一般	微病态	病态	病态

根据以上标准得到各指标得分，计算权重后累积得到目标层白洋淀底栖生态系统完整性的得分。

2）健康评估流程

底栖生态健康评估流程如图 4-1 所示。

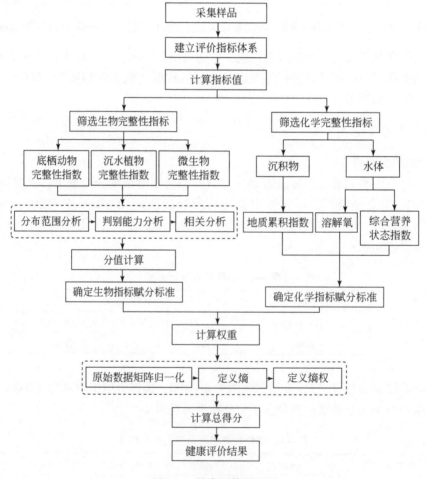

图 4-1　健康评估流程图

4.2.3　小结

本节在结合以往湖泊生态系统健康评价研究的基础上，根据白洋淀的实际特点，构建了白洋淀底栖生态健康评价指标体系；确定了底栖动物完整性指数、沉水植物完整性指数以及微生物完整性指数的候选指标；并依据实用性选择了综合评分法评价白洋淀底栖生态健康，根据权重累积各指标得分得到各采样点的底栖生态健康得分（百分制），并划分相应的健康等级（五个健康等级分别为：健康、亚健康、一般、微病态和病态）；为底栖生态健康评价应用提供有力依据。

4.3　不同季节底栖生物完整性指数健康对比分析

生物完整性指数是通过筛选体现生物组成、多样性、耐污性等生物性质的指标得到当次采样最能体现周围环境污染程度、具有代表价值的核心指标，从而得出健康状况的方法。本节分别采用底栖动物、沉水植物、微生物为指示物种，对比不同季节三种生物完整性指数的健康结果，并对比讨论各生物完整性指数与水质评价结果。

4.3.1　采样

本研究采样点布点遵守全面性、代表性和可操作性原则：全面性即在空间范围分布上，采样点应分布于白洋淀的不同方位，采集样本得到的数据应能够全面反映湖泊的状况；代表性即采样点的数量不是越多越好，少而精的采样点可以准确地反映真实情况，并减少人力、物力消耗，节约各类资源；可操作性即采样点位置应易于人工采样，不设置于有危险处，应具有可行性。再遵循与国控水质监测点一致的原则，并参考以往白洋淀生态调查过程中选取的采样点，综合考虑，布置采样点，分别于 4 月、7 月和 11 月在白洋淀内采集水样、沉积物及动植物样本。具体采样点分布如图 4-2 所示。

在以生物完整性指数评价生态系统健康时，选用相对干扰较小的采样点作为参照点，其余采样点设为受损点。选择参照点常用的有物理、水质、生物、土地利用和人类活动等方面的指标。常用的物理指标包括：底质结构、栖息地复杂性、速度与深度结合特征、堤岸稳定性等；水质指标包括：浊度、电导率、总氮、总磷、化学需氧量、pH 等；生物指标包括：植物多样性、植被覆盖率等；土地利用指标包括：农田、建设用地、森林、草地的面积比例；人类活动指标包括：航运、养殖、娱乐等。有些研究只采用其中一项，大多数研究则是综合利用多项指标，见表 4-9。

由于白洋淀全淀区均受到一定程度的人为污染，所以选取相对人为干扰较小的点位为生物完整性评价时的参照点，其余采样点设为受损点。依据白洋淀的实际情况，选用水质和人类活动指标判定参照点位：①周围无村庄、无人工养殖业、无娱乐功能；②DO、COD、TN、TP、NH_3-N 中尽可能多的满足国家地表水Ⅲ类标准，同时满足以上两类指标的采样点位设为参照点。本研究遵循与国控水质监测点一致的原则，并参考以往生态调查过程中选取的采样点，依据白洋淀的实际情况，根据 2018 年春 4 月、夏 7 月、秋季 11月三次的水质检测结果选用光淀张庄、烧车淀和后塘作为参照点，其余采样点为受损点。

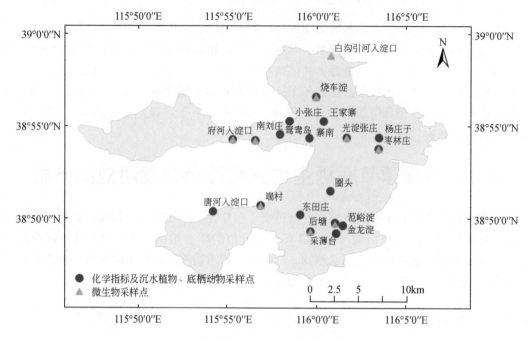

图 4-2　采样点分布图

表 4-9　参照点选取方法

评价水域	指示物种	参照点选取方法
西苕溪	底栖动物	田地土地利用率<6%，居民土地利用率<0.2%，森林覆盖率>90%，栖境指数（QHEI）>75
太湖	底栖动物	有水生植物且种类大于 2 种，优势植物种类以喜贫−中营养型类群为主；氨氮和总磷满足国家Ⅲ类水标准；生境和底质适宜底栖动物生长；无航道、养殖和娱乐功能。非湖心区的参照点需同时满足上述 4 个条件，湖心区参照点需满足第 2、第 3 和第 4 个参照点条件
鄱阳湖	植被	100m 内无农业用地、居民点、公路及堤坝；TP<0.02mg/L，TN<1.2mg/L，NH_4^+−N<0.4mg/L，DO>4.5mg/L，电导率<120gs/cm；栖息地环境质量>60；无人类活动或极少人类活动
梁子湖	植被	植物生物多样性指数>2.0，同时无过多人为干扰，生境保持较为完整
甬江流域	微生物	水源地或者附近无村庄和农田、无点源污染、植被覆盖率高且环境受到人为保护、污染小
上海城郊河道	浮游植物、底栖动物	Shannon-winner 指数≥2；TN≤1.0，TP≤0.2。满足其中一点的采样点即为参照点
辽河上游	硅藻	Shannon-winner 指数≥2

4.3.2 基于底栖动物完整性指数的健康评价

1. 底栖动物完整性指标筛选

1）分布范围分析

首先根据表 4-3 的指标计算方法分别计算得到三次采样 B-IBI 的 23 个候选指标值。三次采样数据均删除了随污染增加而指标值变化趋势不明确的指标 M19，还删除了数据较为稀少的 M2、M10 指标（一半的指标数值为 0）。经过分布范围分析后，余下指标均能够有效反映污染变化，保留至下一步分析。具体各季节的分布范围分析见表 4-10 ~ 表 4-12。

表 4-10 4 月 B-IBI 各候选剩余指标在参照点的分布范围

指标	平均值	标准差	最小值	最大值	25% 分位数	中位数	75% 分位数
M1	9.67	2.49	7.00	13.00	8.00	9.00	11.00
M3	2.33	0.47	2.00	3.00	2.00	2.00	2.50
M4	2.33	1.25	1.00	4.00	1.50	2.00	3.00
M5	2.33	0.47	2.00	3.00	2.00	2.00	2.50
M6	2.14	0.18	1.89	2.29	2.06	2.23	2.26
M7	44.52	7.24	34.38	50.79	41.39	48.39	49.59
M8	25.32	30.00	3.45	67.74	4.11	4.76	36.25
M9	25.32	30.00	3.45	67.74	4.11	4.76	36.25
M11	31.48	36.64	3.17	83.22	5.62	8.06	45.64
M12	1.67	0.94	1.00	3.00	1.00	1.00	2.00
M13	5.33	0.94	4.00	6.00	5.00	6.00	6.00
M14	5.84	1.66	4.22	8.12	4.70	5.17	6.65
M15	16.16	5.06	11.11	23.08	12.70	14.29	18.69
M16	56.67	8.58	46.00	67.00	51.50	57.00	62.00
M17	22.59	20.54	2.47	50.79	8.50	14.52	32.66
M18	33.37	30.53	5.26	75.81	12.16	19.05	47.43
M20	23.28	20.57	1.32	50.79	9.53	17.74	34.27
M21	5.69	5.03	1.15	12.70	2.19	3.23	7.97
M22	31.48	36.64	3.17	83.22	5.62	8.06	45.64
M23	31.48	36.64	3.17	83.22	5.62	8.06	45.64

表 4-11　7 月 B-IBI 各候选剩余指标在参照点的分布范围

指标	平均值	标准差	最小值	最大值	25%分位数	中位数	75%分位数
M1	3.00	2.16	1.00	6.00	1.50	2.00	4.00
M3	0.00	0.00	0.00	0.00	0.00	0.00	0.00
M4	1.67	1.70	0.00	4.00	0.50	1.00	2.50
M5	0.00	0.00	0.00	0.00	0.00	0.00	0.00
M6	0.78	0.61	0.00	1.49	0.43	0.85	1.17
M7	79.32	14.94	65.22	100.00	68.98	72.73	86.37
M8	0.00	0.00	0.00	0.00	0.00	0.00	0.00
M9	0.00	0.00	0.00	0.00	0.00	0.00	0.00
M11	34.45	31.48	0.00	76.09	13.64	27.27	51.68
M12	1.00	0.00	1.00	1.00	1.00	1.00	1.00
M13	0.67	0.47	0.00	1.00	0.50	1.00	1.00
M14	3.52	0.90	2.30	4.42	3.08	3.85	4.14
M15	55.56	34.25	16.67	100.00	33.34	50.00	75.00
M16	22.33	20.76	0.00	50.00	8.50	17.00	33.50
M17	64.82	32.43	21.74	100.00	47.24	72.73	86.37
M18	9.81	12.38	0.00	27.27	1.09	2.17	14.72
M21	34.45	31.48	0.00	76.09	13.64	27.27	51.68
M22	34.45	31.48	0.00	76.09	13.64	27.27	51.68
M23	34.45	31.48	0.00	76.09	13.64	27.27	51.68

表 4-12　11 月 B-IBI 各候选剩余指标在参照点的分布范围

指标	平均值	标准差	最小值	最大值	25%分位数	中位数	75%分位数
M1	6.67	2.05	4.00	9.00	5.50	7.00	8.00
M3	1.00	0.82	0.00	2.00	0.50	1.00	1.50
M4	3.00	0.82	2.00	4.00	2.50	3.00	3.50
M5	1.00	0.82	0.00	2.00	0.50	1.00	1.50
M6	1.79	0.52	1.12	2.38	1.50	1.87	2.13
M7	55.46	16.43	36.36	76.47	44.96	53.55	65.01
M8	28.93	26.98	0.00	64.94	10.93	21.86	43.40
M9	28.93	26.98	0.00	64.94	10.93	21.86	43.40
M11	63.18	30.10	20.85	88.24	50.66	80.46	84.35
M13	3.00	2.45	0.00	6.00	1.50	3.00	4.50

续表

指标	平均值	标准差	最小值	最大值	25%分位数	中位数	75%分位数
M14	6.49	1.49	4.65	8.29	5.59	6.53	7.41
M16	36.51	27.59	0.00	66.67	21.43	42.86	54.77
M18	43.41	35.66	0.00	87.34	21.45	42.89	65.12
M21	64.29	28.55	24.17	88.24	52.32	80.46	84.35
M22	55.57	31.87	12.34	88.24	39.23	66.12	77.18
M23	55.57	31.87	12.34	88.24	39.23	66.12	77.18

2）判别能力分析

利用 SPSS 软件做各采样点的箱型图，筛选后得到在参照点和受损点间区分能力较好的指标。经过筛选后 4 月剩余指标为：总分类单元数、摇蚊分类单元数、软体动物分类单元数、双翅目分类单元数、Shannon-Wiener 指数、优势分类单元个体比重、耐污类群分类单元数。7 月份能够使参照点和受损点区分开的指标为：Shannon-Wiener 指数、软体动物个体比重、HBI、敏感类群分类单元比重、耐污类群分类单元比重、敏感类群个体比重、耐污类群个体比重、过滤收集者个体比重、刮食者个体比重和粘附者个体比重。经过判别能力分析后 11 月份剩余指标为：摇蚊个体比重、双翅目个体比重、HBI 和耐污类群个体比重。

3）相关分析

利用 SPSS 软件计算各指标间的皮尔逊相关系数，采用 Maxted 的标准（Maxted et al.，2000），在指标间相关系数的绝对值大于 0.75 时认为两指标间存在重复信息，删除其中一个指标即可。采用 R 语言绘制 4 月的指标间相关系数如图 4-3（a）所示，图中由红框标出的两两指标间相关系数的绝对值大于 0.75，由于 M13 指标（耐污类群分类单元数）与较多指标信息重复大，所以优先删除 M13 指标；M3（摇蚊分类单元数）和 M5（双翅目分类单元数）的相关系数为 1，在本次评价中表达的信息完全重复，任意删除其中一个即可，这里删除双翅目分类单元数；M6（Shannon-Wiener 指数）和 M7（优势分类单元个体比重）间的相关系数接近 1，因为 M6 与 M1（总分类单元数）相关系数稍大于 0.75，所以这里选择删去 M6 指标。于是 4 月筛选后剩余总分类单元数、摇蚊分类单元数、软体动物分类单元数（M4）和优势分类单元个体百分比 4 个指标。

同理，7 月和 11 月 B-IBI 剩余两两指标间的相关系数见图 4-3（b）、（c），M11（软体动物个体比重）和 M21（过滤收集者个体比重）、M22（刮食者个体比重）和 M23（黏附者个体比重）间的相关系数均为 1，且 M11 和 M22 间的相关系数绝对值大于 0.75，这里只保留 M21；M14（HBI）、M16（耐污类群分类单元比重）和 M18（耐污类群个体比重）三者间相关系数较大，由于 M14 和 M18 间的系数更接近 1，所以这里保留 M16；其他重复信息少的指标均保留了下来。筛选后 7 月份剩余 Shannon-Wiener 指数、耐污类群分类单元比重、敏感类群个体比重和过滤收集者个体比重 4 个指标。11 月经过相关分析删除了 M9（双翅目个体比重）和 M18 指标（耐污类群个体比重），筛选后仅剩余摇蚊个体比重和 HBI 两个指标，这两个指标作为核心指标构成 B-IBI。

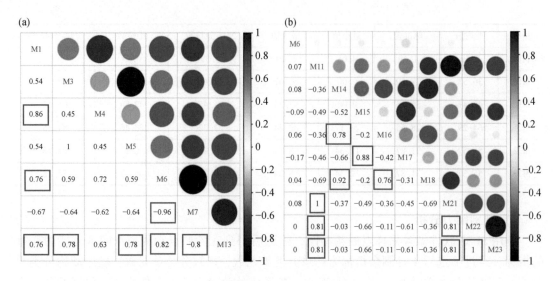

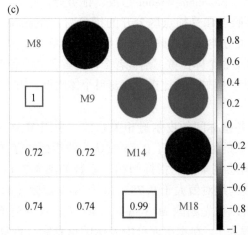

图 4-3 春季（a）、夏季（b）、秋季（c）B-IBI 候选剩余指标间的皮尔逊相关系数

2. 底栖动物完整性指数计算

利用 4.2.2 节第 3 点提到的分值法，分别得到三次春夏秋季底栖动物完整性指数核心指标的分值计算公式如表 4-13 所示。

表 4-13　春、夏、秋三个季节的底栖动物完整性指标分值计算公式

采样时间	序号	指标	分值计算公式
	M1	总分类单元数（A）	A/13
4 月	M3	摇蚊分类单元数（B）	B/3
	M7	优势分类单元个体比重（C）	(99.25−C)/(99.25−34.38)

续表

采样时间	序号	指标	分值计算公式
7 月	M6	Shannon-Wiener 指数（D）	D/2.86
	M16	耐污类群分类单元比重（E）	（100-E）/100
	M17	敏感类群个体比重（F）	F/100
	M21	过滤收集者个体比重（G）	G/100
11 月	M8	摇蚊个体比重（H）	（98.97-H）/98.97
	M14	HBI（I）	（9.77-I）/（9.77-4.65）

通过将参照点的 25% 分位数 4 等分得到 5 个健康等级，各采样点的底栖动物完整性健康评价结果如表 4-14 所示。4 月 20% 的采样点（烧车淀 1、后塘和采蒲台）处于健康等级，33.33% 的采样点（光淀张庄、南刘庄、圈头、金龙淀和端村）处于亚健康等级，26.67% 的采样点（鸳鸯岛、寨南、王家寨和杨庄子）处于一般等级，13.33% 的采样点（枣林庄和烧车淀 2）处于微病态等级，6.67% 的采样点（烧车淀 3）处于病态等级。

表 4-14　4 月的底栖动物完整性指数（B-IBI）值及健康等级

采样点类型	序号	采样点	B-IBI 值	健康等级
参照点	13	烧车淀 1	3.00	健康
	14	光淀张庄	1.95	亚健康
	15	后塘	2.14	健康
受损点	1	南刘庄	1.70	亚健康
	2	鸳鸯岛	1.29	一般
	3	寨南	1.40	一般
	4	王家寨	1.03	一般
	5	杨庄子	1.03	一般
	6	枣林庄	0.64	微病态
	7	圈头	1.81	亚健康
	8	采蒲台	2.31	健康
	9	金龙淀	1.81	亚健康
	10	端村	1.84	亚健康
	11	烧车淀 2	0.87	微病态
	12	烧车淀 3	0.23	病态

各采样点 7 月的底栖动物完整性健康评价结果见表 4-15。7 月份 58.83% 的采样点（烧车淀、后塘、鸳鸯岛、王家寨、枣林庄、圈头、采蒲台、白沟引河入淀口、东田庄和范峪淀）处于健康等级，23.53% 的采样点（光淀张庄、南刘庄、寨南和金龙淀）处于亚健康等级，11.76% 的采样点（端村和府河入淀口）处于一般等级，5.88% 的采样点（杨庄子）处于病态等级。

表4-15　7月的底栖动物完整性指数（B-IBI）值及健康等级

采样点类型	序号	采样点	B-IBI 值	健康等级
参照点	15	烧车淀	2.33	健康
	16	光淀张庄	1.80	亚健康
	17	后塘	2.00	健康
受损点	1	南刘庄	1.68	亚健康
	2	鸳鸯岛	1.96	健康
	3	寨南	1.67	亚健康
	4	王家寨	2.34	健康
	5	杨庄子	0.35	病态
	6	枣林庄	2.65	健康
	7	圈头	1.94	健康
	8	采蒲台	2.24	健康
	9	金龙淀	1.52	亚健康
	10	端村	1.06	一般
	11	府河入淀口	1.12	一般
	12	白沟引河入淀口	2.32	健康
	13	东田庄	2.18	健康
	14	范峪淀	2.05	健康

各采样点 11 月的底栖动物完整性健康评价结果见表 4-16。11 月份 27.78% 的采样点（后塘、光淀张庄、东田庄、王家寨和金龙淀）处于健康等级；22.22% 的采样点（唐河入淀口、府河入淀口、南刘庄和杨庄子）处于亚健康等级；16.67% 的采样点（烧车淀、寨南和采蒲台）处于一般等级；33.33% 的采样点（端村、鸳鸯岛、小张庄、圈头、范峪淀和枣林庄）处于病态等级。

表4-16　11月的底栖动物完整性指数（B-IBI）值及健康等级

采样点类型	序号	采样点	B-IBI 值	健康等级
参照点	16	后塘	2.00	健康
	17	烧车淀	0.63	一般
	18	光淀张庄	1.41	健康
受损点	1	唐河入淀口	0.94	亚健康
	2	府河入淀口	0.83	亚健康
	3	南刘庄	1.00	亚健康
	4	端村	0.22	病态
	5	鸳鸯岛	0.20	病态
	6	小张庄	0.00	病态

采样点类型	序号	采样点	B-IBI 值	健康等级
	7	东田庄	1.69	健康
	8	寨南	0.51	一般
	9	王家寨	1.67	健康
	10	圈头	0.07	病态
受损点	11	采蒲台	0.51	一般
	12	金龙淀	1.91	健康
	13	范峪淀	0.10	病态
	14	杨庄子	0.99	亚健康
	15	枣林庄	0.19	病态

三个季节中，各采样点的底栖动物完整性处于健康等级的占比夏季>秋季>春季，春季亚健康等级占比高于秋季，秋季病态等级占比高于春季。整体来看，底栖动物完整性呈夏季>春季>秋季的趋势（图4-4）。

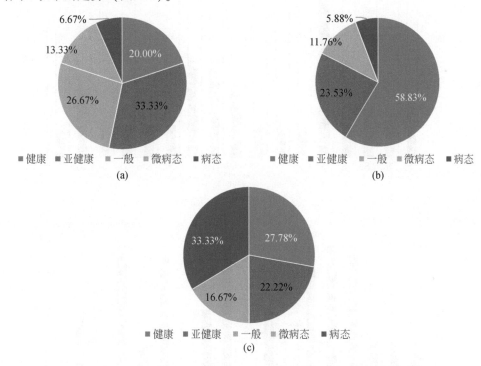

图 4-4　春季（a）、夏季（b）和秋季（c）底栖动物完整性指数的健康等级占比

3. 底栖动物完整性指数与水质的关系

基于 TOPSIS 模型的水质评价结果如图 4-5 所示，可以看出多数采样点秋季的水质等级>春季>夏季。具体为：在春季，13%的采样点处于Ⅱ级，20%的采样点处于Ⅲ级，60%

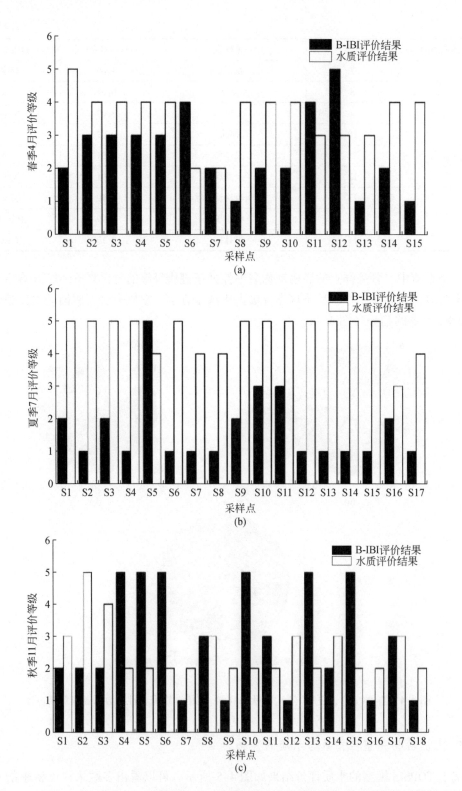

图 4-5　春季（a）、夏季（b）和秋季（c）的底栖动物完整性指数与水质评价结果等级对比

的采样点处于Ⅳ级，7%的采样点处于Ⅴ级；在夏季，6%的采样点处于Ⅲ级，24%的采样点处于Ⅳ级，70%的采样点处于Ⅴ级；在秋季，61%的采样点处于Ⅱ级，27%的采样点处于Ⅲ级，6%的采样点处于Ⅳ级，6%的采样点处于Ⅴ级。

采用4.2.1节提到的方法对各采样点三个季节进行了基于TOPSIS模型的水质评价，将水质评价结果与B-IBI结果对比。其中生物完整性指数的等级与水质等级的对应关系为：健康-Ⅰ级-1，亚健康-Ⅱ级-2，一般-Ⅲ级-3，微病态-Ⅳ级-4，病态-Ⅴ级-5。可以看出，4月、7月和11月分别有73%、94%和50%的采样点B-IBI评价等级高于水质评价等级，具有相同的趋势。但在秋季11月有7个采样点情况相反即B-IBI的评价等级低于水质评价等级。

由B-IBI的计算过程可以看出，首先，B-IBI的评价结果受参照点影响。生物完整性指数得到的结果并不是绝对的，而是对参照点而言受损点的相对状态。由于淀区内各处均受到了一定程度的污染，在生物完整性指数选择参照点时选取了单一水质参数达到国家地表水Ⅲ类水标准较多的采样点，所以大多数采样点基于B-IBI的健康等级会偏高于实际等级。其次，B-IBI的评价结果受核心指标影响。当水体被污染时部分耐污能力较弱的物种便开始迁移，现场采集到的敏感种种类和数量下降，敏感类群分类单元比重和总分类单元数下降，也就导致了以这两个指标为核心指标的春季和夏季中部分采样点（春季枣林庄和烧车淀、夏季杨庄子）的B-IBI评价等级偏低。而当秋季人类活动减少，排入水中的污染物减少，可以看到水质评价等级有所升高，但底栖动物由于受到温度影响而减少了活动和繁殖，导致核心指标HBI增大，而B-IBI评价等级偏低。

4.3.3 基于沉水植物完整性指数的健康评价

1. 沉水植物完整性指标筛选

1) 分布范围分析

首先根据4.1.2节的指标计算方法分别计算得到三次采样SAV-IBI的14个候选指标值。4月份删除了数据较为稀少的M6（一年生植物/多年生植物）、M8（Simpson指数）、M10（均匀度指数）、M12（敏感性植物比重）、M14（敏感植物物种数）指标（一半的指标数值为0）。M2（一年生植物物种丰富度）是随污染增大而指数值减小的指标，参照点的25%分位数为零，不能反映受损点的污染程度，所以删除。M11（耐受性植物百分比）是随污染增大而指数值增大的指标，其参照点的75%分位数为1，当受损点受到污染时再没有反映污染程度的空间，所以同样删除。7月份的M2、M4（一年生植物百分比）、M6、M10、M12、M14指标和11月份的M6、M10、M12、M14指标值数据稀少，直接删除。余下指标中7月份和11月份参照点的M11指标75%分位数为1，同样删除，余下指标通过了分布范围分析，保留至下一步分析（表4-17～表4-19）。

2) 判别能力分析

利用SPSS软件做各采样点的箱型图，筛选后得到在参照点和受损点间区分能力较好的指标。经过筛选后4月剩余指标为：沉水植物物种数、一年生植物比重、多年生植物比

表 4-17　4 月 SAV-IBI 各候选剩余指标在参照点的分布范围

指标	平均值	标准差	最小值	最大值	25%分位数	中位数	75%分位数
M1	2.00	0.82	1.00	3.00	1.50	2.00	2.50
M2	0.67	0.94	0.00	2.00	0.00	0.00	1.00
M3	1.33	0.47	1.00	2.00	1.00	1.00	1.50
M4	0.22	0.31	0.00	0.67	0.00	0.00	0.33
M5	0.78	0.31	0.33	1.00	0.67	1.00	1.00
M7	1.00	0.00	1.00	1.00	1.00	1.00	1.00
M9	0.14	0.19	0.00	0.41	0.00	0.00	0.21
M11	0.67	0.47	0.00	1.00	0.50	1.00	1.00
M13	1.67	1.25	0.00	3.00	1.00	2.00	2.50

表 4-18　7 月 SAV-IBI 各候选剩余指标在参照点的分布范围

指标	平均值	标准差	最小值	最大值	25%分位数	中位数	75%分位数
M1	1.67	0.47	1.00	2.00	1.50	2.00	2.00
M3	1.67	0.47	1.00	2.00	1.50	2.00	2.00
M5	1.00	0.00	1.00	1.00	1.00	1.00	1.00
M7	1.00	0.00	1.00	1.00	1.00	1.00	1.00
M8	0.29	0.21	0.00	0.46	0.21	0.41	0.44
M9	0.42	0.30	0.00	0.65	0.30	0.60	0.63
M11	1.00	0.00	1.00	1.00	1.00	1.00	1.00
M13	1.67	0.47	1.00	2.00	1.50	2.00	2.00

表 4-19　11 月 SAV-IBI 各候选剩余指标在参照点的分布范围

指标	平均值	标准差	最小值	最大值	25%分位数	中位数	75%分位数
M1	2.00	0.82	1.00	3.00	1.50	2.00	2.50
M2	1.00	0.82	0.00	2.00	0.50	1.00	1.50
M3	1.00	0.00	1.00	1.00	1.00	1.00	1.00
M4	0.39	0.28	0.00	0.67	0.25	0.50	0.58
M5	0.61	0.28	0.33	1.00	0.42	0.50	0.75
M7	1.00	0.00	1.00	1.00	1.00	1.00	1.00
M8	0.03	0.02	0.00	0.06	0.02	0.03	0.05
M9	0.08	0.06	0.00	0.15	0.05	0.09	0.12
M11	1.00	0.00	1.00	1.00	1.00	1.00	1.00
M13	2.00	0.82	1.00	3.00	1.50	2.00	2.50

重和 Shannon 多样性指数。筛选后，7 月份剩余指标为：多年生植物比重和兼性繁殖种比重 2 个指标。11 月份剩余指标为：沉水植物物种数、一年生植物物种丰富度、多年生植物物种丰富度、一年生植物比重、多年生植物比重和耐受植物物种数 6 个指标。

3）相关分析

利用 SPSS 软件计算各指标间的皮尔逊相关系数，在指标间相关系数的绝对值大于 0.75 时认为两指标间存在重复信息，任意删除其中一个指标即可。4 月沉水植物剩余候选指标间相关系数表 4-20。M5（多年生植物比重）与 M4（一年生植物比重）相关系数绝对值为 1，表达信息高度相似，所以删去其中一个指标，这里保留一年生植物比重；M9（Shannon-Wiener 指数）与 M1（沉水植物物种数）相关系数大于 0.75，根据实际采样情况，这里保留 M1 指标。因此，筛选后 4 月份 SAV-IBI 剩余沉水植物物种数和一年生植物比重两个指标。

表 4-20　4 月 SAV-IBI 候选剩余指标间的皮尔逊相关系数矩阵

项目	沉水植物物种数	一年生植物比重	多年生植物比重	Shannon-Wiener 指数
沉水植物物种数	1	−0.169	0.169	0.822
一年生植物比重		1	−1	−0.085
多年生植物比重			1	0.085
Shannon-Wiener 指数				1

7 月份，经过判别能力分析后，仅剩余两个指标：M5（多年生植物比重）和 M7（兼性繁殖种比重），且相关系数为 0.626，于是保留这两个指标，作为 7 月份的 SAV-IBI 的核心指标。11 月份 SAV-IBI 的剩余指标间相关系数图见图 4-6。M4（一年生植物比重）和 M5（多年生植物比重）间皮尔逊相关系数为−1，且这两个指标与 M1 的相关系数绝对值

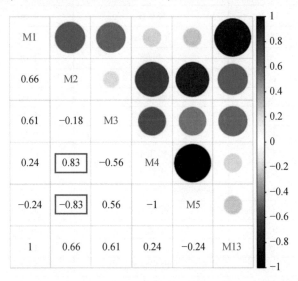

图 4-6　11 月 SAV-IBI 候选剩余指标间的皮尔逊相关系数

大于 0.75，这里保留 M1。因此，11 月筛选 SAV-IBI 的核心指标为：沉水植物物种数、一年生植物丰富度和多年生植物丰富度。

2. 沉水植物完整性指数计算

4 月，根据分值法得到沉水植物物种数和一年生植物比重两个指标的分值计算公式分别为：A/4；1-B（A 是各采样点的沉水植物物种数，B 是一年生植物比重）。

通过将参照点的 25% 分位数 4 等分得到 5 个健康等级，各采样点的沉水植物完整性健康评价结果见表 4-21 和图 4-7（a）。4 月 53.33% 的采样点（烧车淀、光淀张庄、寨南、枣林庄、圈头、端村、烧车淀 2 和烧车淀 3）处于健康等级，26.67% 的采样点（后塘、鸳鸯岛、采蒲台和金龙淀）处于亚健康等级，20% 的采样点（南刘庄、王家寨和杨庄子）处于病态等级。

7 月份核心指标的分值均为各自实测指标值本身。各采样点 7 月的沉水植物完整性健康评价结果见表 4-22 和图 4-7（b）。7 月份 76.47% 的采样点（烧车淀、光淀张庄、后塘、南刘庄、鸳鸯岛、寨南、王家寨、杨庄子、圈头、端村、府河入淀口、白沟引河入淀口和东田庄）处于健康等级，17.65% 的采样点（枣林庄、采蒲台和范峪淀）处于亚健康等级，5.88% 的采样点（金龙淀）处于一般等级。

11 月份核心指标的分值均为各自实测指标值本身。11 月份各采样点的沉水植物完整性健康评价结果见表 4-23 和图 4-7（c）。11 月 50% 的采样点（后塘、光淀张庄、唐河入淀口、东田庄、王家寨、圈头、采蒲台、杨庄子和枣林庄）处于健康等级，11.11% 的采样点（鸳鸯岛和寨南）处于亚健康等级，38.89% 的采样点（烧车淀、府河入淀口、南刘庄、端村、小张庄、金龙淀和范峪淀）处于一般等级。

表 4-21　4 月的沉水植物完整性指数（SAV-IBI）值及健康等级

采样点类型	序号	采样点	SAV-IBI 值	健康等级
参照点	13	烧车淀	1.50	健康
	14	光淀张庄	1.25	健康
	15	后塘	1.08	亚健康
受损点	1	南刘庄	0.25	病态
	2	鸳鸯岛	1.00	亚健康
	3	寨南	1.25	健康
	4	王家寨	0.25	病态
	5	杨庄子	0.25	病态
	6	枣林庄	1.42	健康
	7	圈头	1.25	健康
	8	采蒲台	1.00	亚健康
	9	金龙淀	1.00	亚健康
	10	端村	1.50	健康
	11	烧车淀 2	2.00	健康
	12	烧车淀 3	1.25	健康

表 4-22　7 月的沉水植物完整性指数（SAV-IBI）值及健康等级

采样点类型	序号	采样点	SAV-IBI 值	健康等级
参照点	15	烧车淀	2.00	健康
	16	光淀张庄	2.00	健康
	17	后塘	2.00	健康
受损点	1	南刘庄	2.00	健康
	2	鸳鸯岛	2.00	健康
	3	寨南	2.00	健康
	4	王家寨	2.00	健康
	5	杨庄子	2.00	健康
	6	枣林庄	1.50	亚健康
	7	圈头	2.00	健康
	8	采蒲台	1.50	亚健康
	9	金龙淀	1.40	一般
	10	端村	2.00	健康
	11	府河入淀口	2.00	健康
	12	白沟引河入淀口	2.00	健康
	13	东田庄	2.00	健康
	14	范峪淀	1.75	亚健康

表 4-23　11 月的沉水植物完整性指数（SAV-IBI）值及健康等级

采样点类型	序号	采样点	SAV-IBI 值	健康等级
参照点	16	后塘	2.00	健康
	17	烧车淀	0.83	一般
	18	光淀张庄	2.50	健康
受损点	1	唐河入淀口	1.67	健康
	2	府河入淀口	0.83	一般
	3	南刘庄	0.83	一般
	4	端村	0.83	一般
	5	鸳鸯岛	1.17	亚健康
	6	小张庄	0.83	一般
	7	东田庄	1.67	健康
	8	寨南	1.17	亚健康
	9	王家寨	2.83	健康
	10	圈头	2.83	健康
	11	采蒲台	2.00	健康

采样点类型	序号	采样点	SAV-IBI 值	健康等级
受损点	12	金龙淀	0.83	一般
	13	范峪淀	0.83	一般
	14	杨庄子	2.00	健康
	15	枣林庄	2.00	健康

图 4-7 表明三个季节中,各采样点的沉水植物完整性处于健康等级的占比夏季>春季>秋季,春季亚健康等级占比高于秋季。整体来看,呈夏季>春季>秋季的形势。这符合沉水植物的生长规律。季节间的相对健康等级变化趋势与底栖动物相同,但基于沉水植物完整性的健康评价结果中处于健康等级的比例整体高于底栖动物,对整个湖泊的健康评价结果有一定的差异性。

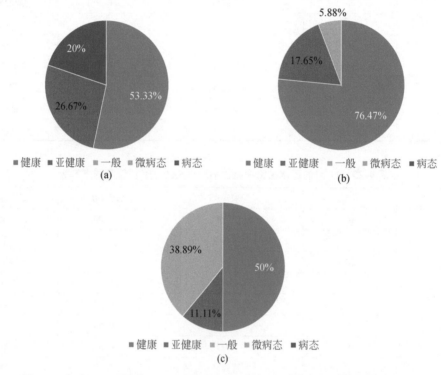

图 4-7 春季(a)、夏季(b)和秋季(c)沉水植物完整性指数的健康等级占比

3. 沉水植物完整性指数与水质的关系

由沉水植物完整性和水质评价结果的对比图(图 4-8)可以看出,春夏秋三个季节均具有沉水植物完整性评价等级高于水质评价等级的趋势,具体为:春季、夏季和秋季分别有 80%、100% 和 67% 的采样点 SAV-IBI 评价等级高于水质评价等级。生物完整性指数评价等级高于水质评价等级的原因除 4.2.2 节第 3 点中提到的参照点选择受现实因素影响

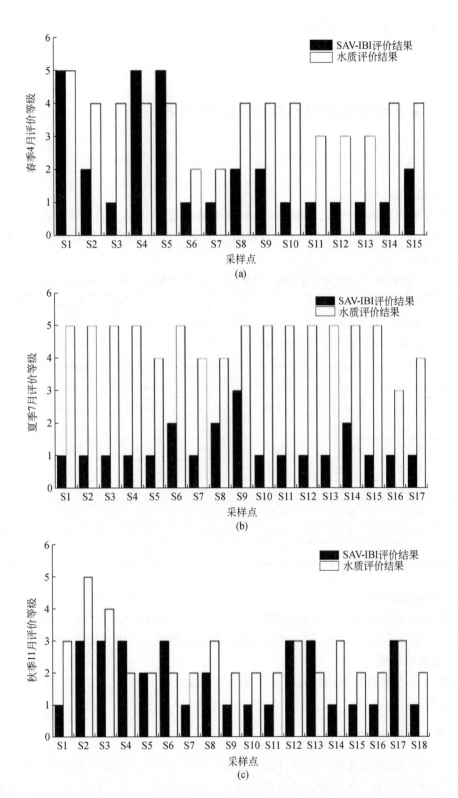

图 4-8　春季（a）、夏季（b）和秋季（c）的沉水植物完整性指数与水质评价结果等级对比

外，沉水植物本身不具有可迁移性，当有毒有害污染物进入水体沉水植物只能被动接受这种污染，而淀区内沉水植物多是耐污能力较强的耐污物种，这导致了沉水植物完整性指数的评价等级偏高。

4.3.4 基于微生物完整性指数的健康评价

1. 微生物完整性指标筛选

1）分布范围分析

以 7 月采样数据为代表，测序后得到微生物完整性指数（M-IBI）各候选指数值，均满足半数以上采样点数值不为 0，且都通过了分布范围分析的筛选，具体分布范围如表 4-24 所示。

表 4-24　7 月以 9 个采样点为对象的 M-IBI 候选指标在参照点的分布范围

指标	平均值	标准差	最小值	最大值	25%分位数	中位数	75%分位数
M1	0.99	0.00	0.99	0.99	0.99	0.99	0.99
M2	9.08	0.33	8.61	9.35	8.94	9.27	9.31
M3	3261.44	271.03	2878.55	3467.90	3158.22	3437.89	3452.89
M4	2533.00	214.68	2230.00	2701.00	2449.00	2668.00	2684.50
M5	247.33	20.74	218.00	262.00	240.00	262.00	262.00
M6	0.09	0.00	0.08	0.09	0.08	0.08	0.09
M7	0.13	0.01	0.12	0.15	0.12	0.12	0.13
M8	0.15	0.01	0.14	0.17	0.14	0.15	0.16
M9	0.17	0.02	0.15	0.19	0.16	0.16	0.18
M10	0.18	0.02	0.16	0.20	0.17	0.19	0.19
M11	22.13	1.32	20.54	23.76	21.31	22.08	22.92
M12	0.22	0.07	0.15	0.31	0.17	0.20	0.26

2）判别能力分析

利用 SPSS 软件做各采样点的箱型图。经过筛选后剩余指标为：前 2 优势分类单元丰度、前 3 优势分类单元丰度、前 4 优势分类单元丰度和前 5 优势分类单元丰度。

3）相关性分析

利用 SPSS 软件计算各指标间的皮尔逊相关系数见表 4-25。筛选后仅剩余前 5 优势分类单元丰度指标。

2. 微生物完整性指数计算

前 5 优势分类单元丰度的分值计算公式是：M10/0.087。各采样点的微生物完整性健康评价结果见表 4-26。7 月份，33%的采样点（光淀张庄、后塘和枣林庄）处于健康等级；56%的采样点（烧车淀、南刘庄、白沟引河入淀口、端村和采蒲台）处于亚健康等级；11%的采样点（府河入淀口）处于一般等级。

表 4-25　7 月以 9 个采样点为对象的 M-IBI 候选剩余指标间皮尔逊相关系数矩阵

	前 2 优势分类 单元丰度	前 3 优势分类 单元丰度	前 4 优势分类 单元丰度	前 5 优势分类 单元丰度
前 2 优势分类单元丰度	1	0.991	0.979	0.961
前 3 优势分类单元丰度		1	0.996	0.986
前 4 优势分类单元丰度			1	0.996
前 5 优势分类单元丰度				1

表 4-26　7 月 9 个采样点的微生物完整性指数（M-IBI）值及健康等级

采样点类型	序号	采样点	M-IBI 值	健康等级
参照点	7	光淀张庄	0.78	健康
	8	烧车淀	0.70	亚健康
	9	后塘	1.00	健康
受损点	1	府河入淀口	0.43	一般
	2	南刘庄	0.68	亚健康
	3	白沟引河入淀口	0.64	亚健康
	4	枣林庄	0.92	健康
	5	端村	0.74	亚健康
	6	采蒲台	0.71	亚健康

3. 微生物完整性指数与水质的关系

由微生物完整性和水质评价结果的对比图（图 4-9）可以看出，与沉水植物相似地，所有采样点的微生物完整性评价等级高于水质评价等级，具有相同的趋势。同样的，微生

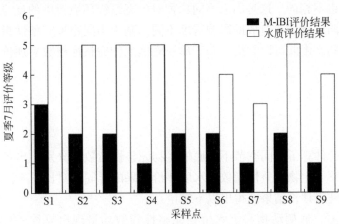

图 4-9　夏季微生物完整性指数与水质评价结果等级对比

物完整性评价过程中采用了相对清洁的参照点是导致微生物完整性指数评价等级高于水质评价结果的原因之一。

湖中生物的生长状况不仅与水质相关还会受到其他物理因素（水温、水体流速、光照强度等）的影响，生物完整性指数得出的评价结果是综合了各类影响因素后的结果。同时由于生物完整性指数和基于 TOPSIS 模型评价水质的计算过程中都用到了多个指标或参数，最终的计算结果根据权重累加得到，而这其中各指标或参数间会存在一定的联系与影响，最终导致生物完整性指数和水质评价结果有差异。生物完整性指数和水质评价的目的都是考察水环境健康状态，但方法不同也各有优缺点，所以在采用这两种方法做评价时决策者应综合考虑。

4.3.5　基于生物完整性指数的健康评价结果比较

对比以上三节的研究结果，从 4 月底栖动物完整性指数（B-IBI）的健康等级可以看出，采样点中亚健康等级最多，有 33.33% 的采样点，其次是一般等级，有 26.67% 的采样点，病态等级最少，仅 6.67% 的采样点。而 4 月沉水植物完整性指数（SAV-IBI）的健康等级中，健康等级最多，有 53.33% 的采样点，其次是亚健康等级，有 26.67% 的采样点，病态等级最少，有 20% 的采样点。7 月，B-IBI 的健康等级中，健康等级最多，有 58.83% 的采样点，其次是亚健康等级，有 23.53% 的采样点，病态等级最少，仅 5.88% 的采样点。SAV-IBI 的健康等级中，健康等级最多，有 76.47% 的采样点，其次是亚健康等级，有 17.65% 的采样点，一般等级最少，仅 5.88% 的采样点。M-IBI 的健康等级中，亚健康等级最多，占 56%，其次是健康等级占 33%。11 月，B-IBI 的健康等级中，病态等级最多，有 33.33% 的采样点，其次是健康等级，有 27.78% 的采样点，一般等级最少，有 16.67% 的采样点。SAV-IBI 的健康等级中，健康等级最多，有 50% 采样点，其次是一般等级，有 38.89% 的采样点，亚健康等级最少，有 11.11% 的采样点。

由以上评价结果对比可以看出，许多采样点在基于不同物种做健康评价时得到的健康等级结果会有所不同，各健康等级在湖泊中的占比情况也不相同，且少数健康等级相同的采样点健康得分也不相同。这是因为不同物种对生态系统环境污染的反应能力不同，相同程度的污染对不同生物生存造成的影响程度不同，基于不同物种完整性指数得到的健康得分与等级也就不同。由此可以看出，基于单一底栖生物完整性指数来评价底栖生态系统健康是有偏差的。

4.3.6　小结

本节分别筛选计算了不同季节不同底栖生物完整性指数，分别得出各生物完整性指数的季节变化，考察了生物完整性指数与水质评价结果的异同，对比了不同的生物完整性指数在三个季节的健康评价结果。得出以下结论：

（1）整体来看，底栖动物和沉水植物完整性指数均呈现出夏季>春季>秋季的趋势。具体为：春、夏、秋季底栖动物完整性指数处于健康等级的采样点占比分别为 20%、

58.83% 和 27.78%；春、夏、秋季沉水植物完整性指数处于健康等级的采样点占比分别为 53.33%、76.47% 和 50%。

（2）基于不同物种生物完整性的白洋淀生态健康评价结果具有一定的差异性。对比不同物种生物完整性指数的结果，在夏季，沉水植物完整性指数处于健康等级的采样点占比（76.47%）大于底栖动物完整性指数（58.83%）大于微生物完整性指数（33%）。基于单一底栖生物完整性指数的健康评价结果有偏差。

（3）底栖动物、沉水植物、微生物完整性指数评价等级具有高于水质评价等级的趋势。采用 TOPSIS 模型对各采样点进行水质评价，对比生物完整性指数等级与水质等级发现，在春夏秋三个季节，多数采样点 B-IBI 和 SAV-IBI 的评价等级均高于水质评价等级，在夏季所有采样点 M-IBI 的评价等级均高于水质评价等级，但当秋季人类活动减弱，生活污染减少时少数采样点出现水质评价等级高于生物完整性评价等级。在进行湖泊管理时应综合考虑生物完整性评价和水质评价。

4.4 基于综合评分法的白洋淀底栖生态健康评价

由于采用单一物种生物完整性指数得到的评价结果有偏差，所以本节介绍综合评分法，将不同物种的生物完整性指数以及化学指标综合起来形成评价指标体系，对白洋淀底栖生态进行健康评价。

微生物是一种能够很好反映生态系统状态的生物类型。当系统受到影响时，微生物依旧可以保持较高的丰富度以及生物多样性（Baxter et al.，2013），且由于他们的生命周期较短、新陈代谢速率快，使得它们可以较快地对环境变化做出反应（Niu et al.，2018；Amann，1995；Madsen，2011；Vignesh et al.，2014）。且在采样调查中发现白洋淀不同区域的底泥总菌数差异大，微生物多样性较高，所以有必要考虑将微生物相关指标列入白洋淀底栖生态健康评价指标体系。同时，白洋淀部分区域重金属含量超标，污染严重，可能会向水体释放，造成二次污染（高彦春等，2009），而现有的湖泊生态系统健康评价很少将反应底泥中重金属污染的指数应用于评价指标体系中。地质累积指数作为常用的反映沉积物中重金属污染程度的指数，在本研究中被列入指标体系。本章首先以底栖动物完整性指数、沉水植物完整性指数、溶解氧以及综合营养状态指数为指标体系，平均春夏秋的结果对全年进行底栖生态健康评价，并考察微生物完整性指数和地质累积指数对健康评价结果的影响，在此基础上确立适用于白洋淀的底栖生态健康评价指标体系，并以此指标体系评价治理后的底栖生态健康状况，考察治理后的恢复状况，并提出白洋淀湖泊生态保护对策及建议。

4.4.1 底栖生态健康综合评价

1. 基于化学指标的健康评价

三次采样各采样点的化学指标值及健康等级见表 4-27 ~ 表 4-29。基于溶解氧，4 月

13.34%的采样点（枣林庄和圈头）为健康等级，33.33%的采样点（采蒲台、端村、烧车淀1、烧车淀2、烧车淀3）为亚健康等级，33.33%的采样点（金龙淀、寨南、杨庄子、后塘、光淀张庄）为一般等级，20%的采样点（南刘庄、鸳鸯岛和王家寨）为微病态等级。7月，29.41%的采样点（圈头、金龙淀、端村、东田庄和后塘）为健康等级，11.76%的采样点（采蒲台和范峪淀）为亚健康等级，5.88%的采样点（白沟引河入淀口）为一般等级，41.19%的采样点（鸳鸯岛、王家寨、枣林庄、杨庄子、府河入淀口、光淀张庄和烧车淀）为微病态等级，11.76%的采样点（南刘庄和寨南）为病态。11月所有采样点均为健康。

表4-27 4月白洋淀全淀区15个采样点的化学指标值及健康等级

序号	采样点	溶解氧（DO）	基于DO健康等级	综合营养状态指数（TLI）	基于TLI健康等级
1	南刘庄	4.57	微病态	78.66	病态
2	鸳鸯岛	4.36	微病态	70.04	病态
3	寨南	5.11	一般	81.66	病态
4	王家寨	4.97	微病态	71.63	病态
5	杨庄子	5.62	一般	78.61	病态
6	枣林庄	10.02	健康	68.16	微病态
7	圈头	9.30	健康	67.54	微病态
8	采蒲台	6.69	亚健康	71.33	病态
9	金龙淀	5.03	一般	69.62	微病态
10	端村	6.05	亚健康	76.49	病态
11	烧车淀2	6.40	亚健康	66.09	微病态
12	烧车淀3	6.54	亚健康	63.25	微病态
13	烧车淀1	6.57	亚健康	68.96	微病态
14	光淀张庄	5.32	一般	74.57	病态
15	后塘	5.14	一般	65.36	微病态

表4-28 7月白洋淀全淀区17个采样点的化学指标值及健康等级

序号	采样点	溶解氧（DO）	基于DO健康等级	综合营养状态指数（TLI）	基于TLI健康等级
1	南刘庄	1.42	病态	89.76	病态
2	鸳鸯岛	4.95	微病态	96.83	病态
3	寨南	2.87	病态	83.72	病态
4	王家寨	3.42	微病态	81.29	病态
5	杨庄子	4.28	微病态	68.34	微病态
6	枣林庄	3.13	微病态	82.91	病态
7	圈头	9.29	健康	76.29	病态

续表

序号	采样点	溶解氧（DO）	基于DO健康等级	综合营养状态指数（TLI）	基于TLI健康等级
8	采蒲台	7.48	亚健康	77.07	病态
9	金龙淀	10.68	健康	84.12	病态
10	端村	10.11	健康	78.59	病态
11	府河入淀口	4.05	微病态	92.57	病态
12	白沟引河入淀口	5.6	一般	95.28	病态
13	东田庄	8.6	健康	83.24	病态
14	范峪淀	7.37	亚健康	72.24	病态
15	烧车淀	3.97	微病态	89.37	病态
16	光淀张庄	4.00	微病态	80.48	病态
17	后塘	8.97	健康	71.93	病态

表 4-29　秋季 11 月白洋淀全淀区 18 个采样点的化学指标值及健康等级

序号	采样点	溶解氧（DO）	基于DO健康等级	综合营养状态指数（TLI）	基于TLI健康等级
1	唐河入淀口	9.16	健康	73.22	病态
2	府河入淀口	9.77	健康	82.66	病态
3	南刘庄	9.42	健康	75.08	病态
4	端村	9.13	健康	70.10	病态
5	鸳鸯岛	10.43	健康	77.11	病态
6	小张庄	10.48	健康	67.87	微病态
7	东田庄	9.21	健康	62.77	微病态
8	寨南	9.85	健康	70.47	病态
9	王家寨	8.45	健康	79.13	病态
10	圈头	9.67	健康	71.35	病态
11	采蒲台	8.93	健康	70.40	病态
12	金龙淀	8.72	健康	76.59	病态
13	范峪淀	8.48	健康	71.96	病态
14	杨庄子	8.68	健康	71.36	病态
15	枣林庄	9.84	健康	68.80	微病态
16	后塘	9.69	健康	65.83	微病态
17	烧车淀	9.36	健康	70.58	病态
18	光淀张庄	9.54	健康	77.38	病态

由采样结果可以看出秋季溶解氧处于健康等级的采样点多于夏季多于春季。而溶解氧浓度可以反映出湖泊水体中水生生物的生长状态，白洋淀属草型湖泊，淀内沉水植物数量

较多，当大量植物死亡而没有得到及时处理而堆积在湖底时，植物腐烂消耗氧气，会导致溶解氧含量下降（孟睿等，2012），同时，底栖动物的大量繁殖也导致溶解氧迅速下降，而在秋季底栖动物繁殖、活动受气温所限，消耗的溶解氧量变少，这可能也是秋季溶解氧含量较高的原因。且春、夏季可以看出位于府河入淀口附近的采样点（S1 南刘庄）溶解氧含量较低，这可能是由于上游河流有机污染的增加而导致水中溶解氧含量的降低。

基于综合营养状态指数，4 月 46.67% 的采样点（枣林庄、圈头、金龙淀、烧车淀 1、后塘、烧车淀 2 和烧车淀 3）处于微病态等级，53.33% 的采样点（南刘庄、鸳鸯岛、寨南、王家寨、杨庄子、采蒲台、端村和光淀张庄）处于病态等级。7 月 5.88% 的采样点（杨庄子）采样点处于微病态等级，其余的采样点（94.12%）均处于病态等级。秋季 11 月 22.22% 的采样点（小张庄、东田庄、枣林庄和后塘）处于微病态等级，77.78% 采样点（唐河入淀口、府河入淀口、南刘庄、端村、鸳鸯岛、寨南、王家寨、圈头、采蒲台、金龙淀、范峪淀、杨庄子、烧车淀和光淀张庄）处于病态等级。

可以看出，在春夏秋三个季节，白洋淀的综合营养状态指数（TLI）均较高，而 TLI 由叶绿素 a、总氮、总磷和化学需氧量四个元素构成，白洋淀大部分区域为 V 类水质，主要超标指标是化学需氧量、总氮、总磷及氨氮，即白洋淀水体的首要污染是富营养化污染。白洋淀上游的工业污水、生活污水，淀区内村庄的人类活动、农业施肥、养殖业撒饵、生活污水排放都是可能导致富营养化的原因。

2. 确定权重和赋分标准

根据各指标在所有采样点的实测值（化学指标数值见 4.4.1 节第 1 点，生物指标数值见 4.3.1、4.3.2、4.3.3），计算各指标熵，指标内各采样点值差异大的则熵值大，为综合指标体系贡献也越大，权重值也越大。经过计算得到三次采样各指标的权重见表 4-30。

表 4-30　三个季节的熵权法所得的各指标权重

分类	指标层	4月权重	7月权重	11月权重
生物指标	底栖动物完整性指数（B-IBI）	0.174	0.266	0.224
	沉水植物完整性指数（SAV-IBI）	0.266	0.191	0.402
化学指标	溶解氧（DO）	0.381	0.284	0.186
	综合营养状态指数（TLI）	0.179	0.259	0.188

化学指标的赋分标准采用 4.1.2 节中确定的标准。生物指标根据各次评价参照点的 25% 分位数为健康等级区间下限，所有采样点中的最大值为健康等级区间上限，再将参照点的 25% 分位数四等分为其余健康等级的赋分区间。三个季节底栖动物完整性指数（B-IBI）和沉水植物完整性指数（SAV-IBI）的健康等级划分及赋分标准见表 4-31。

3. 全年底栖生态健康综合评价结果

根据上一小节的权重计算结果，4 月，20% 的采样点（枣林庄、圈头、烧车淀 1）处于亚健康等级，53.33% 的采样点（寨南、采蒲台、金龙淀、端村、烧车淀 2、烧车淀 3、光淀张庄和后塘）处于一般等级，26.67%的采样点（南刘庄、鸳鸯岛、王家寨和杨庄子）处于微病态等级（图4-10）。

表4-31 三次采样 B-IBI、SAV-IBI 的健康等级划分及赋分标准

采样时间	B-IBI 值	SAV-IBI 值	健康等级	分值
4 月	(2.05, 3]	(1.17, 2]	健康	(80, 100]
	(1.53, 2.05]	(0.87, 1.17]	亚健康	(60, 80]
	(1.02, 1.53]	(0.58, 0.87]	一般	(40, 60]
	(0.51, 1.02]	(0.29, 0.58]	微病态	(20, 40]
	[0, 0.51]	[0, 0.29]	病态	[0, 20]
7 月	(1.9, 2.65]	(2.0, 2.5]	健康	(80, 100]
	(1.41, 1.9]	(1.5, 2.0]	亚健康	(60, 80]
	(0.94, 1.41]	(1.0, 1.5]	一般	(40, 60]
	(0.47, 0.94]	(0.5, 1.0]	微病态	(20, 40]
	[0, 0.47]	[0, 0.5]	病态	[0, 20]
11 月	(1.02, 2]	(1.42, 2.83]	健康	(80, 100]
	(0.75, 1.02]	(1.05, 1.42]	亚健康	(60, 80]
	(0.5, 0.75]	(0.7, 1.05]	一般	(40, 60]
	(0.25, 0.5]	(0.35, 0.7]	微病态	(20, 40]
	[0, 0.25]	[0, 0.35]	病态	[0, 20]

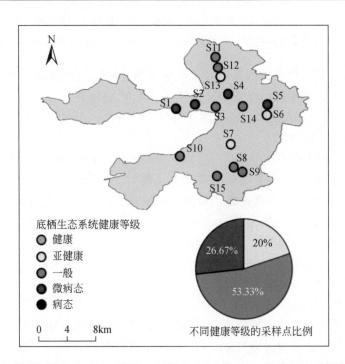

图4-10　4月白洋淀全淀区15个采样点基于 B-IBI、SAV-IBI、DO 和 TLI 的综合健康等级图

7月，41.18%的采样点（圈头、采蒲台、金龙淀、端村、东田庄、范峪淀和后塘）处于亚健康等级，41.18%的采样点（鸳鸯岛、寨南、王家寨、枣林庄、白沟引河入淀口、烧车淀和光淀张庄）处于一般等级，17.64%的采样点（南刘庄、杨庄子和府河入淀口）处于微病态等级（图4-11）。

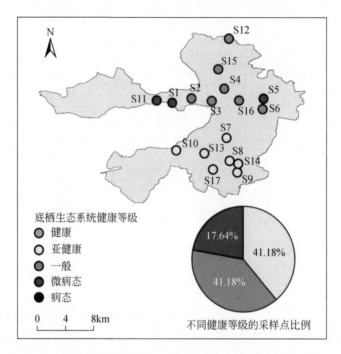

图4-11　7月白洋淀全淀区17个采样点基于底栖动物完整性指数、沉水植物完整性指数、溶解氧和综合营养状态指数的综合健康等级图

11月，5.56%的采样点（后塘）处于健康等级，50%的采样点（唐河入淀口、东田庄、王家寨、圈头、采蒲台、金龙淀、杨庄子、枣林庄和光淀张庄）处于亚健康等级，44.44%的采样点（府河入淀口、南刘庄、端村、鸳鸯岛、小张庄、寨南、范峪淀和烧车淀）处于一般等级（图4-12）。

将3个月的底栖生态系统健康得分平均后得到该年的底栖生态系统健康得分及相应的健康等级，具体见图4-13。23.08%的采样点（圈头、采蒲台和后塘）处于亚健康等级，76.92%的采样点（南刘庄、鸳鸯岛、寨南、王家寨、杨庄子、枣林庄、金龙淀、端村、烧车淀和光淀张庄）处于一般等级。

由全年的评价结果可以看出，白洋淀所有区域均属于非健康状态，大部分区域为"一般"等级。按底栖生态健康得分由小到大排序为：南刘庄<杨庄子<鸳鸯岛<寨南<王家寨<端村<烧车淀<光淀张庄<枣林庄<采蒲台<后塘<圈头。其中后三个点位为"亚健康"等级，其余为"一般"等级。全淀区底栖生态系统健康得分最低分在南刘庄，这里临近府河入淀口，可见受上游河流污染影响很大，导致该采样点的水生生物和水质状况都处于全淀区的低等水平。而对比不同健康等级间的采样点可以发现，处于"一般"等级，得分相对较低的采样点，或位于村庄附近（杨庄子、寨南、王家寨、端村和光淀张庄），或靠近旅

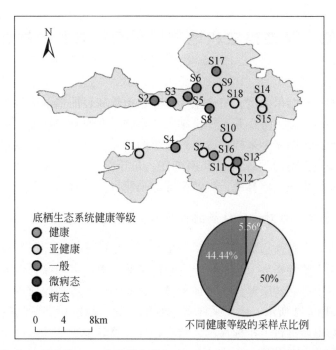

图 4-12　秋季 11 月全淀区 18 个采样点基于 B-IBI、SAV-IBI、DO 和 TLI 的健康等级图

游景区（鸳鸯岛），或位于航道内（烧车淀和枣林庄），这些采样点均受到较强的人类活动影响，破坏了原有的自然生态系统。采蒲台、后塘和圈头为亚健康等级，这三个采样点位于白洋淀区的中南部区域，受府河影响很小，且采样于水域开阔处，受人类影响小。

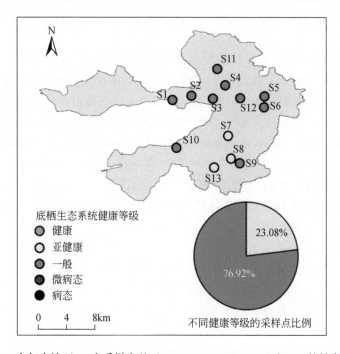

图 4-13　全年全淀区 13 个采样点基于 B-IBI、SAV-IBI、DO 和 TLI 的健康等级图

4.4.2 微生物完整性指数和地质累积指数对底栖生态健康评价的影响

本节以夏季的采样结果为例，将微生物完整性指数和表征重金属污染程度的地质累积指数加入评价指标体系中，考察其对评价结果的影响。在原有采样点的基础上，本节选用了涵盖淀区内不同方位的 9 个采样点进行进一步的研究，这 9 个采样点包括：位于淀区西侧，受上游影响最直接的府河入淀口和南刘庄；位于淀区北侧的白沟引河入淀口和烧车淀；淀区东部的光淀张庄、枣林庄；以及南部的采蒲台、端村和后塘。

1. 微生物完整性指数对评价结果的影响

为了对比微生物完整性指数和地质累积指数加入指标体系对评价结果的变化影响，本节首先以底栖动物完整性指数、沉水植物完整性指数、溶解氧和综合营养状态指数为指标体系对白洋淀底栖生态做健康评价。再加入微生物完整性指数和地质累积指数计算评价结果。9 个采样点如图 4-2 所示。由于采样点个数的变化，所以对底栖动物完整性指数和沉水植物完整性指数重新进行了指标筛选、核心指标计算等步骤，具体过程如下。

（1）底栖动物完整性指数。

由于参照点未改变，因此分布范围分析结果与 4.2.1 相同，删除了 M2、M10、M19 指标，余下指标进行判别能力分析，利用 SPSS 软件做各采样点的箱型图，经过筛选后剩余指标为：总分类单元数、Shannon-Wiener 指数、优势分类单元个体比重、摇蚊个体比重、双翅目个体比重、耐污类群分类单元数、HBI、敏感类群分类单元比重、耐污类群分类单元比重、敏感类群个体比重、耐污类群个体比重、刮食者个体比重和粘附者个体比重。

利用 R 语言软件绘制各指标间的皮尔逊相关系数见图 4-14。M6（Shannon-Wiener 指数）和 M7（优势分类单元个体比重）、M8（摇蚊个体比重）和 M9（双翅目个体比重）的相关系数接近 1，这里删除 M6 和 M9 指标；M17（敏感类群个体比重）与 M13（耐污类群分类单元数）、M14（HBI）、M15（敏感类群分类单元比重）的相关性系数绝对值都大于 0.75，删除 M17 指标；M14 又与 M18（耐污类群个体比重）相关系数接近 1，这里删除 M14 指标；M15 与 M22（刮食者个体比重）和 M23（黏附者个体比重）相关系数绝对值大于 0.75，删除 M15 指标；M22 与 M23 的相关系数为 1，此次采样经过鉴别得到的刮食者和粘附者分类单元和数量相同，这里删除 M23 指标。筛选后剩余总分类单元数、优势分类单元个体比重、摇蚊个体比重、耐污类群分类单元数、耐污类群分类单元比重、耐污类群个体比重和刮食者个体比重 7 个指标。

利用 4.1.2 节提到的分值法，分别得到总分类单元数、优势分类单元个体比重、摇蚊个体比重、耐污类群分类单元数、耐污类群分类单元比重、耐污类群个体比重和刮食者个体比重的分值计算方法，具体见表 4-32。

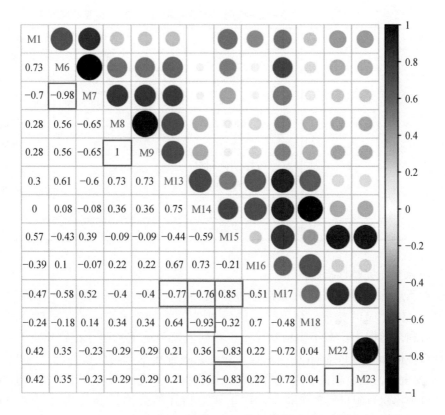

图 4-14　7 月以 9 个采样点为对象的 B-IBI 候选剩余指标间的皮尔逊相关系数

表 4-32　7 月以 9 个采样点为对象的 B-IBI 分值计算公式

序号	指标	分值计算公式
M1	总分类单元数（A）	A/8
M7	优势分类单元个体百分比（B）	（100−B）/（100−28.89）
M8	摇蚊个体百分比（C）	（40−C）/40
M13	耐污类群分类单元数（D）	（3−D）/3
M16	耐污类群分类单元百分比（E）	（100−E）/100
M18	耐污类群个体百分比（F）	（100−F）/100
M22	刮食者个体百分比（G）	G/88.89

　　7 月 9 个采样点的底栖动物完整性健康评价结果如表 4-33 所示：烧车淀、后塘、白沟引河入淀口、枣林庄 4 个采样点的 B-IBI 值分别是 5.57、4.13、5.05 和 5.53，评价等级为健康；光淀张庄、南刘庄和采蒲台 3 个采样点的 B-IBI 值分别是 3.83、3.75 和 4.67，评价等级为亚健康；端村的 B-IBI 值是 2.74，评价等级为一般；府河入淀口的 B-IBI 值是 1.79，评价等级为微病态。

表 4-33　7 月 9 个采样点的底栖动物完整性指数（B-IBI）值及健康等级

采样点类型	序号	采样点	B-IBI 值	健康等级
参照点	7	光淀张庄	3.83	亚健康
	8	烧车淀	5.57	健康
	9	后塘	4.13	健康
受损点	1	府河入淀口	1.79	微病态
	2	南刘庄	3.75	亚健康
	3	白沟引河入淀口	5.05	健康
	4	枣林庄	5.53	健康
	5	端村	2.74	一般
	6	采蒲台	4.67	亚健康

（2）沉水植物完整性指数。

由于参照点未改变，因此分布范围分析结果与 4.3.3 相同，删除了 M2、M4、M6、M10、M11、M12、M14 指标，余下指标进行判别能力，SPSS 软件做各采样点的箱型图。经过筛选后剩余指标为：多年生植物比重、兼性繁殖种比重和耐受植物比重。利用 SPSS 软件并计算各指标间的 Pearson 相关系数。兼性繁殖种比重和耐受植物比重的相关系数为 1，信息高度重合，这里删去了兼性繁殖种比重指标。筛选后剩余多年生植物比重（M5）和耐受性植物比重（M11）2 个指标。两个核心指标的分值计算公式为：M5/1；（1 − M11）/0.17。7 月 9 个采样点的沉水植物完整性健康评价结果见表 4-34：枣林庄的 SAV-IBI 值是 1.67、光淀张庄、烧车淀、后塘、府河入淀口、南刘庄、白沟引河入淀口、端村的 SAV-IBI 值都是 1，这 8 个采样点的评价等级为健康；采蒲台的 SAV-IBI 值是 0.5，评价等级为微病态。

表 4-34　7 月 9 个采样点的沉水植物完整性指数（SAV-IBI）值及健康等级

采样点类型	序号	采样点	SAV-IBI 值	健康等级
参照点	7	光淀张庄	1.00	健康
	8	烧车淀	1.00	健康
	9	后塘	1.00	健康
受损点	1	府河入淀口	1.00	健康
	2	南刘庄	1.00	健康
	3	白沟引河入淀口	1.00	健康
	4	枣林庄	1.67	健康
	5	端村	1.00	健康
	6	采蒲台	0.50	微病态

（3）化学指标。

各采样点的溶解氧（DO）的综合营养状态指数（TLI）及健康等级见表 4-35。可以看出整个淀区均处于富营养化状态；溶解氧空间分布差异较大，端村和后塘的溶解氧分别为10.11、8.97，处于健康等级；采蒲台溶解氧为7.48，处于亚健康等级；白沟引河入淀口溶解氧为5.6，处于一般等级；府河入淀口、枣林庄、光淀张庄和烧车淀溶解氧分别为4.05、3.13、4.00、3.97，处于微病态等级；南刘庄为1.42，处于病态等级。

表4-35　7月白洋淀9个采样点的化学指标值及健康等级

序号	采样点	溶解氧	健康等级	综合营养 状态指数	健康等级
1	府河入淀口	4.05	微病态	92.57	病态
2	南刘庄	1.42	病态	89.76	病态
3	白沟引河入淀口	5.6	一般	95.28	病态
4	枣林庄	3.13	微病态	82.91	病态
5	端村	10.11	健康	78.59	病态
6	采蒲台	7.48	亚健康	77.07	病态
7	光淀张庄	4.00	微病态	80.48	病态
8	烧车淀	3.97	微病态	89.37	病态
9	后塘	8.97	健康	71.93	病态

（4）健康评价结果。

经过计算得到底栖动物完整性指数权重为0.226，沉水植物完整性指数权重为0.190，溶解氧权重为0.284，综合营养状态指数权重为0.301。生物完整性指数的赋分标准见表4-36。

表4-36　7月以9个采样点为对象的B-IBI和SAV-IBI的健康等级划分及赋分标准

B-IBI 值	SAV-IBI 值	健康等级	分值
(3.98, 5.57]	(1, 1.67]	健康	(80, 100]
(2.97, 3.98]	(0.75, 1]	亚健康	(60, 80]
(1.98, 2.97]	(0.5, 0.75]	一般	(40, 60]
(0.99, 1.98]	(0.25, 0.5]	微病态	(20, 40]
[0, 0.99]	[0, 0.25]	病态	[0, 20]

7月，端村和后塘的底栖生态系统完整性得分分别为62.55分和66.71分，健康等级均为亚健康；白沟引河入淀口、枣林庄、采蒲台、光淀张庄和烧车淀5个采样点的得分分别为46.78分、49.64分、54.24分、42.76分和45.22分，健康等级均为一般；府河入淀口和南刘庄的底栖生态系统完整性得分分别29.96分和36.69分，健康等级均为微病态（图4-15）。

（5）微生物完整性指数的影响。

加入微生物完整性指数建立新的白洋淀生态健康评价指标体系。其中生物完整性指标包括底栖动物完整性指数、沉水植物完整性指数和微生物完整性指数，化学指标包括溶解

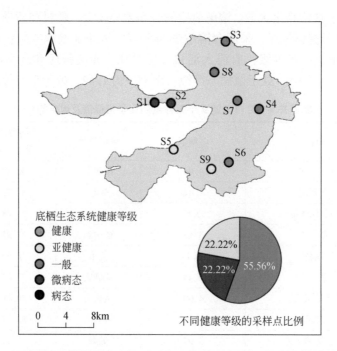

图 4-15　7 月 9 个采样点基于 B-IBI、SAV-IBI、DO 和 TLI 的底栖生态健康等级图

图中 S1 ~ S9 对应表 4-35 中 9 个采样点，下同

氧和综合营养状态指数。经过计算得到各指标的权重：底栖动物完整性指数权重为 0.190，沉水植物完整性指数权重为 0.160，微生物完整性指数权重为 0.157，溶解氧权重为 0.239，综合营养状态指数权重为 0.253。按照 3.2.3 节介绍的方法计算得到的微生物完整性指数的赋分标准如表 4-37 所示。

表 4-37　7 月以 9 个采样点为对象微生物完整性健康等级划分及赋分标准

M-IBI 值	(0.74, 1]	(0.57, 0.74]	(0.38, 0.57]	(0.19, 0.38]	[0, 0.19]
健康等级	健康	亚健康	一般	微病态	病态
分值	(80, 100]	(60, 80]	(40, 60]	(20, 40]	[0, 20]

　　7 月各采样点的底栖生态系统健康得分及健康等级见图 4-16。端村和后塘的底栖生态系统完整性得分为 65.19 分和 71.83 分，健康等级为亚健康；南刘庄、白沟引河入淀口、枣林庄、采蒲台、光淀张庄和烧车淀得分分别为：42.32 分、50.07 分、56.32 分、57.63 分、48.53 分和 49.86 分，健康等级为一般；府河入淀口的底栖生态系统完整性得分为 32.32 分，健康等级为微病态。

　　在加入微生物完整性指数后所有采样点的底栖生态系统完整性得分较原来均有改变，具体得分变化见表 4-38。其中南刘庄的底栖生态系统健康等级由原来的微病态升高为一般，从评价结果可以看到，该采样点的水质化学指标得分很低，DO 和 TLI 均为病态等级，B-IBI 和 SAV-IBI 都是亚健康等级，综合后评价为微病态等级。而在加入 M-IBI 后，M-IBI 在该点的评分为 72.94 分，是亚健康等级，将综合评价得分拉高了，且原本南刘庄的健康

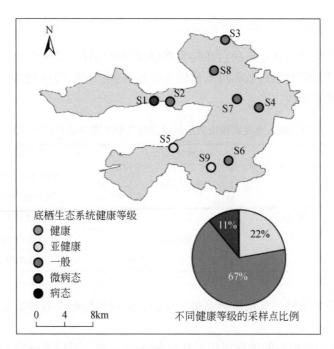

图 4-16 7 月 9 个采样点基于 B-IBI、SAV-IBI、M-IBI、DO、TLI 的底栖生态健康等级图

得分就处于微病态等级接近一般等级的位置，加入 M-IBI 后底栖生态系统健康提升一个等级至一般等级。除南刘庄外的其余采样点均未改变健康等级，但可以看到得分均增大。这是因为各采样点 M-IBI 的得分均较化学指标高，M-IBI 加入后，拉高了综合得分，但由于 M-IBI 得分没有异常高，且和 B-IBI、SAV-IBI 的得分相差不大，所以拉高的综合得分也较小，以至于健康等级没有发生变化。

表 4-38 7 月 9 个采样点加入微生物完整性指数前后的底栖生态系统健康得分比较

序号	采样点	原底栖生态系统健康得分	原健康等级	加入 M-IBI 的底栖生态系统健康得分	健康等级	得分变化
1	府河入淀口	29.96	微病态	32.32	微病态	增大
2	南刘庄	36.69	微病态	42.32	一般	增大
3	白沟引河入淀口	46.78	一般	50.07	一般	增大
4	枣林庄	49.64	一般	56.32	一般	增大
5	端村	62.55	亚健康	65.19	亚健康	增大
6	采蒲台	54.24	一般	57.63	一般	增大
7	光淀张庄	42.76	一般	48.53	一般	增大
8	烧车淀	45.22	一般	49.86	一般	增大
9	后塘	66.71	亚健康	71.83	亚健康	增大

2. 地质累积指数对评价结果的影响

加入地质累积指数后建立新的白洋淀生态健康评价指标体系见表 4-39。其中生物完整性指标包括底栖动物完整性指数和沉水植物完整性指数，化学指标包括溶解氧、综合营养状态指数和地质累积指数。

表 4-39　加入地质累积指数后的白洋淀底栖生态健康评价指标体系

目标层	准则层	指标层
白洋淀底栖生态健康	生物指标	底栖动物完整性指数
		沉水植物完整性指数
	化学指标	溶解氧
		综合营养状态指数
		地质累积指数

底栖动物完整性指数、沉水植物完整性指数、溶解氧和综合营养状态指数的计算方法及结果与上节相同。

经计算，7 月采样得到的地质累积指数结果见图 4-17。可以看到除后塘采样点所有种类的重金属 I_{geo} 都小于 0，其余各采样点均在不同程度上受到了不同种类重金属的污染。由图 4-17 可以看出底泥中重金属污染的严重程度由高到低依次是：南刘庄>端村>府河入淀口>采蒲台>光淀张庄>白沟引河入淀口>烧车淀>后塘。南刘庄和府河入淀口是最直接受府河上游污染的区域，电力、印染、电镀等企业均可能是重金属污染的源头，重金属易在河流入淀口处堆积（高秋生等，2019），在长期累积未得到清理的情况下重金属便累积在底泥里。端村、枣林庄、光淀张庄附近均有村庄，养殖业、农业均可能造成了重金属污染。除后塘外，各点污染最为严重的重金属种类是镉（Cd），以它为代表指数。后塘采样点采用 I_{geo} 的绝对值最小的铅（Pb）为代表指数。

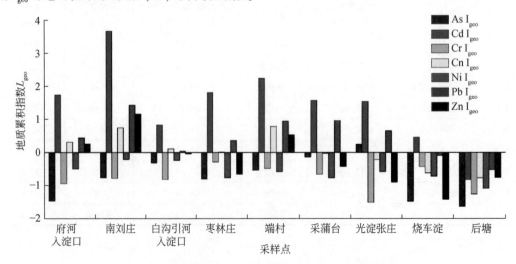

图 4-17　7 月白洋淀 9 个采样点各重金属地质累积指数

计算得到各指标的熵权重为：底栖动物完整性指数权重为 0.190，沉水植物完整性指数权重为 0.160，溶解氧权重为 0.239，综合营养状态指数权重为 0.253，地质累积指数权重为 0.157。各采样点 7 月的底栖生态系统健康得分及健康等级见表 4-40 和图 4-18。后塘的底栖生态系统完整性得分为 69.70 分，健康等级为亚健康；白沟引河入淀口、枣林庄、端村、采蒲台、光淀张庄和烧车淀的底栖生态系统完整性得分分别为 49.31 分、48.65 分、58.15 分、53.24 分、43.70 分和 49.17 分，健康等级为一般。府河入淀口和南刘庄的底栖生态系统完整性得分分别是 32.31 分和 31.90 分，健康等级为微病态。

表 4-40　7 月 9 个采样点 B-IBI、SAV-IBI、DO、TLI、I_{geo} 及底栖生态健康得分和健康等级

序号	采样点	B-IBI 得分	SAV-IBI 得分	DO 得分	TLI 得分	I_{geo} 得分	底栖生态系统健康得分	健康等级
1	府河入淀口	36.24	80	15.25	7.43	45.2	32.31	微病态
2	南刘庄	75.50	80	4.73	10.24	6.6	31.90	微病态
3	白沟引河入淀口	93.24	80	32	4.72	63.4	49.31	一般
4	枣林庄	99.44	100	10.65	17.09	43.86	48.65	一般
5	端村	55.34	80	100	21.41	35.17	58.15	一般
6	采蒲台	88.35	40	69.6	22.93	48.51	53.24	一般
7	光淀张庄	77.11	80	15	19.52	49.2	43.70	一般
8	烧车淀	100	80	14.85	10.63	70.89	49.17	一般
9	后塘	81.35	80	86.9	28.07	86.48	69.70	亚健康

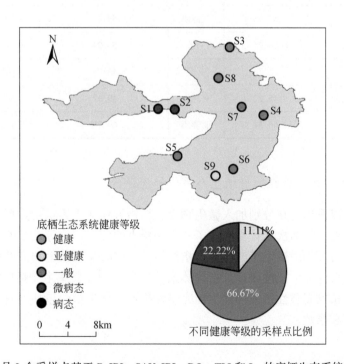

图 4-18　7 月 9 个采样点基于 B-IBI、SAV-IBI、DO、TLI 和 I_{geo} 的底栖生态系统健康等级图

在加入地质累积指数后得到的底栖生态系统完整性得分较原来均有改变，具体得分变化见表4-41。其中端村的健康等级由原来的亚健康降低为一般，由该点各指标的得分可以看出，该采样点 DO 的状态较好，得分为 100 分，SAV-IBI 的得分也处于亚健康等级得分区间的上限，而该采样点沉积物受重金属污染较重，I_{geo} 得分仅为 35.17 分，属于微病态等级，在将 I_{geo} 指标纳入指标体系后，该点的底栖生态系统健康得分减小，且由于原本该点的健康得分就处于亚健康等级接近一般等级的位置，加入 I_{geo} 后底栖生态系统健康降低一个等级至一般等级。其余采样点的健康等级均不变，但得分均有变动，结合上表可以看出，当新加入的指标得分高于原有指标中的两项时（S1、S3、S7、S8 和 S9），综合得分会增大，而当新加入的指标得分低于原有指标中的两项时（S2、S4、S5 和 S6），综合得分会减小。而健康等级的变化取决于新加入指标得分与原有指标得分相比差别的大小以及原指标体系得到的评价得分是否临近该等级的得分区间上下限。

表 4-41　7 月 9 个采样点加入地质累积指数前后的底栖生态系统健康得分比较

序号	采样点	原底栖生态系统健康得分	原健康等级	加入地质累积指数的底栖生态系统健康得分	健康等级	得分变化
1	府河入淀口	29.96	微病态	32.31	微病态	增大
2	南刘庄	36.69	微病态	31.90	微病态	减小
3	白沟引河入淀口	46.78	一般	49.31	一般	增大
4	枣林庄	49.64	一般	48.65	一般	减小
5	端村	62.55	亚健康	58.15	一般	减小
6	采蒲台	54.24	一般	53.24	一般	减小
7	光淀张庄	42.76	一般	43.70	一般	增大
8	烧车淀	45.22	一般	49.17	一般	增大
9	后塘	66.71	亚健康	69.70	亚健康	增大

3. 基于白洋淀污染特征的底栖生态系统健康评价

由上两节可以看出，在分别加入微生物完整性指数和地质累积指数后，各采样点的健康得分均有所改变，且两次变化均改变了一个采样点的健康评价等级。所以本节尝试建立适于白洋淀污染特征的底栖生态健康评价指标体系，同时加入微生物完整性指数和地质累积指数建立新的白洋淀生态健康评价指标体系，见表4-42。其中生物指标包括底栖动物完整性指数、沉水植物完整性指数和微生物完整性指数，化学指标包括溶解氧、综合营养状态指数和地质累积指数。

表 4-42　加入微生物完整性指数和地质累积指数的白洋淀底栖生态系统健康评价体系

目标层	准则层	指标层
白洋淀底栖生态健康	生物指标	底栖动物完整性指数
		沉水植物完整性指数
		微生物完整性指数
	化学指标	溶解氧
		综合营养状态指数
		地质累积指数

底栖动物完整性指数、沉水植物完整性指数、微生物完整性指数、溶解氧和综合营养状态指数的计算方法及结果与 4.4.1 节相同，地质累积指数的计算方法及结果与 4.4.2 节第 2 点相同。各指标的熵权重为：底栖动物完整性指数权重为 0.164，沉水植物完整性指数权重为 0.138，微生物完整性指数权重为 0.136，溶解氧权重为 0.207，综合营养状态指数权重为 0.219，地质累积指数权重为 0.136。各采样点 7 月的底栖生态系统健康得分及健康等级见表 4-43。22.22% 的采样点（端村和后塘）处于亚健康等级，55.56% 的采样点（白沟引河入淀口、枣林庄、采蒲台、光淀张庄和烧车淀）处于一般等级，22.22% 的采样点（府河入淀口和南刘庄）处于微病态等级（图 4-19）。其中，府河入淀口由于受府河上游生活污水影响，除沉水植物完整性外，底栖动物完整性和微生物完整性在全淀区状态最差，水中溶解氧和综合营养状态指数（富营养化程度）处于较低水平，底泥中金属镉污染较重。南刘庄溶解氧较低，南刘庄府河沿线淀区底泥中 Cd、Pb、Zn 的含量较高，综合营养状态指数（富营养化程度）也处于较低水平。因此，府河入淀口和南刘庄健康等级处于微病态，需要优先加强人工治理，提高溶解氧水平，降低营养盐浓度和重金属含量。白沟引河入淀口、采蒲台、光淀张庄和烧车淀区域，氮磷污染较重，水中溶解氧较低，导致综合健康评价等级为一般，需要采取一定措施进行治理。端村和后塘健康水平处于亚健康，可以采取简单措施促进其自然恢复。

表 4-43　7 月 9 个采样点 B-IBI、SAV-IBI、M-IBI、DO、TLI、I_{geo} 及底栖生态健康得分和健康等级

序号	采样点	B-IBI 得分	SAV-IBI 得分	M-IBI 得分	DO 得分	TLI 得分	I_{geo} 得分	底栖生态健康得分	健康等级
1	府河入淀口	36.24	80	45.26	15.25	7.43	45.2	34.07	微病态
2	南刘庄	75.50	80	72.94	4.73	10.24	6.6	37.46	微病态
3	白沟引河入淀口	93.24	80	68.24	32	4.72	63.4	51.89	一般
4	枣林庄	99.44	100	92.73	10.65	17.09	43.86	54.63	一般
5	端村	55.34	80	80.00	100	21.41	35.17	61.17	亚健康
6	采蒲台	88.35	40	76.47	69.6	22.93	48.51	56.44	一般
7	光淀张庄	77.11	80	80.00	15	19.52	49.2	48.64	一般
8	烧车淀	100	80	75.29	14.85	10.63	70.89	52.72	一般
9	后塘	81.35	80	100	86.9	28.07	86.48	73.88	亚健康

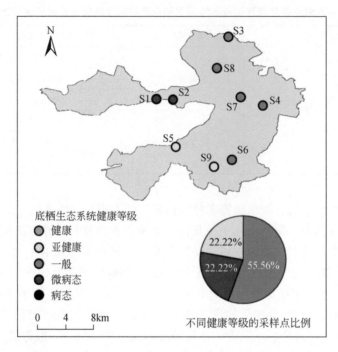

图4-19　7月9个采样点基于B-IBI、SAV-IBI、M-IBI、DO、TLI和I_{geo}的底栖生态健康等级图

在加入两个指标后，所有采样点的底栖生态系统健康得分均有所改变表4-44，这说明微生物完整性指数和地质累积指数的加入对于底栖生态系统健康评价是有影响的。除端村外其余采样点的综合得分均增大，这是因为端村的溶解氧含量最高，达到了Ⅰ类水标准，被赋予100分，当有新的指标加入时，只要新指标得分低于满分就会拉低综合评分。加入两指标前后评分差距最大的是烧车淀采样点，这是因为该点的M-IBI最大，被赋予100分，且底泥中重金属均为未污染状态，I_{geo}指标获得所有采样点中的最高分，导致加入两个指标后综合评分增大最多。评分变化最小的是南刘庄采样点，原指标体系中，两个生物指标均为亚健康等级，两个化学指标均为病态等级，加入的M-IBI也处于亚健康等级，I_{geo}处于病态等级，即化学和生物指标的健康等级都没有变动，最终综合评分变化也就较小。

表4-44　7月加入地质累积指数和微生物完整性指数前后的健康等级

序号	采样点	原底栖生态系统健康得分	健康等级	加入两指标后的底栖生态系统健康得分	健康等级	得分变化
1	府河入淀口	29.96	微病态	34.07	微病态	增大
2	南刘庄	36.69	微病态	37.46	微病态	增大
3	白沟引河入淀口	46.78	一般	51.89	一般	增大
4	枣林庄	49.64	一般	54.63	一般	增大
5	端村	62.55	亚健康	61.17	亚健康	降低
6	采蒲台	54.24	一般	56.44	一般	增大
7	光淀张庄	42.76	一般	48.64	一般	增大

序号	采样点	原底栖生态 系统健康得分	健康 等级	加入两指标后的底栖 生态系统健康得分	健康 等级	得分变化
8	烧车淀	45.22	一般	52.72	一般	增大
9	后塘	66.71	亚健康	73.88	亚健康	增大

4.4.3 小结

本节基于综合评分法对白洋淀 2018 年进行了底栖生态健康评价,并根据白洋淀的污染特征研究了微生物完整性指数和地质累积指数对评价结果的影响。主要结论如下:

(1)以底栖动物完整性指数、沉水植物完整性指数、溶解氧和综合营养状态指数为白洋淀底栖生态健康评价指标体系,根据春夏秋(4 月、7 月、11 月)三次采样结果,得到全年的健康评价结果如下:23.08% 的采样点(圈头、采蒲台和后塘)处于亚健康等级,76.92% 的采样点(南刘庄、鸳鸯岛、寨南、王家寨、杨庄子、枣林庄、金龙淀、端村、烧车淀和光淀张庄)处于一般等级。

(2)在原指标体系(底栖动物完整性指数、沉水植物完整性指数、溶解氧和综合营养状态指数)的基础上,加入两个指数后,所有采样点的底栖生态系统健康得分均有所改变,说明微生物完整性指数和地质累积指数的加入对于底栖生态系统健康评价是有影响的,但由于健康等级未发生变化,两指标对评价结果的影响是有限的。

4.5 本章小结

本章首先对不同季节不同底栖生物完整性指数进行健康评价,后采用指标体系法评价白洋淀底栖生态健康,评价结果如下。

(1)分别采用底栖动物完整性指数、沉水植物完整性指数和微生物完整性指数评价白洋淀的底栖生态系统健康状况,结果表明:当选择不同的生物群落时,健康评价结果不同。如果仅用其中一项指标来评价湖泊的生态健康状况,评价结果有偏差。

(2)以底栖动物完整性指数、沉水植物完整性指数、溶解氧和综合营养状态指数为指标体系得到 2018 年的白洋淀底栖生态系统健康状况是:23.08% 的采样点(圈头、采蒲台和后塘)处于亚健康等级,76.92% 的采样点(南刘庄、鸳鸯岛、寨南、王家寨、杨庄子、枣林庄、金龙淀、端村、烧车淀和光淀张庄)处于一般等级。加入微生物完整性指数和地质累积指数后更全面地反映了白洋淀的底栖生态系统健康状况,评价结果是:2018 年 7 月,22.22% 的采样点(端村、后塘)处于亚健康等级,55.56% 的采样点(白沟引河入淀口、枣林庄、采蒲台、光淀张庄和烧车淀)处于一般等级,22.22% 的采样点(府河入淀口和南刘庄)处于微病态等级。

参 考 文 献

蔡琨,秦春燕,李继影,等. 2016. 基于浮游植物生物完整性指数的湖泊生态系统评价——以 2012 年冬季太湖为例. 生态学报, 36 (5): 1431-1441.

陈平, 傅长锋, 及晓光, 等. 2021. 白洋淀水质改善优化方案实施的生态效应研究. 水生态学杂志, (1): 1-11.

陈涛. 2018. 河湖水体生态健康评价方法研究. 节能与环保, (11): 72-73.

陈银瑞. 1991. 云南的鱼类资源及其利用和保护. 自然资源, 13 (1): 25-33.

戴纪翠, 倪晋仁. 2008. 底栖动物在水生生态系统健康评价中的作用分析. 生态环境, 17 (5): 2107-2111.

高秋生, 田自强, 焦立新, 等. 2019. 白洋淀重金属污染特征与生态风险评价. 环境工程技术学报, 9 (1): 66-75.

高彦春, 王晗, 龙笛. 2009. 白洋淀流域水文条件变化和面临的生态环境问题. 资源科学, 31 (9): 1506-1513.

高宇婷, 高甲荣, 顾岚, 等. 2012. 基于模糊矩阵法的河流健康评价体系. 水土保持研究, 19 (4): 196-199, 211.

胡志新, 胡维平, 谷孝鸿, 等. 2005. 太湖湖泊生态系统健康评价. 湖泊科学, 17 (3): 256-262.

姜加虎, 黄群, 孙占东. 2006. 长江流域湖泊湿地生态环境状况分析. 生态环境, 15 (2): 424-429.

金相灿, 等. 1995. 中国湖泊环境. 北京: 海洋出版社.

金相灿, 屠清瑛. 1990. 湖泊富营养化调查规范. 2 版. 北京: 中国环境科学出版社.

鞠永富. 2017. 小兴凯湖水生生物多样性及生态系统健康评价. 哈尔滨: 东北林业大学.

孔红梅, 赵景柱, 马克明, 等. 2002. 生态系统健康评价方法初探. 应用生态学报, 13 (4): 486-490.

孔令阳. 2012. 江汉湖群典型湖泊生态系统健康评价. 武汉: 湖北大学.

李冰, 杨桂山, 万荣荣. 2014. 湖泊生态系统健康评价方法研究进展. 水利水电科技进展, 34 (6): 98-106.

李强, 杨莲芳, 吴璟, 等. 2007. 底栖动物完整性指数评价西苕溪溪流健康. 环境科学, 28 (9): 2141-2147.

刘建军, 王文杰, 李春来. 2002. 生态系统健康研究进展. 环境科学研究, 15 (1): 41-44.

刘焱序, 彭建, 汪安, 等. 2015. 生态系统健康研究进展. 生态学报, 35 (18): 5920-5930.

刘莹昕, 刘飒, 王威尧. 2014. 层次分析法的权重计算及其应用. 沈阳大学学报 (自然科学版), 26 (5): 372-375.

刘永, 郭怀成, 戴永立, 等. 2004. 湖泊生态系统健康评价方法研究. 环境科学学报, 24 (4): 723-729.

龙笛. 2005. 国外健康流域评价理论与实践. 海河水利, (3): 1-5.

龙邹霞, 余兴光. 2007. 湖泊生态系统弹性系数理论及其应用. 生态学杂志, 26 (7): 1119-1124.

卢志娟. 2008. 杭州西湖生态系统健康评价研究. 杭州: 浙江大学.

陆添超, 康凯. 2009. 熵值法和层次分析法在权重确定中的应用. 电脑编程技巧与维护, (22): 19-20, 53.

罗坤. 2017. 城市化背景下河流健康评价研究. 重庆: 重庆大学.

罗跃初, 周忠轩, 孙轶, 等. 2003. 流域生态系统健康评价方法. 生态学报, 28 (8): 1606-1614.

马克明, 孔红梅, 关文彬, 等. 2001. 生态系统健康评价: 方法与方向. 生态学报, 21 (12): 2106-2116.

马克平, 刘玉明. 1994. 生物群落多样性的测度方法 I α 多样性的测度方法 (下). 生物多样性, (4): 231-239.

麦少芝, 徐颂军, 潘颖君. 2005. PSR 模型在湿地生态系统健康评价中的应用. 热带地理, 25 (4): 317-321.

孟睿，何连生，席北斗，等．2012．白洋淀污染的主成分分析．环境科学与技术，35（S2）：100-103.

潘峰，付强，梁川．2003．基于层次分析法的模糊综合评价在水环境质量评价中的应用．东北水利水电，21（8）：22-24，56.

彭文启．2018．河湖健康评估指标、标准与方法研究．中国水利水电科学研究院学报，16（5）：394-404，416.

曲庆新．2002．我国的五大湖区．地理教育，（6）：25.

任海，邬建国，彭少麟．2000．生态系统健康的评估．热带地理，20（4）：310-316.

史可庆．2011．基于PSR框架模型的南四湖健康评价．山东国土资源，27（6）：23-26.

田伟东．2016．内蒙古乌梁素海湖泊健康评估．呼和浩特：内蒙古农业大学.

汪星，郑丙辉，李黎，等．2012．基于底栖动物完整性指数的洞庭湖典型断面的水质评价．农业环境科学学报，31（9）：1799-1807.

王备新．2003．大型底栖无脊椎动物水质生物评价研究．南京：南京农业大学.

王备新，杨莲芳，胡本进，等．2005．应用底栖动物完整性指数B-IBI评价溪流健康．生态学报，25（6）：1481-1490.

王备新，杨莲芳，刘正文．2006．生物完整性指数与水生态系统健康评价．生态学杂志，25（6）：707-710.

王佳，郭新超，薛旭东，等．2014．基于熵权综合健康指数法的瀛湖水生态系统健康评估．中国环境监测，30（5）：52-57.

王明翠，刘雪芹，张建辉．2002．湖泊富营养化评价方法及分级标准．中国环境监测，18（5）：47-49.

王娜．2012．中国五大湖区湖泊生态系统结构及水生生物演化比较研究．南京：南京大学.

王胜国．2007．河流健康评价指标体系与AHP——模糊综合评价模型研究．广州：广东工业大学.

王苏民，窦鸿身．1998．中国湖泊志．北京：科学出版社.

吴阿娜，杨凯，车越，等．2005．河流健康状况的表征及其评价．水科学进展，16（4）：602-608.

向丽雄，谢正磊，杜泽兵，等．2015．基于PSR模型的鄱阳湖湿地生态系统健康评价指标系统研究．安徽农业科学，43（35）：105-107.

肖风劲，欧阳华．2002．生态系统健康及其评价指标和方法．自然资源学报，17（2）：203-209.

徐丽婷，阳文静，吴燕平，等．2017．基于植被完整性指数的鄱阳湖湿地生态健康评价．生态学报，37（15）：5102-5110.

徐梦佳，朱晓霞，赵彦伟，等．2012．基于底栖动物完整性指数（B-IBI）的白洋淀湿地健康评价．农业环境科学学报，31（9）：1808-1814.

徐志侠，陈敏建，董增川．2004．湖泊最低生态水位计算方法．生态学报，24（10）：2324-2328.

许文杰，许士国．2008．湖泊生态系统健康评价的熵权综合健康指数法．水土保持研究，15（1）：125-127.

杨桂山，马荣华，张路，等．2010．中国湖泊现状及面临的重大问题与保护策略．湖泊科学，22（6）：799-810.

姚艳玲，刘惠清．2004．生态系统健康评价的方法．农业与技术，24（2）：79-83.

袁兴中，刘红，陆健健．2001．生态系统健康评价——概念构架与指标选择．应用生态学报，12（4）：627-629.

曾德慧，姜凤岐，范志平，等．1999．生态系统健康与人类可持续发展．应用生态学报，10（6）：751-756.

张春媛，于长水，潘高娃，等．2011．湖泊生态系统健康评估初探-以乌梁素海为例．北方环境，23（8）：38-39，44.

张凤玲, 刘静玲, 杨志峰. 2005. 城市河湖生态系统健康评价——以北京市"六海"为例. 生态学报, (11): 227-235.

张光生, 谢锋, 梁小虎. 2010. 水生生态系统健康的评价指标和评价方法. 中国农学通报, 26 (24): 334-337.

张浩, 丁森, 张远, 等. 2015. 西辽河流域鱼类生物完整性指数评价及与环境因子的关系. 湖泊科学, 27 (5): 829-839.

张浩渺. 2019. 基于熵权改进的 TOPSIS 模型在苏州河水质综合评价中的应用. 西北水电, (3): 12-15.

张远, 徐成斌, 马溪平, 等. 2007. 辽河流域河流底栖动物完整性评价指标与标准. 环境科学学报, 27 (6): 919-927.

赵思琪, 代嫣然, 王飞华, 等. 2018. 湖泊生态系统健康综合评价研究进展. 环境科学与技术, 41 (12): 98-104.

赵彦伟, 杨志峰. 2005. 城市河流生态系统健康评价初探. 水科学进展, 16 (3): 349-355.

赵臻彦, 徐福留, 詹巍, 等. 2005. 湖泊生态系统健康定量评价方法. 生态学报, 25 (6): 1466-1474.

Amann R I. Ludwing W, Schleifer K H, et al. 1995. Phylogenetic identification and in situ detection of individual microbial cells without cultivation. Microbiological Reviews, 59 (1): 143-169.

Barbour M T, Gerritsen J, Griffith G E, et al. 1996. A framework for biological criteria for Florida streams using benthic macroinvertebrates. Journal of the North American Benthological Society, 15 (2): 185-211.

Baxter A M, Johnson L, Royer T, et al. 2013. Spatial differences in denitrification and bacterial community structure of streams: relationships with environmental conditions. Aquatic Sciences, 75 (2): 275-284.

Carpenter K E, Johnson J M, Buchanan C. 2006. An index of biotic integrity based on the summer polyhaline zooplankton community of the Chesapeake Bay. Marine Environmental Research, 62 (3): 165-180.

Grabas G P, Blukacz- Richards E A, Pernanen S. 2012. Development of a submerged aquatic vegetation community index of biotic integrity for use in Lake Ontario coastal wetlands. Journal of Great Lakes Research, 38 (2): 243-250.

Karr J R. 1981. Assessment of biotic integrity using fish communities. Fisheries, 6 (6): 21-27.

Karr J R, Fausch K D, Angermeier P L. 1986. Assessing biological integrity in running waters: A method and its rationale. Illinois: Illinois Natural History Survey, (5): 1-28.

Lacouture R V, Johnson J M, Buchanan C, et al. 2006. Phytoplankton index of biotic integrity for Chesapeake Bay and its tidal tributaries. Estuaries and Coasts, 29 (4): 598-616.

Leopold A. 1941. Wilderness as a land laboratory. Living Wilderness, 6: 3.

Madsen E L. 2011. Microorganisms and their roles in fundamental biogeochemical cycles. Current Opinion in Biotechnology, 22 (3): 456-464.

Makarewicz J C. 1991. Photosynthetic parameters as indicators of ecosystem health. Journal of Great Lakes Research, 17 (3): 333-343.

Maxted J, Barbour M T, Gerritsen J, et al. 2000. Assessment framework for mid- Atlantic coastal plain streams using benthic macroinvertebrates. Journal of the North American Benthological Society, 19 (1): 128-144.

Morley S A, Karr J R. 2002. Assessing and restoring the health of urban streams in the Puget Sound Basin. Conservation Biology, 16 (6): 1498-1509.

Muller G. 1969. Index of geoaccumulation in sediments of the Rhine River. Geojournal, 2: 108-118.

Niu L H, Li Y, Wang P F, et al. 2018. Development of a microbial community- based index of biotic integrity (MC- IBI) for the assessment of ecological status of rivers in the Taihu Basin, China. Ecological Indicators 85: 204-213.

Pielou E C, Levandowsky M. 1975. Ecological Diversity. Quarterly Review of Biology, 22 (1): 174-174.

Rapport D J. 1992. Evolution of indicators of ecosystem health//Daniel H. Ecological indicators. Heidelberg: Springer.

Rapport D J, Böhm G, Buckingham D, et al. 1999. Ecosystem health: the concept, the ISEH, and the important tasks ahead. Ecosystem Health, 5 (2): 82-90.

Rapport D J, Whitford W G. 1999. How ecosystems respond to stress: Common properties of arid and aquatic systems. BioScience, 49 (3): 193-203.

Vignesh S, Dahms H U, Emmanuel K V, et al. 2014. Physicochemical parameters aid microbial community? A case study from marine recreational beaches, Southern India. Environmental Monitoring and Assessment, 186 (3): 1875-87.

Weisberg S B, J. Ranasinghe J A, Dauer D M, et al. 1997. An estuarine benthic index of biotic integrity (B-IBI) for Chesapeake Bay. Estuaries, 20 (1): 149-158.

Xu F L, Zhao Z Y, Zhan W, et al. 2005. An ecosystem health index methodology (EHIM) for lake ecosystem health assessment. Ecological Modelling, 188 (2-4): 327-339.

Zhang C, Shan B Q, Zhao Y, et al. 2018. Spatial distribution, fractionation, toxicity and risk assessment of surface sediments from the Baiyangdian Lake in northern China. Ecological Indicators, 90: 633-642.

Zhu D, Chang J. 2008. Annual variations of biotic integrity in the upper Yangtze River using an adapted index of biotic integrity (IBI). Ecological Indicators, 8 (5): 564-572.

第 5 章 立体生境修复技术

5.1 概 述

生态系统是生物群落与生境相互作用的统一体，其中生境是生物存续的基础，是维持种群繁殖、稳定和发展的基本物理条件。生境一词由美国 Grinnell 于 1917 年首次提出，指生物的个体、种群或群落生活地域的环境，包括必需的生存条件和其他对生物起作用的生态因素，由生物和非生物因子综合形成。生境是生态学中环境的概念，它与环境科学所指的环境不同，更强调以除人类种群以外的不同层次生物所组成的生命系统为主体的外部条件，其中湖泊生境是指湖泊生物所生活的环境，包括水、沉积物、地形及其他相关生物因子，是组成自然生境的一部分。

近年来，人类活动使湖泊生境退化日益严重，不仅改变了湖泊生物的物种组成，甚至使部分湖泊生境丧失了自净能力，出现了湖泊生境破碎化的现象。当退化进一步加剧，超过了湖泊生境所能承受的临界值时，湖泊生境将永远不能恢复。因此对于水质、底质、水生态已出现下降或退化趋势的湖泊，开展生境修复迫在眉睫。湖泊生境修复是指利用湖泊的自然更新机制促进湖泊生境改善，或直接模拟再造生境的工程。针对生境退化的湖泊，可采取各种理化技术对湖泊生境进行修复。按照作用对象的不同，这些技术大体上可分为外源控制技术、水质修复技术和底泥修复技术三大类。

5.1.1 外源控制技术

外源控制是从源头出发，主要针对点源污染和面源污染，从水体自身防控角度减少或阻断外源污染物输入，如设置湖泊缓冲带、生态砾石床、人工湿地、前置库拦截等，部分外源控制技术如表 5-1 所示。

5.1.2 水质修复技术

水质修复技术一般可以分为物理修复、化学修复和生物修复（bioremediation）。物理修复包括引水稀释等。化学修复主要是投加化学药剂，如生石灰治理湖泊酸化等。由于物理和化学修复治标不治本，修复存在短暂性、不稳定性，特别是化学修复易造成二次污染，所以在水质修复的实际研究应用中常常以生物修复作为主要的修复手段，物理修复和化学修复作为辅助技术。生物修复，其基本定义是利用生物尤其是微生物来降解环境中的污染物，减小或消除环境污染的一个受控或自发的过程（Madsen，1991）。根据生物种类

表 5-1　主要外源控制技术总结

技术名称	作用机理	技术特点	应用案例
湖泊缓冲带	水体—底质—生物系统的过滤、吸附、絮凝沉淀以及微生物的降解、植物的光合作用	对湖泊水体外源污染的侵袭有缓冲隔离功能；改善水体的生态环境，增加生物多样性，利于湖泊生境的健康发展（程昌俑等，2018）；美化水体、改善居住环境和促进地区和谐发展。主要问题：缓冲带设置宽度的范围没有相应的科学参考依据（叶春等，2013），内部生态建设管理亟待加强	已广泛应用于国内外一些湖泊和水库等，如，美国农业部将各类植物系统列为实现原位生态拦截以及控制外源污染最好的生态工程措施（郭彬等，2010）
生态砾石床	微生物在材料表面聚集生长形成生物膜，吸附水中污染物，并且可以和污染物接触氧化以降解污染物（杨卓和彭继伟，2016）	造价低，水力负荷高，适用于微污染水的处理；对污染物的截留效果明显（段恰君等，2015）促进底栖生物生长	生态砾石床在国内应用不多，但在日本等国应用较广，在日本全国实施的河流净化项目中近80%采用砾石床接触氧化工艺，BOD、氨氮及总磷去除率可达50%~60%，悬浮物去除率75%~85%，对微污染水的净化效果较好（侯俊等，2012）
人工湿地	水生植物和生物膜对颗粒物的吸附和过滤作用；紫外线的杀菌作用、土壤基质的吸收作用、硝化质的转化与反硝化、有机物的矿化、植物根系吸收和微生物的降解作用、病菌在微生物竞争中的死亡	投资费用低，环境适应性强，运行维护管理方便，能承受水量变化大的污染负荷，可创造生态环境效益，有绿化环境的作用；但占地面积较大，易受自然气候环境的影响，土壤底质容易发生污染堵塞	在国外已广泛应用，尤其是潜流式人工湿地，在美国和欧洲用于乡村污水处理（林武等，2008），而在澳大利亚和南非则用于处理各种废水（曾毅夫等，2018），我国进行首例人工湿地的研究（曾毅夫等，2018），目前已在全国各地推广
前置库	水生植物和微生物吸收、吸附以及拦截作用	减轻水体中水体的外源污染负荷，抑制藻类的过量繁殖，避免水体出现生态退化现象；水力停留时间较长，可促进水中泥沙等颗粒物的大量沉降；对磷元素的去除效果较为突出，可有效解决水体富营养化问题（张成，2015）	20世纪50年代，前置库在国外用于解决富营养化问题，可控制流域的面源污染；而在我国前置库技术应用较晚，在90年代应用于水库的富营养化治理，此后用于农田灌溉。目前对前置库的研究集中于库中水生植物的选择和净化库中生态恢复中的应用（王兴荣，2018）

表 5-2 水质改善生物修复技术总结

技术类型		技术原理	技术特点	应用情况
微生物修复	微生物菌剂修复	该技术是通过向污染水体中投放复合微生物菌剂，强化水体的自净能力，以实现减小或消除水体中污染物的目的	①微生物通过代谢反应将污染物氧化分解为 CO_2 和 H_2O 等产物或转化为微生物的营养物质；②微生物的比表面积大并含有多糖类黏性物质，可以吸附环境中的一些污染物；③当环境中投加微生物菌剂后，这些微生物成为了环境中的优势菌，它们能有效抑制一些病原菌和腐败菌的生长（文娅等，2011）	例如日本琉球大学开发的有效微生物群（EM）菌剂、美国碧沃丰开发的碧沃丰®净水（BIOFORM® AQUA- PURIFICATION）和碧沃丰®碧清（BIO-FORM® AQUA-CLARIFIER）菌剂，通用环保公司开发的利蒙系列菌剂。其中，EM 菌剂作为最典型的微生物修复菌剂，目前已在全球 90 多个国家推广应用（文娅等，2011）
	土著微生物强化	向污染水体进行曝气或投放营养物质、表面活性剂、电子受体或共代谢基质来激活污染水体中具有降解污染物功能的微生物（土著微生物），强化土著微生物生长繁衍和污染物去除的能力，从而实现污染水体的修复（Allard 和 Nelison，1997）	土著微生物能利用污染物作为底物进行分解代谢，但在毒性物质、环境缺氧、营养缺乏特别是微量营养缺乏等恶劣环境下，往往处于被抑制状态，通过解毒、促生和微生物整合技术，定向扩增土著微生物，将土著微生物和解毒、促生、共代谢底物一起投放到环境中，进行底泥生物氧化和水体生物修复，使污染环境中的土著微生物大量繁殖的同时，对残存的有机污染物质进行降解（赵志萍，2007）	目前，在大多数生物修复工程中实际应用的都是土著微生物，一方面是由于其降解污染物的潜力巨大，另一方面也是因为接种的微生物在环境中难以保持较高的活性以及工程菌的应用受到较严格的限制（赵志萍，2007）
	固定化微生物修复	用物理或化学方法将游离的微生物限制或定位在某一特定空间范围内保留其固有的活性，并能被重复和连续使用的技术（徐雪芹等，2006）	利用固定化微生物技术，可以将筛选出来的高效优势菌属固定到载体上，使该菌属在特定处理系统中具有活性高、专一性强、耐毒害能力强、污染物去除速率快、产物易分离、剩余污泥产生少等优点。此外，固定化微生物技术还可以将混合菌属固定到同一载体上，实现菌属间对污染物的协同去除（徐雪芹等，2006；黄真真等，2015）	固定化微生物技术研究始于 20 世纪 50 年代末，由 Hattori 和 Furusaka（1959）首次将大肠杆菌固定在树脂载体上。20 世纪 80 年代，该项技术开始被应用到废酸和高氨氮废水处理的研究中（刘熹，2015）。该技术同样应用于国内湖塘水体原位修复，主要对特定微生物分离纯化、固定化技术研发及特定菌种工艺条件进行探索

续表

技术类型	技术原理	技术特点	应用情况
水生植物修复	利用水生植物、植物生长及根际微生物菌群对污染水体进行净化，达到控制、隔离、降解，消除污染物的目的	植物修复技术具有操作简单，维护成本低廉，不易产生二次污染，对生态影响小等优点，能有效去除水体中的氮、磷及有机污染物，因而被广泛应用于自然河湖的修复（王晓菲，2012）	自 20 世纪 60 年代，学者开展了水生植物修复污染水体的研究，并逐步推动该项技术的工业化。德国学者赛德尔与 Kickuth 于 1953 年首次提出"人工湿地"这一项技术，并开展了污水的净化实验。Vaillant 等（2003）采用生活污水人工培养了毛曼陀罗，取得了良好的净化效果。国内也对该项技术进行了积极的研究与应用。1989 年，天津市建成中国第一座芦苇湿地工程（吴献花等，2002）。吴振斌等（2001）在武汉东湖开展了沉水植物的水质净化现场实验，证明了重建后的沉水植物可显著改善水质
水生动物修复	水生动物修复是对生物操控原理的应用，即是利用生物链食物摄取原理，以及生物间相生相克的关系，通过改变水体中生物群落的结构来改善水质，恢复水生生态系统的平衡	水生动物种类多、分布广、食性广，可以对水体中的营养物质进行摄取，有效降低水体中营养物质的含量，抑制富营养化的发生，净化水质效果显著	生物操控的概念最早由捷克学者 Shapiro 等（1975）提出，即通过特定手段减少食性鱼类的数量，增加浮游动物的数量，并促进浮游动物的生长，从而提高浮游动物对浮游植物的摄取，达到降低浮游植物的目的，该方法也称食物网操控

湖泊底栖生态修复与健康评估

表 5-3 部分底泥修复技术总结

技术类型		技术原理	技术特点	应用情况
异位修复	底泥环保疏浚	通过人工或机械的方式将富含污染物的表层淤泥清除，从场地进行转移至其他场所处置，以减少水体内源污染负荷	可显著降低底泥污染物浓度，减少水体内源污染负荷，经济适用性好；若清淤不当，容易造成水体的二次污染，处理成本增加，且疏浚过程中水体原有的一部分底栖生物被清除，生物多样性下降，生态系统可能遭到严重破坏；疏浚后的底泥成分复杂，若不能得到妥善处置，会对环境造成严重的污染（李宝磊等，2020）	国外将底泥疏浚作为底质修复的重要措施，这项技术应用起步较早，现今已经有较为丰富的工程实践经验。例如瑞典的 Trummen 湖清除了厚度为 1m 的表层污泥后，其水体中磷元素含量迅速降低，效果显著且较长时间稳定（Harrison 和 Digerfeldt，1993）。美国 New Bedford 港口采用疏浚技术，港口附近水体和底泥中多种芳烃（PAHs）和重金属含量明显降低（Latimer et al.，2003）。我国应用疏浚技术的实例也比较多（刘丽香等，2020），如滇池草海、上海苏州河以及天津海河等，大部分黑臭水体经过疏浚后水质得到了明显改善
原位修复	原位覆盖	在底泥表面覆盖一层或多层材料，使得底泥表面与水体相隔离，阻断底泥中污染物向水体的迁移，覆盖材料与底泥层之间会产生沉淀、吸附、共沉淀、降解等物理和化学作用，可抑制氮磷等营养物的释放，使得受污染的底泥得到修复（袁芬，2019）	对水体和底质的干扰程度相对较小，成本较低，操作简单，只需进行覆盖操作即可达到良好效果；不会对环境产生二次污染，没有危害性；作用于污染物种类范围广，不仅能够减少营养盐的释放，还可以有效控制重金属、PCBs、PAHs、苯酚等持久性有机物的释放（胡易坤等，2020）	1978 年在美国实施了首例底泥原位覆盖工程（李雪莹等，2018），随后这一技术在许多国家和地区得到实施，国外原位覆盖技术已经在河道、海岸、湖泊等区域较广泛使用。中国最早进行底泥覆盖是在 1999 年巢湖市环坡河河道底泥环保疏浚后采用覆盖 0.5m 厚清洁底泥，阻断污染物从底泥向水体中的转移（丁佳栋，2019）
	原位曝气	通过人工方式向水体中充入空气或氧气，提高水体中溶解氧的浓度，使得水体呈富氧状态，通过氧化作用降解一部分污染物，降低水体污染，提高水体的自净能力（袁芬，2019）	适度的曝气能够有效去除总氮、氨氮和总磷等营养物；适用范围广，操作简单，对环境负面影响较小；但同时存在运行过程能耗大，运行维护难度大等缺点	原位曝气技术在实际中应用比较早，国外在 20 世纪 50 年代就已经将曝气技术广泛应用于污染水体的净化。我国很多黑臭水体及底泥治理工程中也应用了原位曝气技术，王美丽（2015）研究发现对底泥的原位曝气可显著降低水体中 COD、氨氮、总氮和总磷等污染物浓度。现今研究多集中于将原位曝气技术与其他技术进行结合强化降解污染物的效果

续表

技术类型		技术原理	技术特点	应用情况
原位修复	原位化学修复	在底泥中投加化学药剂，通过氧化还原反应、钝化反应和絮凝沉淀作用等，以除去底泥中的污染物，或改变其化学性质如降低毒性等，最后达到污染物转移转化的效果	不受地理环境和自然气候等条件影响，见效快，处理成本低，效果稳定；但对水体的生态系统具有潜在的危害性，如投加铝盐、铁盐可能会对水体生物产生生理性影响，钙盐会引起水体内整体 pH 值的升高等	新兴的化学修复试剂如缓释材料的实际应用越来越多，可抑制污染物从底泥向水体的释放，夏德祥等（2020）通过用硬脂酸和聚乙二醇2000同时对过氧化钙缓释剂进行包埋，实现过氧化钙的缓慢释放，起到了长效抑制底泥中内源性磷向水体转移和吸收水体中磷的双重效应，具有良好的控磷效果
	原位生物修复	利用植物、动物以及微生物的吸附、转化和降解作用除去底泥中的大部分污染物，以降低底泥污染程度	应用范围较广，经济性好，对环境危害较小；但由于不同生物对环境因素的敏感程度不同，故自然和地理条件的限制使得原位生物修复受到了限制	底泥复杂的环境会限制原位生物修复的效果，而当环境就会提得到增强，有效性就会提高。具体实施过程中根据底泥情况主要有两种类型：一是通过修复底泥还原环境，促进生物对污染物的降解，称为生物促生技术；二是引入植物或微生物加强减少底泥污染，即传统的生物修复方式（朱家说等，2020）
	原位联合修复	通过将各种底泥修复技术结合在一起，发挥各自优势的同时通过组合作用提高对底泥中污染物的去除	联合修复基于每种单一修复技术的优势，对相互之间的技术缺陷进行了弥补。联合修复可解决大部分分实际中存在的问题，最大程度的减少污染物含量，提高底泥修复的效果	目前已经有很多实验研究集中于探究各种死集对同联合对底泥修复的效果。例如李雨平等（2020）采用释氧材料联合生物炭技术修复黑臭河道底泥，发现该技术显著提高原位覆盖层溶解氧浓度和氧化还原电位，同术显著提高了泥水系溶解氧，化学需氧量和总磷去除率分别达到43.40%、41.18%和50.97%，底泥中磷转化为稳定的铁铝结合态磷和总磷量，说明该联合技术对底泥中磷具有良好的修复作用

进行划分，生物修复可以分为水生植物修复、水生动物修复和微生物修复三大类。部分水质改善生物修复技术总结如表 5-2 所示。

5.1.3　底泥修复技术

底泥修复的处理方法主要分为两大类，如表 5-3 所示，即原位修复技术和异位修复技术。其中异位修复技术主要是指底泥疏浚，已有许多国家将疏浚技术用于水体中高污染底泥的治理；而原位修复技术是指在底泥修复过程中，不移动底泥，通过物理、化学、生物或联合手段使受污染底泥污染物浓度、毒性和迁移性降低，减少底泥对环境的影响，以达到修复的目的。原位修复技术包括底泥原位覆盖、原位曝气、原位化学修复和原位生物修复等。

5.2　黏土快速净化–河蚌笼养稳定–食藻虫生态修复复合技术

5.2.1　净化原理

1. 河蚌水质净化原理

河蚌是滤食性底栖动物，主要滤食水体中 $50 \sim 1000\mu m$ 大小的微型生物和有机碎屑，该类微生物主要包括单细胞藻类，轮虫、枝角类、桡足类的幼体以及小型原生动物等。河蚌不仅能通过自身的代谢作用将滤食的藻类转化成容易吸收的氮磷等并排入水中，而且还能通过其表面附着的生物或者生物群落对水体中的营养盐或藻类进行生物净化作用。例如表面附着的丝状藻能直接吸收水中营养盐；表面附着的纤毛虫和低等多细胞动物腔肠动物、多孔动物均可以滤食浮游植物和有机碎屑，从而促进在水体生态系统的物质循环。因此河蚌能通过自身及其表面附着生物所组成的生物群落实现水体营养盐的生物吸收作用、滤食藻类的生物净化作用，使水体透明度、营养盐结构发生变化，同时水体的富营养化状态也相继改善。

2. 黏土应急技术原理

黏土应急技术主要是利用黏土内部大量可交换的亲水性无机阳离子，通过静电作用与藻细胞结合在一起，形成"絮状物"从而实现控藻。一般天然的矿物黏土对天然水体中的底栖生物毒性很低，不仅可以去除有害藻细胞，还可吸附水中多余的无机营养盐，如磷，降低水体中的营养盐浓度，使藻处于低营养环境中。因此，目前黏土在控藻方面应用较多。但由于投加黏土容易造成水体浑浊，因此该技术只作为生态清淤后初期生境修复的应急措施。

3. 曝气净水原理

曝气是让空气与水剧烈接触的一种方法,其目的在于将空气中的氧溶解于水中,或者将水中不需要的气体和挥发性物质放逐到空气中。曝气对富营养化水体、生活污水、污染河水、污水处理厂出水等中的氮、有机物去除都有不同程度的提高。一般而言,曝气具有下列 3 种功能:①产生并维持有效的气-水接触,且在生物氧化作用不断消耗氧气的情况下保持水中一定的溶解氧浓度;②在曝气区内产生足够的混合作用和水的循环流动;③维持液体的足够速度,以使水中的生物固体处于悬浮状态。

4. 食藻虫引导的生态修复技术原理

食藻虫引导的生态修复技术原理是一种综合生物治理技术,其核心思想是首先利用食藻虫摄食藻类,降低密度,提高透明度;继而恢复沉水植被使水体持续变清,并通过他感作用抑制蓝藻繁殖;而且沉水植被通过光合作用提高底泥溶解氧含量,提高淤泥中的氧化还原电位,促进底栖生物的生长繁殖,从而恢复底栖生态自净能力,进一步使湖水水体保持稳定清澈状态;最后有计划地投放鱼、虾、蟹等原有土著水生动物,增加水体生物多样性,形成良好的水生态系统,恢复原有的生态系统服务功能,其原理图如图 5-1 所示。

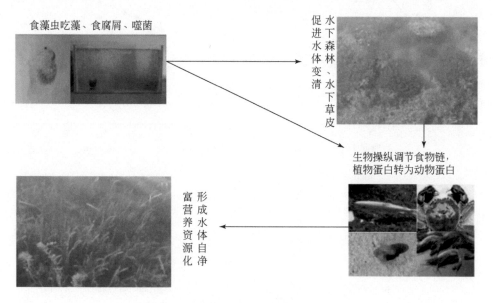

图 5-1 食藻虫引导生态修复的原理

5.2.2 水质净化效能

1. 不同技术对水质改善效果

图 5-2 比较了曝气、投加黏土和河蚌笼养三种净化技术对白洋淀水体中悬浮物和叶绿

素 a（Chl. a）的去除效果。可以看出，在三种技术作用下水体中溶解氧（DO）和电导率均呈上升趋势，而 pH 有所下降（保持在 8.4~9.6）。而水体中 Chl. a 和浊度均明显降低，且区别不大，黏土投加量对于水体中 Chl. a 和浊度的去除效果影响不大。与河蚌净化相比，

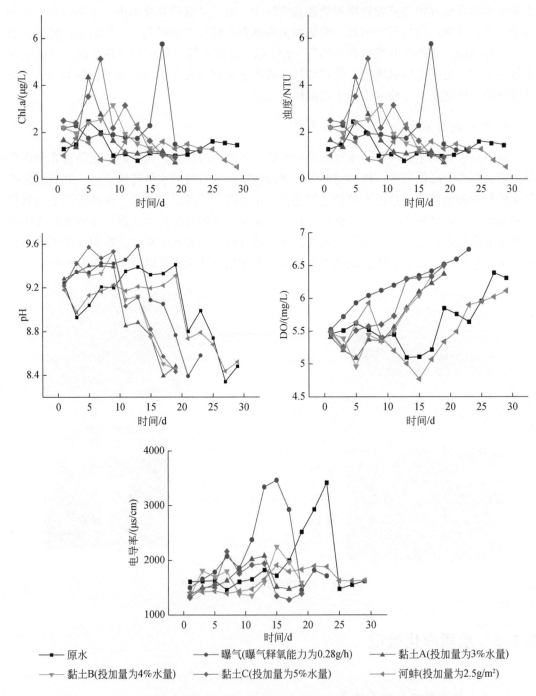

图 5-2　不同条件下的 Chl. a、浊度、pH、DO 和电导率效果比较

曝气和黏土对于水体中 Chl. a 和悬浮物的去除效果较快。但河蚌净化对于水体 Chl. a 的去除效果最稳定，而曝气和黏土均会造成水体中 Chl. a 含量出现明显波动。因此，若想快速降低水体中的 Chl. a 和浊度，宜选择投加量为 10～15g/m³（即5%）的黏土，同时笼养河蚌，实现水质稳定。

图 5-3 为在三种净化技术下水体中碳氮磷的变化情况。可以看出，水体中 TP、NH_4^+-N、TN、TOC 和 COD 均有所降低。其中，NH_4^+-N 和 TN 去除效果明显，且相差不大；投加黏土可快速降低水体中碳和磷含量，宜选择投加量为 15g/m³（5%），同时笼养河蚌，实现水质稳定。

2. 食藻虫修复技术特点

1）食藻虫修复技术生态安全性

生态安全性指在一种生物引入某一新水体之前，必须能够保证这种生物对该水体不至于造成新的危害。许多专家对此进行了大量的研究，认为食藻虫不会对水体造成新的污染，原因如下：①食藻虫是从湖泊采集后经驯化而得，并不是一个新物种，它的野生种群在我国的湖泊中早有分布；②当水体富营养化程度下降导致蓝藻无法大量繁殖后，食藻虫也会因为得不到足够有效的营养而难以维持其种群的增长，其种群生物量必然下降；③食

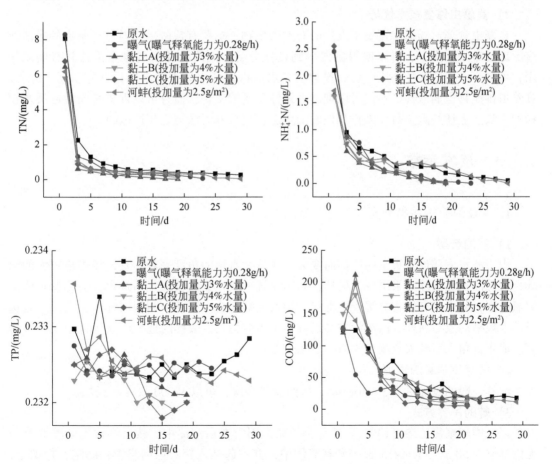

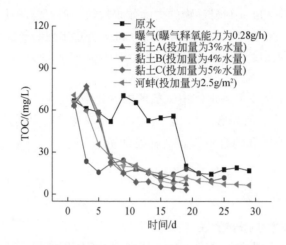

图5-3　不同条件下的 TN、NH_4^+-N、TP、COD 和 TOC 效果比较

藻虫是水体初级消费者，食藻虫的天敌太多因而很容易被消灭，如食藻虫营养丰富，鱼、虾、蟹十分喜食，还有一些水生昆虫如华椿、仰椿也喜食食藻虫。因此，将食藻虫引入水体后不会造成新的危害（即生物污染），采用食藻虫修复技术的生态安全性可以保障。

2）食藻虫修复技术优势

食藻虫食藻后肠道中富集了大量的有益微生物，这些有益微生物通过食藻虫的排泄物广泛地分布于淤泥中，可以使得淤泥得到良性分解，同时食藻虫的微量搅拌具有增氧作用，可提高淤泥的氧化还原电位；投加食藻虫后可以使水体透明度保持良好状态；此外，食藻虫排泄物呈弱酸性，不仅可以抑制喜碱性蓝藻的生长，而且可以促进喜弱酸性沉水植物的生长。上述特点是目前为止其他湖泊生态恢复技术无法与之相比拟的。

5.2.3　技术参数

1. 河蚌的筛选和投加量

1）蚌的选型

由于滤水率随贝类重量的增加而变大，故从滤水率的角度来看，宜选择规格较大的河蚌，对悬浮物的清除效果更好。另外，幼年河蚌一般耗氧量较成年河蚌大，会降低水体溶解氧浓度，从而使有机物分解产生毒素，导致河蚌死亡。因此，利用河蚌净化水质，宜选择较大规格的成年河蚌，白洋淀主要以背角无齿蚌为主，故蚌的选型以成年背角无齿蚌为宜。成年背角无齿蚌大致规格为 40~200g/只。

2）河蚌投加量的确定

河蚌一般的投加量为 3~30g/m²。按照少量多次，可以 30000 只/km² 投加。

3）蚌的吊养方式

以未增塑聚氯乙烯（UPVC）管作为撑架，固定在白洋淀中，然后将预先培养的背角无齿蚌放入 50cm×35cm×15cm 的塑料篮筐中，并一起装入聚乙烯网袋中，固定在撑架上。

控制悬挂水深为 50 ~ 100cm，这样既保持了河蚌的自由活动状态，又有利于河蚌双壳自由开闭、摄食和呼吸，使外壳生长不受抑制。如发现死亡河蚌时，应立即取出做深埋处理。

2. 黏土应急投加量

一般黏土投加量为 10 ~ 18g/m³。但当黏土的投加量增大时，水体初期容易浑浊，易影响底栖生物的生长。因此，初期投加量建议少量投加。

3. 食藻虫的生活习性和投加量

食藻虫是一种低等咸淡水甲壳浮游动物。食藻虫平均个体为 5.5 ~ 6.5mm，生存周期为 45d，经过驯化后可以专门摄食蓝绿藻，成为蓝藻天敌。此外，食藻虫繁殖力极强，平均每 3d 繁殖一代，每条食藻虫一生可繁殖 3000 条幼虫。正因为它的产出多，所以其进食量也大，1kg 约 40 万条食藻虫，1d 便能吃掉 10t 水中的蓝绿藻。一般食藻虫的投加量在 25 ~ 100g/m³。

综上，针对清淤后透明度和水质下降的问题，开发了黏土快速净化–河蚌笼养稳定–食藻虫生态修复复合技术，该技术涉及的技术参数如表 5-4 所示。

表 5-4 黏土快速净化–河蚌笼养稳定–食藻虫生态修复复合技术参数

技术内容	投加成本	投加量	投加方式	投加效果	注意事项
黏土	340/（元/t）	30/（g/m²）	水面投撒	降低水体叶绿素 a（Chl. a）和浊度	少量多次投加
河蚌笼养	1200/（元/t）	3 ~ 30/（g/m²）	笼养	降低水体叶绿素 a（Chl. a）和浊度，去除氮磷	控制悬挂深度在 50 ~ 100cm，投加规格为 40 ~ 200g/个
食藻虫	5 元/L 浓缩液	1L/4 ~ 5m²	水面投撒	提高水体透明度，促进水生植物和动物的恢复和繁殖	投加规格为 4 ~ 6mm

4. 应用案例

河蚌、黏土和食藻虫应用案例总结如下（分别见表 5-5、表 5-6 和表 5-7）。

表 5-5 河蚌水质净化技术应用案例

序号	案例	时间
1	"利用生物操纵技术治理茜坑水库水污染的研究与示范"项目	2007 年 11 月通过验收
2	楚门：投放 22 万只河蚌净化水质	2017 年 6 月
3	太湖水库投放河蚌净化水质	2015 年 4 月
4	秀洲区高照街道投放河蚌净化水质	2018 年 11 月
5	诸暨山下湖镇/惠山区胡家渡村投放河蚌净化水质	2018 年 4 月
6	杭州余杭崇贤街道的新桥港河投放河蚌净化水质	2017 年 5 月

续表

序号	案例	时间
7	黄岩长潭水库投放河蚌净化水质	2013 年 10 月
8	长潭水库再投放 30 万只河蚌清洁水体	2011 年 9 月
9	"首批海绵城市示范湖泊治理"——常德滨湖 公园水环境生态修复	2016 年 4 月
10	上海市曹杨环浜污染治理示范工程	2016 年 7 月
11	松江区方松街道月亮河桂园景观河道投放河蚌净化水质	2019 年 10 月
12	嘉兴杭州塘、和睦桥港和秀清港河道投放河蚌净化水质	2017 年 5 月

表 5-6　黏土水质净化技术应用案例

序号	案例	时间
1	小岛祯男最早用黏土矿物絮凝去除贮水池的大量浮游植物	1961 年
2	在日本鹿儿岛实验场进行的大规模现场实验也取得了满意的结果	20 世纪 80 年代初
3	韩国用了 60000t 黏土来控制赤潮对近海渔场的威胁， 在超过数周的时间内大约 $100 km^2$ 海域的赤潮被控制住了	1996 年
4	国家 "863" 计划：太湖梅梁湾水源地水质改善技术	1986 年

表 5-7　食藻虫修复技术相关应用案例

时间	地点	恢复前	恢复后
2008-10-15	上海段浦河	劣V类水，水体发黑发臭，透明 度为 0.3m	TN、TP 达地表Ⅲ类水标准，透明度 达 2.5m
2008-02-05	上海世博园后滩公园	劣V类水，透明度 0.4m	TN、TP 达地表Ⅲ类水标准，透明度 达 1.9m
2011-05-11	江苏盐城市区饮用水源 地中试	V类水，透明度为 0.3m	Ⅲ类水标准，透明度达到 1.2m 以上
2012-05-09	上海青草沙水源地中试	V类水，透明度为 0.4m	Ⅲ类水标准，有些水质指标已达到 Ⅰ~Ⅱ类水标准，透明度达到 2m 以上
2008-12-17	上海古猗园	劣V类水，透明度 0.4m	TN、TP 达地表Ⅲ类水标准，透明度 达 1.9m

5.2.4　小结

曝气、投加黏土、笼养河蚌均可有效去除水体中的 Chl. a 和悬浮物，但曝气容易引起水体 Chl. a 和悬浮物的波动。针对清淤后水体，在种植沉水植物前，若透明度较低，为达到快速净化水体的效果，宜选择投加黏土快速净化，投加量为 $10 \sim 15 g/m^3$，若透明度较高，可种植沉水植物。同时在种植前和种植初期，为达到稳定的透明度，可选择笼养河蚌净化和投加食藻虫。食藻虫引导的生态修复主要是利用食藻虫摄食藻类，提高透明度，促进沉水植物和底栖动物恢复，进而恢复湖泊清澈稳定的状态，增加水体生物多样性，从而形成良好的水生态系统，恢复原有的生态系统服务功能。此外，食藻虫为湖泊土著物种，摄食蓝绿藻，生物量随富营养化程度变化，天敌多，故无生物污染。

5.3　微生物水体修复技术

5.3.1　概述

微生物水体修复技术是指利用微生物吸收、降解、转化和清除水体难降解有机物，使其浓度减少或无害化，从而实现被污染水体生态的恢复。常见的微生物菌剂的制备方法分为单一菌株制备和复合微生物菌群组合制备，能够使污染物被迅速分解和矿化（Alvarez et al.，2016），具有功能性的微生物在小区域水体中可以形成优势菌群，抑制有害菌增殖，明显改善水质的同时，还可以帮助提高水体生物多样性（Benner et al.，2013）。该菌剂也可以直接加入待处理水体之中，耗能低，二次污染小，工艺简单，经济高效，易于操作（文娅等，2013）。

微生物水体修复技术具有安全性、经济性、实用性、系统性等诸多优点：①对治理河道黑臭有明显效果，短时间内消除河道的黑臭现象，并能长期维持治理效果。②对河道浮泥上翻的控制有明显效果，由于有益菌的大量繁殖消解了河底有机质层（浮泥），使生态得到恢复。③对河道底泥原位消减有特效。有益生物菌在消减表层的浮泥后，还能持续消解底泥层中的有机质，使底泥层中的有机质逐渐减少，底泥由黑色变黄褐色。与此同时，底泥的厚度明显降低，大大减轻城市内河的清淤压力。④对抑制藻类的爆发有明显效果。通过采取多种有效的方式方法和投放特有的菌种，解决了治理过程中出现的藻类爆发的问题，并能长期维持。

微生物修复是利用生物正常的生命代谢活动降低存在于环境中有毒有害物质的浓度或使其完全无害化，从而使污染底泥环境能够部分或者完全恢复到原始状态的过程。相对于传统的物理、化学修复技术，生物修复具有节省费用、注重对水生态系统的恢复和重建，强调生态系统平衡稳定等优点，因此近年来受到越来越多的重视，得到较快的发展。原位生物修复直接对底泥处理，不需外加药剂等，具有较大的经济优势，又能维护系统的生态平衡，是理想的底泥修复方法。通过人工驯化、固定化微生物和转基因工程菌制成方便小巧的修复产品，可成功降解底泥中的污染物。也可采用构建高效菌群的方式，通过组配各单种降解能力高效的微生物形成一个完整的降解系统适应不同的环境条件，协同菌种间的降解反应，减少相互干扰，加快酶解反应（Palermo，1998）。另外，微生物菌剂技术和生物促进剂因其能稳定的发挥生物活性，对底泥生态系统的恢复和重建应用较多。冯奇秀等（2003）用底泥生物氧化复合剂和土著微生物培养液原位处理黑臭河涌，底泥中总有机碳含量大幅降低，上覆水体的净化能力明显增强。受到启示，激活土著微生物并作用于底物可保证原位生物修复技术的有效实施。

目前多数研究都是针对分离出的某几种单株菌进行降解效果或是复配的实验探究。涂玮灵（2014）通过实验探究了主要成分为反硝化细菌的市售制剂对黑臭河道的修复效果，结果显示其对水体的 COD、NH_4^+-N、TN 及 TP 的去除率分别达到 76.5%、94.4%、87.8% 和 79.4%。吕鹏翼（2018）将筛选出的土著优势菌株固定在载体填料上，巩固了生物膜的效果，能够使水中的氨氮被迅速转化和去除。

富营养化水体中的污染物成分较为复杂，用单株菌或是单株菌组配的复合菌群对其处理效果相对一般。据报道，水体中污染物的降解程度与其中的微生物群落结构的丰富度呈正相关（刘新春，2006）。因此，可以选择使用大类菌群作为组配元素，制成微生物群落结构较为丰富的复合菌群来进行水质的净化处理。复合微生物菌群由多种微生物菌群组成，在极端条件下，将各种微生物混合培养，筛选出具有稳定结构且功能齐全的微生物菌群（唐露，2019），此菌群通常具有比单一菌对环境的耐受高，适用于工程条件的优点，其中微生物菌群通过协同代谢作用（汪红军等，2007）、优势种群作用和生物拮抗作用，能够去除水中有机质、氮磷营养盐，达到净化水质、修复生态环境的效果。且此种方法所用的微生物是来自于待处理水体，土著微生物能够更好地适应目标水体，利于达到净化的目的。

5.3.2　白洋淀底泥微生物菌群的筛选

1. 高效降解菌群的筛选

1）不同菌群的富集培养

采用富集筛选的方式从白洋淀底泥中筛选出乳酸菌、酵母菌、放线菌和脱氮菌四大类高效降解菌群，通过正交试验的方法进行最优复合菌群的构建，并进一步研究其培养条件和降解效果。

按接种量为 1%（体积比）将淀区底泥分别接种至乳酸菌、酵母菌、放线菌的富集培养基中，乳酸菌置于 30℃恒温培养箱中静置培养，酵母菌和放线菌置于 30℃恒温振荡培养箱中振荡培养。脱氮菌筛选时，取底泥 10g 接种于脱氮菌的富集培养液中，置于 30℃恒温培养箱中静置培养，3d 后，按照 10% 体积比将其接入新鲜的富集培养液中，扩大培养三次，获得优势菌群。

2）不同菌群的生长曲线

由图 5-4 可以看出，四种大类菌的生长曲线呈现不同，但都经历了适应期、对数期、平稳期和衰退期 4 个时期。四种大类菌在接种初期均生长缓慢，处于适应期；随后长势发生明显分化，四种菌的对数增长期时长明显不同，放线菌在培养到大约第 4d 后吸光度达最大值，而乳酸菌培养 2d 后吸光度已经达到最大值。酵母菌和脱氮菌分别在培养 5d 和 4d 后吸光度达到最大值。放线菌和酵母菌在经历对数增长期之后迅速进入衰退期，脱氮菌和乳酸菌生物量在缓慢衰退后达到平稳期。平均水平上看，在相同的培养时间内，四种大类菌的生物量从大到小分别为放线菌>酵母菌>脱氮菌>乳酸菌。放线菌、乳酸菌和酵母菌的生长情况与相关文献研究结果（韩梅等，2011）相一致，脱氮菌的生长情况相较于史佳媛（2015）的研究时间略短，但生物量略小，这可能是由于试验取用的泥样存在地域差异。

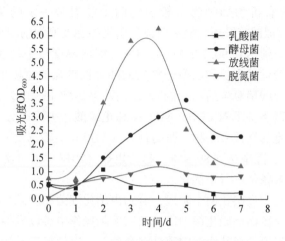

图 5-4　不同功能菌群的生长曲线

3）不同菌群的处理效果

由图 5-5 可知，对 COD 去除率由高到低依次是乳酸菌>放线菌>酵母菌>脱氮菌；对 NH_4^+-N 去除率由高到低依次是放线菌>脱氮菌>乳酸菌>酵母菌；对 TN 去除率由高到低依次是脱氮菌>放线菌>乳酸菌>酵母菌；对 TP 去除率由高到低依次是放线菌>酵母菌>乳酸菌>脱氮菌。放线菌对水体中污染物均有较强的降解能力，对 COD、NH_4^+-N、TN 和 TP 的去除率分别达到 52.13%、91.09%、49.96% 和 95.87%；酵母菌对氮类污染物的去除率较低，但对水体中的 TP 有明显的去除效率，其去除率达到 92.04%；总体上，脱氮菌对氮类的去除效果最好；乳酸菌对水体中化学需氧量的去除效率最高，为 60.48%，同时对氮类和 TP 也具有一定的去除效果。

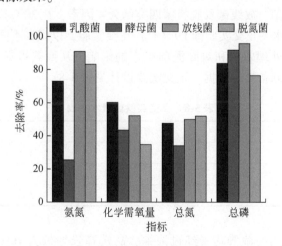

图 5-5　不同菌群的处理效果

乳酸菌是一类能利用可发酵碳水化合物产生大量乳酸的细菌的通称。这类细菌在自然界分布极为广泛，具有丰富的物种多样性（王丽丽，2016）。朱雅琴等（2020）通过实验发现乳酸菌对难降解有机物如吲哚有较强的耐受能力和一定的降解作用，而杜聪等（2018）通过分梯度模拟试验发现乳酸菌对氮、磷类指标及底泥削减也有不错的处理效果，TN 和 NH_4^+-N 去除率分别达到 90.7% 和 95.24%，底泥厚度从平均 3.7cm 下降到 2.3cm。放线菌是一类主要呈菌丝状生长和以孢子繁殖的陆生性较强的原核生物。韩云等（2008）通过实验筛选出一株放线菌对生活污水的 COD 去除率达到 46.4%。王俊华（2007）通过实验发现，放线菌振荡条件下对 COD、NH_4^+-N 和正磷酸盐去除率分别达到 77%、75% 和 50%。酵母菌是单细胞的真核微生物。张树林等（2015）对筛选出的酵母菌菌株进行实验分析，发现其对 COD 去除率达到 89.9%。赵慧娟等（2018）通过实验发现酵母菌对亚硝酸盐有降解效果并对其条件进行了优化。

生物脱氮包括硝化和反硝化两个阶段，分别由硝化细菌和反硝化细菌作用完成，但传统意义硝化细菌为好氧菌而反硝化菌为厌氧菌，实际操作中难以掌握其反应的时间段，进而影响脱氮效果，本研究选择从底泥中筛选混合菌群，以好氧反硝化功能菌的方式使混合菌群对环境适应力更强。史佳媛（2015）通过实验筛选出了混合的脱氮菌群，对 NH_4^+-N 和 TN 的去除效果能够达到 84.35% 和 85.33%。

2. 高效复合降解菌群的构建

正交试验设计，是指研究多因素多水平的一种试验设计方法。根据正交性从全面试验中挑选出部分有代表性的点进行试验，这些有代表性的点具备均匀分散、齐整可比的特点。正交试验设计是分式析因设计的主要方法。正交试验设计的主要工具是正交表，试验者可根据试验的因素数、因素的水平数以及是否具有交互作用等需求查找相应的正交表，再依托正交表的正交性从全面试验中挑选出部分有代表性的点进行试验，可以实现以最少的试验次数达到与大量全面试验等效的结果。

以乳酸菌、酵母菌、放线菌及脱氮菌四类菌为 4 因素，在 30℃条件下振荡培养，进行菌种复配的 4 因素 3 水平正交实验即 L9 (3^4) 正交实验，以观察不同类别菌种之间的复配比例对有机物去除率处理效果和对底泥削减率的影响，从而获得最佳的菌种复配比例组合，为后期复合菌的制备提供依据。正交实验设计见表 5-8。

表 5-8 正交实验因素水平表

水平	乳酸菌	酵母菌	放线菌	脱氮菌
1	1	1	1	1
2	3	3	3	3
3	5	5	5	5

由于本研究中所用的菌群均未经过浓缩，故选择投加量为 10%，即每 1L 水中投加 100mL 复合菌群。复合菌群组配正交实验结果如表 5-9 所示。

表 5-9　正交实验结果

实验编号		A 乳酸菌	B 放线菌	C 酵母菌	D 脱氮菌	底泥 减率/%	有机物去 除率/%
1		1	1	1	1	6.38	75.41
2		1	3	3	3	5.39	74.54
3		1	5	5	5	8.15	79.44
4		3	1	3	5	1.84	47.19
5		3	3	5	1	2.84	59.70
6		3	5	1	3	5.16	66.13
7		5	1	5	3	5.63	74.48
8		5	3	1	5	12.25	82.11
9		5	5	3	1	6.99	76.08
底泥削 减率	K1	6.64	4.62	7.93	5.40		
	K2	3.28	6.83	4.74	5.39		
	K3	8.29	6.77	5.54	7.41		
	极差 R	5.01	2.21	3.19	2.02		
	最优方案	A3	B2	C1	D3		
有机物 去除率	K1	76.46	65.69	74.55	70.40		
	K2	57.67	73.88	65.94	69.58		
	K3	77.56	72.12	71.21	71.72		
	极差 R	19.88	8.19	8.61	2.14		
	最优方案	A3	B2	C1	D3		

K 值反映了四种菌群的投加量变化与复合菌群对底泥削减率之间的关系。由表 5-9 可知，随着乳酸菌投加量的增加，底泥削减量先减小后增大；随着放线菌投加量的增加，底泥削减量增大；随着酵母菌投加量的增加，底泥削减量减小；随着脱氮菌投加量的增加，底泥削减量增大。这可能是由于底泥与水中菌群的接触面积有限，尽管投加量增加，但不能充分与底泥进行反应。后续试验可以增设曝气来提高菌剂与底泥的接触面积。

通过分析可以发现，对于底泥削减量，最优的复合菌群组配方案是 $A_3B_2C_1D_3$，即乳酸菌、酵母菌、放线菌和脱氮菌的添加比例为 5：1：3：5。且通过 R 值比较可以发现，对底泥削减率影响程度由大到小的菌种类别依次为乳酸菌、酵母菌、放线菌、脱氮菌，其中放线菌与脱氮菌影响程度接近。这可能是由于使用的底泥中有机质较多，使乳酸菌和酵母菌的去除效果较为明显。

由表 5-9 可知，乳酸菌、酵母菌和脱氮菌对 COD 的去除率都是随着其投加量的增加而先减小后增大；而随着放线菌菌投加量的增加，COD 去除率先增大后减小。这可能是由于放线菌的繁殖速度较快，当投加量较大时会抑制其他菌群的生长，进而使得 COD 的去除效率降低。

对于有机物去除率，最优的复合菌群组配方案是 $A_3B_2C_1D_3$，即乳酸菌、酵母菌、放线菌和脱氮菌的添加比例为 5:1:3:5。且通过 R 值比较可以发现，对 COD 去除率影响程度由大到小的菌种类别依次为乳酸菌、酵母菌、放线菌、脱氮菌，其中酵母菌与放线菌影响程度接近。由于取得的河水样品中有机质含量较高，使乳酸菌和酵母菌对于有机质的去除效果较为明显。

综上所述，最佳组配方案为 $A_3B_2C_1D_3$，即当乳酸菌、酵母菌、放线菌和脱氮菌的添加比例为 5:1:3:5 时，对底泥削减率及 COD 去除率来说都是最优方案。

3. 高效降解菌群的培养条件

1）pH 对复合菌群处理效果的影响

环境中 pH 值对微生物生长的影响很大，主要效应是引起细胞膜电荷以及营养物质离子化程度变化，从而影响微生物对营养物如氨、磷酸盐等的可利用性。由图 5-6 可见，不同 pH 下复合菌群对氮磷的处理效果有一定差异，综合考虑选择 pH 为 8 作为复合菌群的处理条件，该条件下对氨氮、总氮去除率分别为 78.78% 和 50.27%。本研究结果与许瑞等（2019）等提出 pH 呈弱碱性时更有利于对氨氮及有机物的去除和降解的结果相一致。

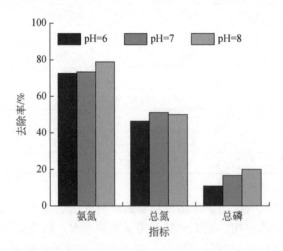

图 5-6 不同 pH 条件下复合菌群处理效果

2）温度对复合菌群处理效果的影响

温度是影响微生物生长的重要因素，不同微生物对温度的敏感程度不同，每种微生物都有自己生长、繁殖的温度范围。温度可以通过影响蛋白质、核酸等生物大分子的结构与功能以及细胞结构来影响微生物的生长、繁殖和新陈代谢。过低的温度会使酶活力降低，受到抑制细胞的新陈代谢活动减弱，而过高的环境温度会导致蛋白质或核酸的变性失活（徐亚同，1994）。由图 5-7 可见，不同温度下复合菌群对氮磷的处理效果有一定差异，综合考虑选择 30℃ 作为复合菌群的处理条件，该条件下对氨氮、总氮去除率分别为 78.78% 和 50.27%。研究结果与王杰等（2016）探索温度对活性污泥及微生物种群结构结果相一致。

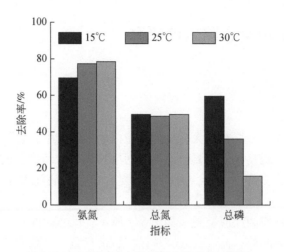

图 5-7   不同温度条件下复合菌群处理效果

3）曝气程度对复合菌群处理效果的影响

为充分模拟白洋淀水系的实际情况，在试验模拟河水的大气复养和河水流动对底泥的轻微冲刷时，采用曝气方式进行了模拟。曝气程度用曝气量表示，曝气量设置 1.5L/min、2.0L/min 和 2.8L/min 三个水平。复合菌群在不同条件下试验结果如图 5-8 所示。可知，复合菌群对上覆水的 TN、NH_4^+-N、TP 起到了一定的去除作用。对于 NH_4^+-N，曝气量为 2.8L/min 时去除率为 89.80%，明显高于另外两组的 79.24% 和 78.28%；对于 TN，曝气量为 2.0L/min 时去除率为 51.62%，稍高于另外两组的 49.45% 和 50.44%；对于 TP，曝气量为 2.0L/min 时去除率为 97.43%。

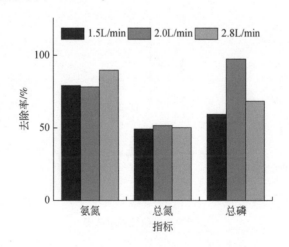

图 5-8   不同曝气量条件下复合菌群处理效果

5.3.3 复合菌群污染去除效能研究

1. 复合菌群模拟试验

1) 模拟装置设计

为了进一步分析复合菌群在较大深度的原位河水中对其中有机污染的净化效果，通过实验室模拟试验装置，观察和研究复合菌群对污染物随着时间推移的作用效果，并对试验后的底泥样品进行生物多样性分析，分析加入复合菌群后底泥微生物群落结构和组成的变化。

使用有机玻璃容器作为反应装置，如图 5-9 所示，尺寸为内径 10cm，筒高 110cm。装置分为两部分：上部为水筒，筒高 90cm，每隔 20cm 设置一个取水口，方便取样；下部为泥筒，筒高 20cm，设置两个取泥口，同时筒下端设置排泥口用于排空所有底泥。

模拟试验时，在装置中底部平铺灭菌后的鹅卵石，上层覆盖约 10cm 灭菌底泥。按 10% 投加量加入最佳组配比例的复合菌群，上覆约 70cm 原位河水，保持装置内水位恒定。为了满足复合菌群对溶解氧的要求，在泥水交界面上方 35cm 处设置曝气，曝气量约为 1.5L/min，试验模拟时长为 20d。

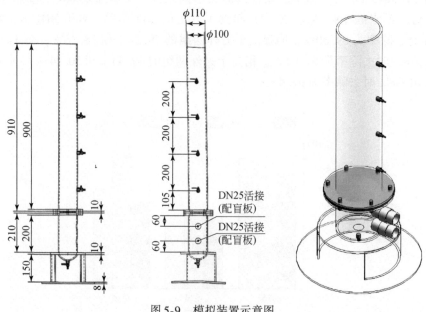

图 5-9 模拟装置示意图

单位：mm。

2) 模拟装置运行效果

前 7d 每天取样，之后间隔 1d 取样。测定上覆水样品中的 COD、TN、NH_4^+-N 及 TP 指标，对聚合菌群的处理效果进行评价。模拟实验结束后，取表层底泥进行高通量测序。模拟装置复合菌群对 COD、TN、NH_4^+-N 及 TP 指标处理效果如图 5-10 所示。

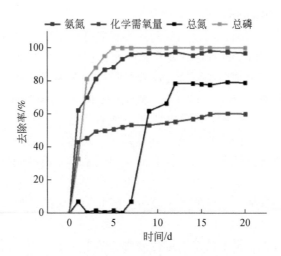

图 5-10　模拟装置复合菌群处理效果

　　总体来说，复合菌群对水质的 COD、TN、NH$_4^+$-N 和 TP 都有比较好的去除效果。模拟装置中 COD 浓度显著降低，乳酸菌在 2d 处达到最大生长值，随后放线菌于 3～4d 也大量增殖，这利于 COD 的降解。15d 后逐渐趋于平缓，20d 去除率约为 60.02%。模拟装置中 TN 在 9d 出现较高的去除速率，降解效果出现较晚的主要原因有两方面，一是脱氮菌和放线菌的生长速率相对较慢，增殖需要 3～4d；二是在有机氮的降解过程中，先被转化为 NH$_4^+$-N，而后被转化为亚硝态氮和硝态氮，最后才转化为 N$_2$ 释放，需要较长的时间。11d 后逐渐趋于平缓，20d 去除率约为 78.8%，出水浓度约为 1.85mg/L，能够达到贫营养化水体的标准要求，且达到《地表水环境质量标准》（GB 3838—2002）中的 V 类水质标准要求。模拟装置中 NH$_4^+$-N 于 2d 出现较高的去除率，由于装置设有曝气充氧，NH$_4^+$-N 在微生物的作用下能很快被转化为亚硝态氮和硝态氮。7d 后逐渐趋于平缓，20d 去除率达到 96.8%，出水浓度约为 0.27mg/L，能够达到《地表水环境质量标准》（GB 3838—2002）中的 II 类水质标准要求。模拟装置中 TP 于 2d 出现较高的去除率，5d 后为 0，去除率 100%，能够达到贫营养化水体的标准要求，且达到《地表水环境质量标准》（GB 3838—2002）中的 I 类水质标准要求。出水浓度呈现出未检出的状态，这可能是由于 TP 在水中的存量不是很大，而是主要存在于底泥沉积物中，因此本次试验的数据只能作为一次参考，去除 TP 还需对底泥沉积物进行针对性处理。

　　除此之外，模拟试验装置中的底泥高度降低了约 0.5cm，这说明试验所采用的复合菌群对于系统中的底泥有一定的削减作用。底泥体积削减率约为 5%，在实际工程应用时，或可采用翻土等其他方式增加复合菌群与底泥的接触面积，以达到提高底泥削减率的效果。

2. 复合菌群对底泥微生物群落组成的影响

　　模拟试验在最佳参数条件下稳定运行一个月后，采用高通量测序分析底泥中微生物群落结构组成，优势菌主要为变形菌门（Proteobacteria，43.3%）、厚壁菌门（Firmicutes，

28.8%）和拟杆菌门（Bacteroidetes，24.8%）。

变形菌门是细菌中最大的一门，因细菌的形状多样而得名。厚壁菌门是原核生物界中一类细胞壁厚度为 10~50nm 细菌的高级分类单元，包括一大类细菌，多数为革兰氏阳性细菌，有细胞壁结构；厚壁菌门细胞壁含肽聚糖量高，多为球状或杆状。拟杆菌门包括三大类细菌：拟杆菌纲（Bacteroidia）、黄杆菌纲（Flavobacteriia）、鞘脂杆菌纲（Sphingobacteriia）。很多拟杆菌纲细菌生活在人或者动物的肠道内，是肠道内的常在菌，其中拟杆菌属是粪便中主要微生物种类（刘梦婷等，2019）。

相较于之前的生物多样性测定结果，变形菌门仍是丰度最高的优势菌种；第二位由绿弯菌门变成了厚壁菌门，这是由于绿弯菌是一类通过光合作用产能的菌，而试验选用的底泥来自较深层而非表层底泥，受到的光照较少，因此绿弯菌的比例会大大减少；丰度第三位仍然是拟杆菌门。

对样品群落在属分类水平上的结构进行分析，结果显示，该群落在属分类水平上丰度由高到低排序主要为陶厄氏菌属（Thauera，12%）、屠场杆状菌属（Macellibacteroides，10%）、假单胞菌（Pseudomonas，8%）、厌氧芽孢杆菌（Clostridium sensu stricto，7%）、气单胞菌属（Aeromonas，6%）、拟杆菌属（Bacteroides，5%）和短波单胞菌属（Brevundimonas，5%）等。

陶厄氏菌属是 Betaproteobacteria 下的一类革兰氏阴性细菌，大都为杆状且具有反硝化能力（毛跃建，2009），是一类脱氮菌。在很多废水处理系统中都有较高含量，且起到重要作用（Thomsen et al.，2007）。它们的检出说明存在硝化反硝化，有研究显示对生活污水，尤其是高浊度废水和原水污染的水体，陶厄氏菌属有高效絮凝效果（周俊利等，2018）。严兴（2007）研究了不同操作的焦化废水实验室处理装置，发现陶厄氏菌属不仅对苯酚的降解起作用，在 COD 去除方面也有贡献。气单胞菌属也是一种脱氮菌，王永霞等（2018）通过富集培养从滇池沉积物及水体中筛选出的优势菌种中有气单胞菌属，且其菌株有较好的反硝化作用。屠场杆状菌属属于拟杆菌门，吴庆等（2017）利用其进行复合菌系的制备，对稻草秸秆中的纤维素、半纤维素和木质素有较高降解效果。Pseudomonas 广泛存在于空气、水和土壤中，王秀杰等（2019）从活性污泥中筛选出一株假单胞菌属，并通过实验验证其能够以 NH_4^+-N 或硝酸盐氮为碳源进行异养硝化好氧反硝化反应。拟杆菌属在污泥厌氧消化中是常见的细菌类群（唐涛涛等，2020）。短波单胞菌属有一定的净水作用（忻夏莹等，2018），它还对自然水体中藻类水华有一定的溶藻效果（梁文艳等，2015）。

相较于试验前的生物多样性分析结果，这几种有效菌的丰度都小于0.01%，而在模拟装置中投加复合菌群后这些有效菌的丰度增加到5%~12%不等，成长为运行系统中的优势菌群，说明本次试验所用的复合菌群中富含净化水质的有效菌，且在模拟运行中能够对水质起到良好的净化作用。

综上所述，本研究制备的复合菌群群具有一定的脱氮作用，且对富营养化水体有一定的净化、絮凝及溶藻等效果。

5.3.4　小结

（1）从白洋淀水体底泥中经过富集培养筛选出乳酸菌、放线菌、酵母菌和脱氮菌 4 种降解菌，并通过实验验证了它们对 COD、NH_4^+-N、TN 和 TP 均有去除效果。

（2）通过正交实验优化四种菌群的配比关系，得出最优配比为乳酸菌∶放线菌∶酵母菌∶脱氮菌＝5∶3∶1∶5，并探究不同的 pH 和温度对复合菌群生长效果的影响，优化培养条件为 T＝30℃，pH＝8 时生长效果最好。

（3）通过单因素试验探究复合菌群在不同的 pH、温度及曝气程度条件下对处理效果的影响，结果显示复合菌群的最优的培养条件为 30℃，曝气量 2.0L/min，pH 为 8 左右。

（4）将复合菌群投入实验室模拟装置模拟自然水体处理效果，并进行水质指标的动态监测，得出复合菌群对水质 COD、TN、NH_4^+-N 的去除率分别为 60.02%，78.8% 和 96.8%，TP 出水未检出，且对底泥可能存在一定的削减作用。

（5）高通量测序分析模拟试验结束后底泥的微生物群落结构。底泥中变形菌门、厚壁菌门和拟杆菌门是其中的优势菌群。与试验前底泥样品（灭菌）相比，变形菌门得到了大量的繁殖，成为丰度最高的优势菌种。属分类水平上，陶厄氏菌属、假单胞菌属及气单胞菌属等对水质能够起到良好净化效果的菌属的丰度也有增长，成长为系统中的优势菌属。

5.4　绿色多功能缓慢释氧材料增氧技术

5.4.1　概述

溶解氧（DO）是影响湖泊生态环境的重要因素之一，过低的 DO 会给湖泊生境带来极大的负面作用。首先，湖泊长期缺氧会导致一些物种死亡甚至消失，目前已有许多鱼类因湖泊长期缺氧而死亡的案例（Barcia 和 Mathias，2011）。其次，缺氧可能加剧富营养化，厌氧条件下沉积物中结合态磷发生还原反应，以磷酸盐形式释放到水体中。另外，厌氧条件下会产生一些温室气体，如 CH_4 和 H_2S 等，而这些气体对动植物生长具有抑制作用。刘清河等（2020）对东海北部底栖动物群落分析时发现，低氧条件下，大型底栖动物和敏感性物种不易存活，底栖动物群落多样性降低；而充足的 DO 会提供适宜底栖生物生存的环境，提高小型底栖动物丰度和多样性。杨雨风等（2019）的研究中也提到，DO 是白洋淀底栖动物群落主要影响因子之一。

目前，提高水体溶解氧浓度的常用方法有曝气、注入胶态微气泡（CGAs）和投加释氧化合物（oxygen releasing compound，ORC）等。投加释氧化合物，一般是指将 CaO_2、MgO_2 等金属过氧化物与其他物质制成复合材料，将其投入水中后可与水反应释放氧气，从而达到增氧、污染物降解的目的。其反应为

$$2CaO_2 + 2H_2O \longrightarrow 2Ca(OH)_2 + O_2 \tag{5-1}$$

$$2MgO_2 + 2H_2O \longrightarrow 2Mg(OH)_2 + O_2 \tag{5-2}$$

在 20 世纪 70 年代，释氧材料在环境修复中就有所使用。由于释氧材料具有对环境负面影响小、成本低廉、释氧效率高等优势，因此其不仅在地下水修复治理和黑臭水体治理中有着广泛的应用，而且在土壤治理和沉积物修复等方面亦有应用。相关研究见表 5-10。

表 5-10　释氧材料的相关研究内容

释氧材料组分	修复效果	参考文献
CaO_2，沸石，腐殖酸钠	TP 和 COD 的去除率分别为 90.11% 和 63%	李亮等，2016
CaO_2、乙基纤维素、海藻酸钠、硬脂酸、石英砂	23d 内对底泥中有机质降解率达 12%	方兴斌，2019
CaO_2、聚羟基脂肪酸酯、KH_2PO_4	苯和甲苯去除率可分别达 87.3% 和 80.4%	朱煜，2020
多孔材料充氧	在释氧材料和植物的共同作用下，溶解氧水平维持在 6.80mg/L，超过了仅添加释氧材料或植物实验组。此外，释氧材料和植物的共同作用可有效降低甲烷气体的释放	Liu 等，2019
CaO_2、硝酸钙、湿泥	含有菹草的反应器中添加释氧材料，对菹草的生物量和株长均有较大的促进作用；释氧材料和菹草联合作用，对上覆水中 NH_4^+-N 去除效果最佳，并且对底泥中的 TOC 有较好地去除效果	陈浩，2017
CaO_2、膨润土、黄糊精、硅酸盐水泥（A 型）、河沙、磷酸二氢钾、柠檬酸	可将流动态低氧水体 DO 提升 5.5 ~ 6.5mg/L	薛栋等，2019
CaO_2、沸石、聚乳酸	DO 明显上升，对底泥 NH_4^+-N、TP 释放有一定抑制作用，底泥有机质去除率 20.6%	郭文洁，2019
CaO_2、聚乙二醇和聚乙烯醇	上覆水 DO 提升、COD 下降，无机磷和总磷下降 91% 和 83%，氨氮和总氮降幅分别为 93% 和 50%	杨洁，2015

5.4.2　绿色多功能释氧材料的开发和效能

针对清淤后底栖 DO 不足，底栖生物难以恢复的问题，开发了一种以天然无害物质为原材料的缓释氧材料，如图 5-11 所示，该材料可提高底栖 DO 浓度，促进底栖生物恢复，对环境无毒无害。当释氧材料在表层直接投加时，可以提高上覆水中的 DO 含量，30d 内 DO 水平基本维持在 2 ~ 3mg/L，最高可达到 3.93mg/L（图 5-12），pH 维持在 8.86 左右，有利于生物恢复。

5.4.3　释氧材料对 DO 和 pH 的影响

释氧材料投加量越大，其释放氧气越多、修复效果越好。张豫等（2016）研究中提出，DO 需大于 3mg/L 适宜底栖动物生存。但过量的释氧材料可能会导致 pH 过高，从而抑制底栖动植物的生长发育（Wang et al.，2019）。

图 5-11　制备得到的释氧材料实物图

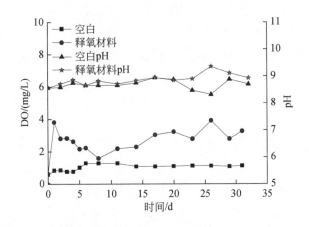

图 5-12　DO 和 pH 随时间的变化图

释氧材料投加量对 DO、pH 的影响如图 5-13 所示。当释氧材料投加量在 0.5~2kg/m² 时 pH 基本稳定在 8.96 以下，不会对底栖动物产生抑制作用；当释氧材料投加量增加到 2.5kg/m² 时，水体 pH 明显升高至 10 以上，会对生境造成负面影响。在释氧方面，材料投加量越高，DO 也越高，当投加量≤1.5kg/m² 时，上覆水中 DO 无法稳定在 3.0mg/L，不适宜底栖生物生存。因此最佳投加量为 1.5~2kg/m²。

在底栖生物（动物：中华圆田螺；植物：金鱼藻）的模拟体系中，将释氧材料置于沉积物表面或埋入沉积物中，对比不同投加方式对 DO、pH 的影响（图 5-14）。在底栖生物存在条件下，长期来看各组 pH 相差不大。表层组的 DO 较高。当埋于沉积物中，沉积物的封闭作用抑制了 CaO_2 与水反应，或是抑制了 O_2 释放，因此释氧材料埋于沉积物中 DO 较低。

综上所述，释氧材料最适宜投加量为 1.5~2kg/m²，最佳投加方式为直接投加于沉积物表面，有利于释氧材料发挥其作用。

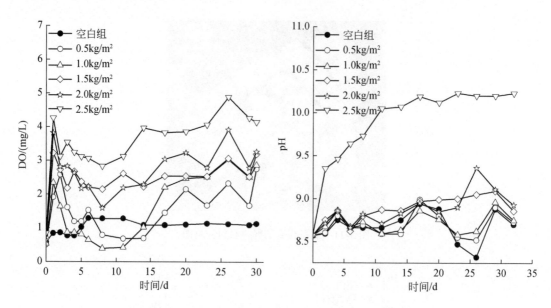

图 5-13　释氧材料投加量对 DO、pH 的影响（无动植物）

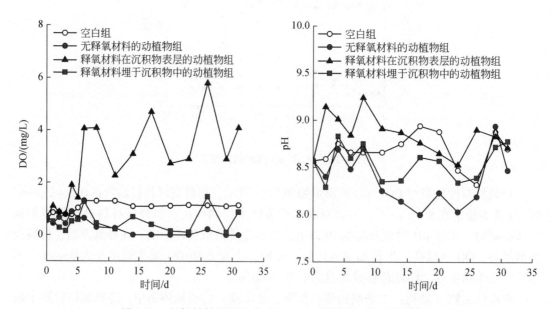

图 5-14　释氧材料投加方式对 DO、pH 的影响（加入动植物）

5.4.4　释氧材料对营养盐和温室气体的影响

1. 对水质的影响

释氧材料投加量对水体各形态氮的影响如图 5-15 所示。投加释氧材料后，TN 和 NH_4^+-

N 持续降低；NO_3^--N 和 NO_2^--N 先升高后降低，但在释氧材料投加量为 0.5～2.5kg/m² 时差异不大。对于 TOC（图 5-16），释氧材料投加量越大，TOC 越低。

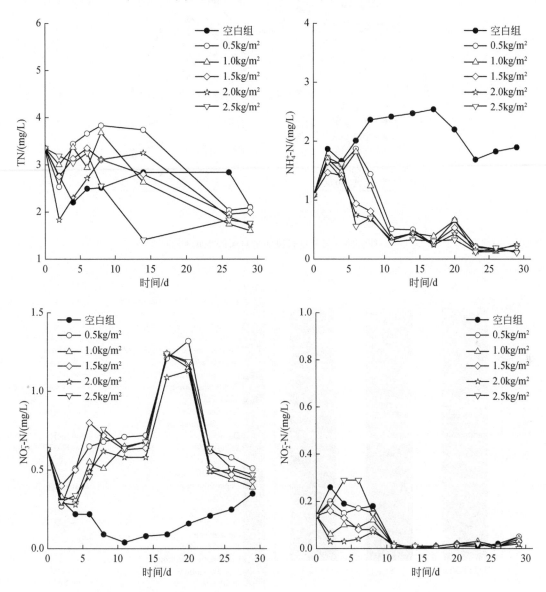

图 5-15　释氧材料投加量对水体 TN、NH_4^+-N、NO_3^--N、NO_2^--N 影响

在模拟体系中硝化和反硝化作用同时发生，这可能是由于异养硝化-好氧反硝化菌群存在的结果。根据相关报道，北运河、滇池、西安周村等（霍晴晴，2016；康鹏亮，2018；唐伟等，2019）多个湖泊、水库均发现了异养硝化-好氧反硝化菌群，本研究经过基因检测也证明有该类菌群存在（图 5-17）。当释氧材料存在时，水体 DO 升高，硝化作用增强，硝化作用大于反硝化作用，这一过程使得 NO_3^--N 和 NO_2^--N 发生累积；但在好氧反硝化菌群的作用下，NO_3^--N 和 NO_2^--N 被还原为气体去除，所以浓度降低。

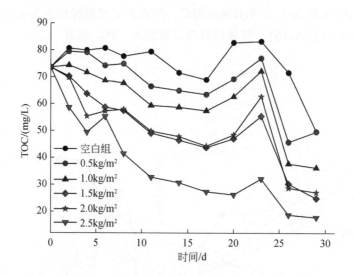

图 5-16　释氧材料投加量对水体 TOC 影响

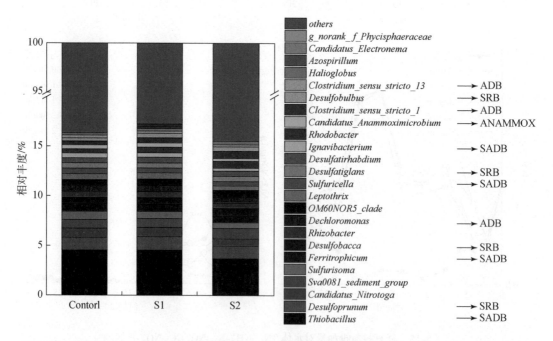

图 5-17　空白组（Control）、加入释氧材料（S1）、加入释氧材料和底栖生物（S2）基因丰度：厌氧反硝化细菌——ADB；硫酸盐还原菌：SRB；厌氧氨氧化细菌：ANAMMOX；硫自养反硝化细菌：SADB

　　释氧材料投加方式对各态氮的影响如图 5-18 所示。无释氧材料时，DO 过低，上覆水处于缺氧状态，动植物无法存活，死亡腐化后释放 NH_4^+-N（陈洪森等，2020），同时 TN 也显著增加，因此导致 TN 和 NH_4^+-N 大幅上升；表层投放释氧材料后，DO 明显升高，有效降低了水体 TN 和 NH_4^+-N 水平，同时好氧反硝化作用可将 NO_3^--N 还原，因此在反应中 NO_3^--N 减少。

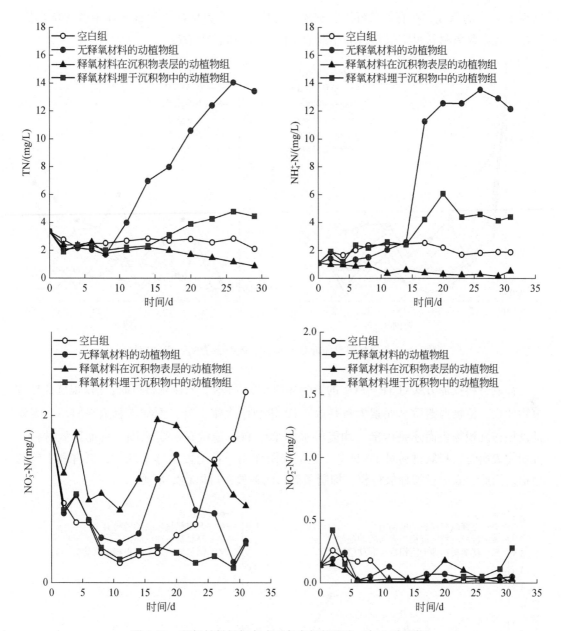

图 5-18 释氧材料投加方式对各态氮的影响（加入动植物）

释氧材料投加量对水体 TP、PO_4^{3-} 的影响如图 5-19 所示。加入释氧材料明显降低水体的 TP 和 PO_4^{3-} 浓度，且投加量越多，TP 和 PO_4^{3-} 浓度降低幅度越大。释氧材料能明显降低水体的 TP 和 PO_4^{3-} 浓度，一方面是因为白土对 TP 具有一定的吸附作用，Xu 等（2018）的研究验证了这一结论。同时，释氧材料投加后钙离子能和水体中的磷酸根结合成不溶性的盐，沉降在沉积物表面。熊鑫等（2015）研究发现释氧材料的有效成分 CaO_2 对磷的吸附量很大，最大磷吸附量可达 381.7mg/g。此外，TP 和 PO_4^{3-} 浓度降低也可能源于 DO 改变。Li 等（2011）发现 DO 值的升高，使水体中的 Fe^{2+} 被氧化成 Fe^{3+}，有利于生成稳定的磷，

减少了 PO_4^{3-} 的释放。在有氧条件下，聚磷菌摄取磷的能力增加，导致水体中磷含量降低。因此，加入释氧材料可降低富营养化湖泊水体的 TP 和 PO_4^{3-} 浓度。

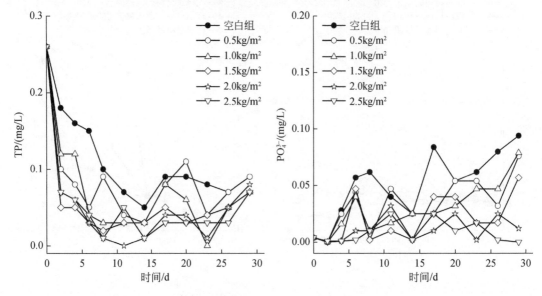

图 5-19　释氧材料投加量对水体 TP、PO_4^{3-} 的影响（无动植物）

　　释氧材料投加方式对 TP、PO_4^{3-} 的影响如图 5-20 所示。无释氧材料时，DO 很低，导致植物死亡，植物腐败后 P 元素大量释放，TP 和 PO_4^{3-} 大幅上升；而加入释氧材料后，无论是投加在沉积物表面还是内部，均能将水体 TP、PO_4^{3-} 稳定在一定范围。投加释氧材料于沉积物表面时，释氧材料对 TP 具有一定的吸附作用，且上覆水体呈碱性，更有利于磷的稳定。因此，表面投加释氧材料，抑制了氮磷的释放，可以稳定水质。

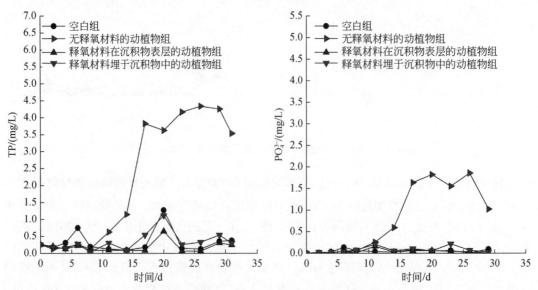

图 5-20　释氧材料投加方式对 TP、PO_4^{3-} 的影响（加入动植物）

2. 对温室气体排放通量的影响

释氧材料投加量和投加方式对温室气体排放的影响如图 5-21 和图 5-22 所示。无论是否投加释氧材料，各组均会释放 CO_2 和 CH_4 气体。随释氧材料的加入，CO_2 和 CH_4 日均排放浓度均有所减少。沉积物中往往同时存在好氧、厌氧两种类型的微生物，好氧微生物活跃时会产生 CO_2，而厌氧微生物活跃时产生 CH_4。杨平和仝川（2015）以及邓焕广等（2019）的研究中提到，水、气界面的 CO_2 通量与上覆水 pH 间呈现负相关，在淡水湖泊中，当 pH<8 时，水中的 CO_2 易形成饱和状态；当 pH>8 时，水中 CO_2 转变为碳酸盐，有利于大气环境中 CO_2 进入水体中。Scherier-Uijl 等（2011）在对湖泊调研中发现，水体中 CH_4 排放量与上覆水体 DO 含量呈显著负相关，水体中 DO 越低，CH_4 的释放量就越大。随着释氧材料的加入，厌氧微生物受到抑制，因此有效抑制了 CH_4 的排放；好氧微生物活跃，但 pH 升高，因此，随释氧材料的加入，CO_2 和 CH_4 日均排放浓度均有所减少。当释

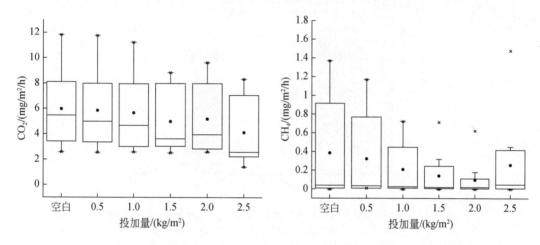

图 5-21　释氧材料投加量对温室气体排放的影响

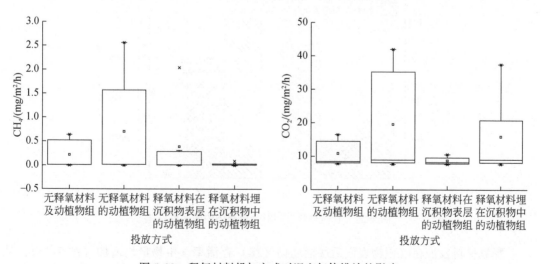

图 5-22　释氧材料投加方式对温室气体排放的影响

氧材料投加于表面时，DO 更高，因此 CO_2 和 CH_4 日均排放更少，更有利于温室气体的削减。

5.4.5 释氧材料对底栖生物的影响

释氧材料投加在沉积物表面可显著促进金鱼藻高度和生物量的增加（图 5-23）。过氧化氢酶（CAT 酶）和过氧化物酶（POD 酶）活性反映了植物生长发育的特性、体内代谢状况以及对外界环境的适应性，逆境胁迫能诱导 CAT、POD 酶活性升高。由图 5-24 看出，CAT 酶活性和 POD 酶活性表现出相似规律，释氧材料埋入沉积物中，对金鱼藻逆境胁迫作用强于表层投加组。因此，释氧材料直接投加在沉积物表层更适合沉水植物生长。

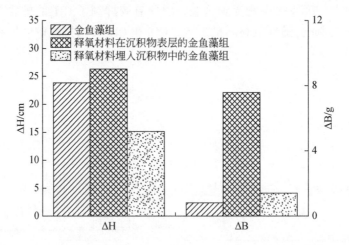

图 5-23 释氧材料投加对金鱼藻高度（H）、生物量（B）的影响

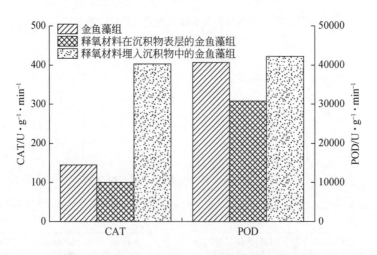

图 5-24 释氧材料投加对金鱼藻体内酶活性影响

释氧材料投加在沉积物表面后底栖动物（螺）存活率、生物量均增加（图 5-25），从

体质量特定生长率变化分析来看（图5-26），释氧材料表面投加对螺生长最有利。沉水植物通过光合作用释放氧气，能与释氧材料共同作用为底栖动物提供充足的氧环境，促进动物生长。而过低的 DO 将无法维持底栖动物生存，甚至导致沉水植物死亡。因此，沉积物表面投加释氧材料有利于螺生长。

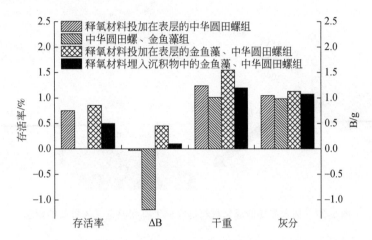

图 5-25　释氧材料投加对螺存活率、湿重变化、灰分变化影响

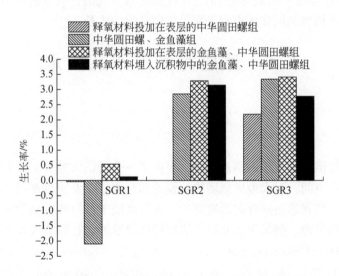

图 5-26　释氧材料投加对 SGR1、SGR2、SGR3 的影响

注：SGR1、SGR2、SGR3 分别为体质量特定生长率、壳高特定生长率、壳宽特定生长率

总结以上结果，绿色多功能释氧材料的作用如图 5-27 所示。

5.4.6　小结

针对清淤后底栖生境溶解氧（DO）不足，底栖生物难以恢复的问题，开发了一种以天然无害物质为原材料的缓慢释氧材料，可有效提高底栖 DO 浓度，对环境无毒无害。该

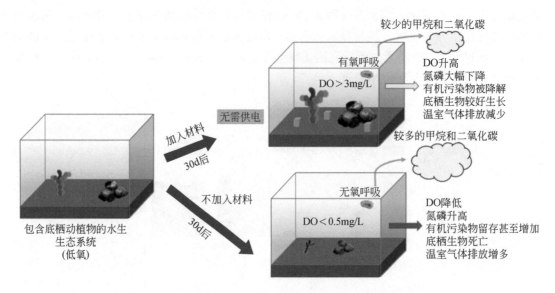

图 5-27　加入多功能释氧材料对底栖生境和温室气体排放的影响

材料的最佳投加量为 1.5~2kg/m²，采用沉积物表层投加方式，可显著降低上覆水体中的 NH_4^+-N、TP 和 PO_4^{3-} 浓度，有效抑制 CH_4、CO_2 的排放。同时，可促进金鱼藻高度、生物量的增加，且和沉水植物共同作用更利于螺等底栖动物的生长。

5.5　底层微地形改造技术

5.5.1　概述

底质是大型底栖动物直接的栖息环境，提供了一个可供大型底栖动物附着、捕食以及生存的平台和生存空间，对大型底栖动物的繁殖和产卵等重要阶段都起着关键作用，同时也是其应对洪水干扰和逃避捕食时的避难所。而且底质中截留的有机物还为大型底栖动物提供了丰富的食物来源。很多学者开展了底质特征与底栖动物的相关研究，发现底质粒径（Graca et al., 2004；Grubaugh et al., 1997）、异质性（Cooper et al., 1997）、表面性质（Downes et al., 1998）、稳定性（Buss et al., 2004；Verdonschot, 2001）、颗粒间隙（Flecker 和 David, 1984）、适宜性（Brown and Brussock, 1991）等对底栖动物的影响尤其显著。底栖动物如果栖息在不合适的底质上，生活就会受到抑制并逐渐死亡（何志辉, 2000）。

底栖动物的物种数、多样性与底质的粒径、稳定性直接相关（Beisel et al., 1998）（图 5-28）。Reice（1980）最先通过实验验证了在相同流速条件下，底质粒径大小是决定大型底栖动物分布的最主要影响因子。底质粒径越大越稳定，其抵御流水冲刷的能力越强。通常来说，粗砂和细沙底质不稳定，颗粒间空隙小、相对密实，底栖动物生物量最低。鹅卵石和砾石底质的底栖动物生物量及物种丰度均较高，淤泥和黏土的底质富含沉积物碎屑，且较为疏松，适宜穴居型底栖动物生存。寡毛类和摇蚊幼虫等两类大型底栖动物最适合生长在腐泥中，而在砂质的底质中分布较小，这主要是由于淤泥底质中有机物丰富，其适宜营挖掘型物种如寡毛类，寡毛类在其聚居的数量往往非常庞大。Jowett 和 Richardson（1990）研究表明大型底栖动物物种丰度随底质粒径的增大而增大，但当底质为巨砾或基岩时，物种丰度呈下降趋势。

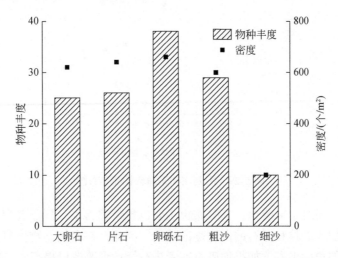

图 5-28　不同底质实验中底栖动物的物种分度和密度对比（段学花，2009）

5.5.2　白洋淀底质的粒径变化

2018 年采集了白洋淀两个清淤示范区（南刘庄和采蒲台）的沉积物柱状样，结果表明（图 5-29），南刘庄的底质粒径主要以粗粉粒（10~50μm）为主，占 40%~70%，砂粒和砾石的占比较少，不到 10%，且随着深度的增加，粗粉粒的占比逐渐增加，砂粒和砾石

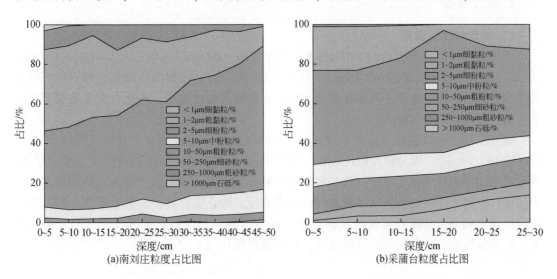

(a)南刘庄粒度占比图　　　　(b)采蒲台粒度占比图

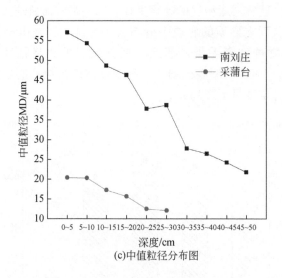

图5-29　南刘庄和采蒲台粒径分布图

的占比逐渐减少。而对于采蒲台，其分布也主要以粗粉粒为主，且随着深度的增加，粗粉粒的占比逐渐增加，砂粒和砾石的占比逐渐减少。因此，在底栖动物恢复初期，可以考虑从调控底质粒径的角度出发，如投加砾石或者进行微地形改造以提高底质粒径。

5.5.3　底质粒径调控方案

底质粒径调控是指在底泥扰动最小的前提下，通过一系列的工程措施改造底栖环境，丰富湖泊地形条件，形成多样化的生境，营造适合不同水生动物、水生植物生长、繁殖的连续而又富于变化的生境基底。

1. 人工抛石

1）最佳粒径的确定

天然底质可划分为漂石（>200mm）、卵石（20~200mm）、砾石（2~20mm）、粗沙（0.2~2mm）、细沙（0.02~0.2mm）、浮泥（<0.02mm），根据以往研究，卵石中底栖动物最多，砾石次之，由于岩石多在激流环境中，砂质孔隙度太小，不适合大多数底栖动物的定殖，种类数目均比较少。

研究发现，砾石底质（直径4~8cm）中底栖动物的组成类别多于其他底质粒径（1~3cm或10~20cm），因为较大粒径颗粒（10~20cm）中微生境容积相对较少、水流量大，导致底栖动物类群多样化减少；粒径较小的颗粒孔隙更容易被阻塞，导致底栖动物多样性也较低；中等大小的石块提供了最多样化的微生境，防止更多的溶解氧被带走，同时增大了有机颗粒的利用时间及无机颗粒的积聚，所以多数底栖动物类群选择定居在此种底质上。故可选择砾石和卵石调控底质粒径，粒径范围选择为4~8cm。

2）底质抛石的方式

采用底质抛石的方式增加湖底的异质性，为水生动物的生存提供良好的环境。抛石区面积一般不超过湖底面积的 1%~3% 。当湖泊流速大于 2m/s 时，所投加的卵、砾石可采用规格为 28×34×20cm³ 尼龙网载装，网孔直径为 10~13mm，保证了大型底栖动物能完好自如地穿过网孔并在人工底质中定养殖。尼龙网采用尼龙绳进行封口，固定于周边固定地笼的支撑杆上。

2. 人工鱼巢穴

通过设置鱼巢可为不同类型鱼类提供较为稳定、适宜的繁殖场所。同时人工鱼巢的存在也丰富了水体流动状态及空气接触溶氧效果，使水体由层流转变为局部紊流状态。鱼巢可采用植物根茎、木材、碳素纤维、石材、多孔性混凝土及其他具有生态亲和力的人工材料，材质环保、无污染、耐腐蚀、耐老化、使用寿命长。

5.5.4 水流流速对底栖生物的影响

除了底质外，在影响底栖动物群落结构的物理影响因素中，水流和水深较为重要（Beisel et al., 1998）。水流可以细致地控制底质颗粒的大小，影响颗粒的积累和生物特征，进而间接影响底栖动物的组成（Edwards, 1977）。

一方面，水流为底栖动物带来氧气、有机碎屑和植物残体等生长繁殖所必需的营养物质，同时清除堆积在底质上的沉积物和废物，为底栖动物生存繁殖提供必要的条件；另一方面，在高流速条件下被冲刷掉的风险迫使底栖动物消耗自身能量来保持其在底质上的位置。当流速在 0.3~1.2m/s 时，底栖动物的物种丰度和生物密度达到最大。此外，流量的急剧变化和降雨等对底栖动物影响较大，Suren 和 Jowett（2006）发现流量变化对底栖动物群落结构的影响高于季节变化的影响。

2019 年 3 月调研了白洋淀流速（表 5-11），为 0.025~0.038m/s，其中，流速最大地区为端村（0.134m/s），最小地区为枣林庄（0.014m/s）。对比底栖动物适宜的流速范围（0.3~1.2m/s），白洋淀流速较小，普遍低于最适范围。这主要是由于各种围堤围埝的存在，降低了白洋淀的连通性。因此拆除围堤围埝对底栖生态的恢复相当重要。

表 5-11 2019 年 3 月白洋淀淀区流速

流速	最大值/（m/s）	最小值/（m/s）	平均值/（m/s）
端村	0.134	0.017	0.057
烧车淀	0.076	0.014	0.033
鸳鸯岛	0.081	0.016	0.032
采蒲台	0.072	0.015	0.034
光淀张庄	0.031	0.015	0.025
枣林庄	0.076	0.014	0.047
淀区平均值	0.134	0.014	0.038

5.5.5　小结

底质粒径和流速等对底栖动物恢复影响较大。可选择砾石和卵石调控底质粒径，粒径范围为 4~8cm，或建造人工鱼巢为不同类型鱼类提供较为稳定、适宜的繁殖场所。当流速在 0.3~1.2m/s 范围内时，适宜底栖动物生长。

白洋淀清淤示范区南刘庄和采蒲台沉积物粒径均以粗粉粒为主，砂粒和砾石的占比较少，且随着深度的增加，粒度逐渐减小，粗粉粒的占比逐渐增加，砂粒和砾石的占比逐渐减少。因此，可选择砾石或卵石人工抛石，抛石区面积一般不超过湖底面积的 1%~3%。人工鱼巢可采用植物根茎、木材、碳素纤维、石材、多孔性混凝土及其他具有生态亲和力的人工材料。

另外，白洋淀流速普遍在 0.025~0.057m/s，淀区流动性较小，因此拆除围堤围捻是恢复白洋淀流动性的主要措施。

5.6　吸附除磷技术

5.6.1　概述

生境栖息地受外来干扰时容易遭受破坏，而适宜的底栖生境可促进底栖生物群落多样性的提高。因此，通过改善生境促进底栖生物修复对大型底栖动物恢复和管理具有重要意义。

白洋淀底栖生物的更替演变受环境影响显著。在治理前的较长时间，大量外源污染物进入水体并在底泥中蓄积，导致底栖环境发生变化，进而影响底栖生物。白洋淀底栖环境污染严重，主要原因一是上游污染治理前的历史排污导致大量污染物入淀蓄积，保定市、蠡县、高阳县等工业和生活污水由污水处理厂处理后经府河、孝义河下泄入淀，治理前入淀水质长期处于Ⅴ类~劣Ⅴ类，而且含有大量污水厂难以去除的难降解有机污染物。二是淀边及淀内村庄生活和养殖产生的大量废水在治理前长期直接排入淀中；生活垃圾等长期岸边堆放，淀底淤泥长期未清，淤积严重，也是造成白洋淀水污染的重要原因。根据调研，白洋淀水体主要污染物有 COD、总磷、氨氮等，底泥作为污染物的"汇"，积累了大量的营养盐（碳、氮、磷），部分淀区重金属浓度较高。这些污染物在底泥积累，对底栖环境产生显著影响，进而影响底栖生物的演替。

白洋淀常规污染物碳氮磷主要来自于上游的历史排污，如生活污水厂尾水排放、上游农业面源污染和淀内生活污水和淀内植物凋零死亡累积。对常规污染物做系统分析，结果表明，底泥中总氮含量范围是 0.28~7.35g/kg（有机氮>90%），参照美国国家环境保护局对湖泊底泥污染状况的评价标准（U.S. EPA, 2002），白洋淀绝大部分淀区底泥 TN 含量处于中度（1.0~2.0g/kg）及重度（>2.0g/kg）以上污染水平；总有机碳含量范围为 15.993~68.830g/kg；总磷（TP）含量在 322~1931mg/kg，其中超过一半采样点的 TP 含量超过了 600mg/kg，根据加拿大安大略省环境和能源部制定的底泥质量评价指南，600mg/kg TP 可以引起最低级别生态毒性效应。目前白洋淀底栖环境（水体–底泥界面）碳氮磷元素迁移扩散活跃，较高含量的有机氮对大部分沉水植物的生长有一定的抑制作用，过高的氮磷水平亦会抑制底栖动物的生长，高磷含量是白洋淀水体底泥细菌群落结构的制约因素。因此，如何有效控制并采取有效措施去除水体中的内源磷显得日益重要。目前对于湖泊内源磷的控制技术主要分为物理、生物、化学三大类。

物理修复主要是通过改变湖泊生态系统的物理环境条件，使湖泊生态系统得到修复。物理修复的工程技术措施主要有底泥疏浚、底层曝气、物理覆盖底部沉积物等措施。其中最常见的物理方法是底泥疏浚。底泥疏浚是利用机械设备将污染湖泊表层底泥挖出，并将污染底泥输送至堆场进行后续处理，从而减轻内源污染。国内外有很多应用底泥疏浚的工程实例，如荷兰的 Kelemeer 湖，在疏浚后水体水质得到了改善；瑞典的 Teummen 湖，疏浚后其上覆水的磷负荷降低了 90%，同时水体中的微生物量也明显降低，并且维持了较长时间。我国最早采用底泥疏浚的湖泊是杭州西湖，之后又在滇池、洱海、巢湖进行了底泥疏浚工程，疏浚后水体污染均得到了改善。然而，并不是所有的疏浚工程都取得成功，如南京的玄武湖、宁波的月湖，疏浚之后水质比疏浚之前降低。

底泥覆盖是将自然或人工合成的材料覆盖在污染沉积物表面，用来隔绝沉积物中污染物的释放。作为一种新兴的污染底泥修复技术，底泥覆盖因操作简便、价格低廉、效果好、生态风险低而引起广泛的关注。例如 Bai 等（2021）采用 1cm 厚的方解石作为覆盖材料研究了其对底泥中磷释放的抑制作用，研究发现，方解石覆盖层 1cm 左右时对底泥磷释放的控制时效为 2~3 个月，且对底泥的释放通量削减效率达 80%，对水质的改善有很好的效果。Paul 等（2008）将铝盐改性沸石材料应用于新西兰 Okaro 湖，结果显示铝盐改性沸石覆盖层可以有效抑制底泥磷的释放。但是覆盖法也存在一些不足：覆盖后沉积物厚度增加，一定程度上会降低湖泊或水库容量，同时长期的覆盖效果及环境效应还有待评估。

水下曝气是在接近底泥表层处对水体进行充氧，增加水体的溶解氧，从而控制底泥中污染物向上覆水体的释放。污染物由沉积物释放到上覆水的过程会受到沉积物–水界面处的氧化还原状态影响，如在缺氧条件下，沉积物中的铁结合态磷（Fe-P）会溶解而增大上覆水中溶解性活性磷的释放量（朱广伟等，2003），而足够的氧则有利于抑制底泥中氮、磷等污染物释放到上覆水中；同时，水下曝气还有利于低价硫化物（如 FeS、MnS 等）的溶解和转化，抑制湖底致黑物质的生成（尹大强和覃秋荣，1994）；也可以改善底栖生物的生存环境，提高鱼虾等的供氧水平。然而单一的曝气技术通常由于能耗高、控制区域小而难以得到实际应用，且在界面处曝气还可能造成底泥的再悬浮，对水体造成污染。

生物方法是利用动植物及微生物中的一种或它们的组合吸附、降解、转化水体或沉积物中的污染物，从而达到净化水质的目的。主要包括植物修复、微生物修复和动物修复。

植物修复是以某些植物对一些化学元素具有耐受性和积累性为前提，利用植物吸收、分解、固定等作用，使水体及沉积物中有机和无机污染物得以去除，达到控制底泥污染的目的。研究发现，水生植物能有效地去除水体和底泥中的氮磷等营养元素，河流中的水生植物可从底泥中吸收植物生长所需磷的 70% 左右。与物理修复方法相比，植物修复具有成本较低、运行方便、维护简单、为一些水生动物和微生物提供相应生境、改善周边的生态景观等优点。但植物修复也有局限性：①植物生长周期比较长，季节变化对植物生长影响较大，修复效果不稳定；②植物对污染物的耐受性有一定的限度，当突然出现较高浓度的污染时，可能造成植物死亡失去修复能力，并可能引发二次污染；③以外地物种作为修复植物时存在生物入侵风险，繁殖能力较强的水生植物可能会过度繁殖破坏原有生态系统。

微生物修复即利用微生物代谢和吸收作用削减底泥中的污染物以达到净化水质的目的。微生物作为分解者对污染物的去除具有重要的作用，在湖泊河流修复中起着重要作用。沉积物中含有大量的微生物，具有很高的生物多样性，这就为微生物去除内源磷污染提供了可能性。但微生物活性和有效浓度往往受水体环境变化和水流的影响不能达到预期效果，所以微生物修复技术还有待进一步完善。

动物修复主要是基于动物的摄食行为来富集水体及沉积物中的污染物，从而去除重金属、有机物和氮磷等污染物，以达到净化底泥的目的的一种修复技术。在用动物对底泥进行修复时应注意动物的投放量，投放量太小，对净化水质的作用不大；投放量太大，动物生存所必需的呼吸和排泄作用会对水体造成污染。

化学方法就是向水体中加入吸附剂，该吸附剂能通过沉淀、吸附等理化作用降低水体中的磷浓度，同时使底泥中的污染物惰性化，在底泥表面形成一个"隔离层"，增加底泥中磷的固定作用，以减少污染沉积物向上覆水释放磷。钝化技术不仅能够吸附水体中的磷，直接降低水体中的磷浓度，还能固定底泥中的磷，减少其释放进入上覆水中的污染物量；同时由于材料层的压实作用，减少了底泥的悬浮。故吸附剂的选择非常重要，应考虑到使用的安全性、可操作性以及是否会对周围环境产生二次污染。本研究拟用化学修复的方法尝试固定白洋淀中的磷。研究对比分析了天然沸石、硅藻土、粉煤灰、赤泥、铁铝泥五种常用吸附材料的吸附除磷能力，并对铁铝泥进行了盐酸改性，对赤泥和粉煤灰进行了铁盐改性，探讨了改性后材料的吸附除磷能力，以及 pH 值等环境因素对其吸附性能的影响。

5.6.2 吸附材料对磷的吸附效能

1. 几种吸附材料对磷的吸附效能

1）磷的吸附动力学

赤泥、粉煤灰、沸石、硅藻土、铁铝泥五种材料对磷的吸附动力学结果如图 5-30 所示。可以看出，吸附初期，各吸附材料对磷的吸附量均随吸附时间显著上升，一定时间后逐渐趋于平缓，最终达到饱和吸附量。主要原因是因为吸附开始阶段溶液的浓度比较大，与吸附材料表面之间存在较大的浓度梯度，因此吸附速率快，所以这段时间里吸附量受时间的影响比较明显，然而随着吸附的进行，溶液与吸附材料表面浓度梯度逐渐减小，因此吸附的速率也逐渐减小。当两者之间的浓度差达到一定程度时，吸附基本达到平衡，这时的吸附速率与解吸速率趋于相等，达到平衡吸附量。沸石、硅藻土、粉煤灰、赤泥在 30h 后基本达到吸附平衡，而铁铝泥在 48h 后达到平衡。其中铁铝泥的平衡吸附量最大，可达到20mg/g。粉煤灰和赤泥次之，均可达到6mg/g左右，而沸石和硅藻土的平衡吸附量较小，仅能达到2mg/g和0.1mg/g。

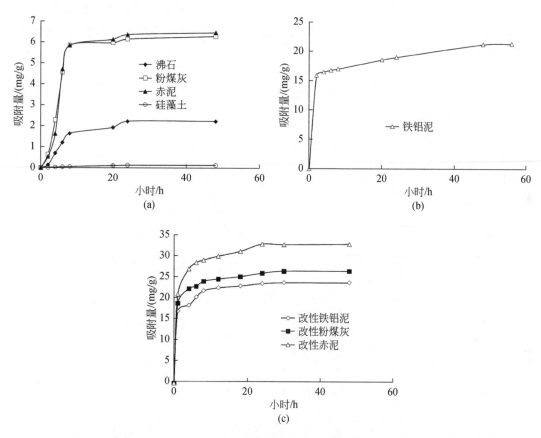

图5-30　吸附材料和改性材料在30℃下的对磷吸附动力学曲线（（a）：25ml P浓度100mg/L溶液；（b）：100ml P浓度100mg/L；（c）：100ml P浓度100mg/L，吸附材料投加量0.2g）

通过对各种材料的一级和准二级动力学拟合的结果可以看出，沸石、粉煤灰、赤泥对磷的吸附符合一级动力学模型。沸石、粉煤灰、赤泥拟合的平衡吸附量分别为2.25mg/g、6.37mg/g、6.66mg/g；一级和准二级动力学模型都能较好地反映硅藻土对磷的吸附动力学过程，平衡吸附量为0.15mg/g；铁铝泥的吸附更符合准二级动力学模型，拟合的平衡吸附量为20.36mg/g。

结合吸附动力学曲线和拟合结果可以看出，各材料对磷的平衡吸附量试验值较理论值偏低，这是由于溶液中的磷被吸附剂吸附后，质量浓度逐渐降低，从而吸附推动力变小，当溶液磷质量浓度降低至一定质量浓度后，吸附剂对磷的吸附量也相应减少（刘焱等，2009）。

2）磷的吸附等温线

赤泥、粉煤灰、沸石、硅藻土、铁铝泥五种材料对磷等温吸附实验结果如图5-31所示。可以看出，各材料对磷的吸附容量均随着溶液浓度的增大而提高，最终达到饱和吸附量；几种吸附材料饱和吸附量的大小关系为铁铝泥>赤泥>粉煤灰>沸石>硅藻土。这主要是由各材料的物理化学属性决定的，铁铝泥中铝化合物含量较高，能够提供更多的吸附点位。沸石和硅藻中的铁铝元素含量很小，它们对磷的吸附主要靠其多孔的结构，因此吸附量有限。吸附等温方程（Langmuir 方程）能够很好地描述各材料对磷的吸附等温线（表5-12）。通过 q_{max} 数据可以看出几种材料的单层饱和吸附量的大小关系为铁铝泥>赤泥>粉煤灰>沸石>硅藻土。

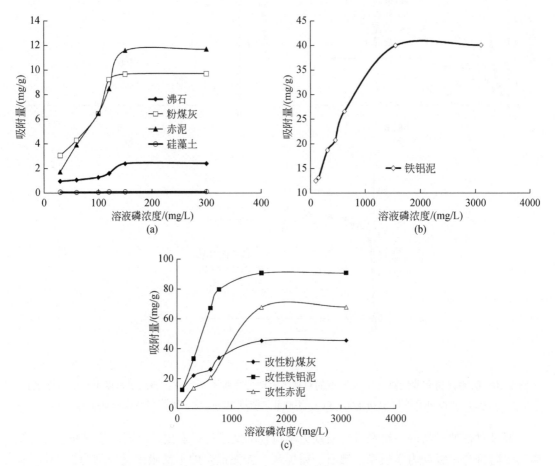

图 5-31　吸附材料及改性材料在 30℃ 下的等温吸附曲线（吸附材料投加量 0.2g）

表 5-12　各吸附材料的 Langmuir 拟合方程

材料	方程	$q_{max}/$（mg/g）	B/（1/mg）	R^2
沸石	$y=0.3251x+27.53$	3.08	0.012	0.92
硅藻土	$y=8.567x+406.09$	0.12	0.021	0.95
赤泥	$y=0.0625x+5.093$	16.00	0.012	0.94
粉煤灰	$y=0.0934x+1.8757$	10.71	0.049	0.97
铁铝泥	$y=0.0236x+3.6044$	42.37	0.007	0.99
改性粉煤灰	$y=0.0208x+3.3119$	48.07	0.006	0.98

材料	方程	q_{max}/（mg/g）	B/（1/mg）	R^2
改性赤泥	$y=0.0109x+0.315$	91.74	0.034	0.99
改性铁铝泥	$y=0.0136x+7.895$	73.53	0.002	0.99

以上结果表明，铁铝泥、赤泥和粉煤灰对磷具有较好的吸附作用，而沸石和硅藻土对磷的吸附效果较差。因此我们选取铁铝泥、赤泥和粉煤灰进行改性，以期得到对磷具有更高吸附能力的材料。

2. 改性材料对磷的吸附效能

采用不同浓度酸碱对铁铝泥进行改性，吸附等温线见图 5-32。可以看出，1mol/L 的 HCl 改性铁铝泥有最好的吸附效果，其饱和吸附量可以达到 50mg/g 左右，而高浓度 HCl 改性后的吸附效果最差，因为高浓度的盐酸可以将铝泥中的铁铝等一些金属溶解掉，从而降低了铝泥中铁铝的含量，影响了吸附量。而低浓度的 HCl 和 NaOH 可能腐蚀铝泥的表面，疏通孔道，从而增大了吸附的比表面积，增大了吸附量。为了得到更好的实验结果，后续实验中的改性铁铝泥均采用 1mol/L 的盐酸改性。

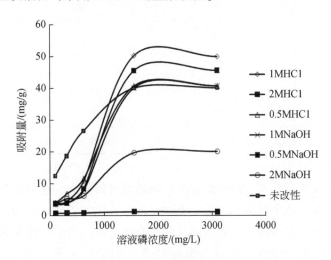

图 5-32　不同浓度酸碱改性铁铝泥等温线

将粉煤灰和赤泥进行铁盐改性，铁铝泥进行盐酸改性，改性后的材料对磷吸附随时间的变化趋势与改性前基本相同，吸附初始阶段磷吸附量随时间增大而显著增加，一段时间后吸附趋于平缓，48h 后达到平衡。同时从平衡吸附量上来看改性后各材料对磷的吸附能力显著提高。采用一级和准二级动力学模型对改性后材料磷吸附动力学过程进行拟合，改性后三种材料对磷的吸附均符合准二级动力学模型。改性后铁铝泥、粉煤灰和赤泥对磷的平衡吸附量分别为 23.33mg/g、26.95mg/g 和 33.55mg/g，分别是改性前的 1.2、4.2 和 5.0 倍。

改性后铁铝泥、赤泥、粉煤灰的磷吸附能力均明显提高，对磷的吸附符合 Langmuir 方程。改性后铁铝泥的饱和吸附量达到73.529mg/g，是改性前的1.7倍，这主要是因为盐酸对铁铝泥表面的腐蚀作用增大了铁铝泥的比表面积，并且盐酸能够溶解铁铝泥中的一些杂质，疏通孔道，使其能为磷提供更多的吸附点位，从而增大了磷的吸附量。改性后粉煤灰和赤泥的吸附量分别达到48.077mg/g和91.743mg/g，分别是改性前的4.8倍和5.7倍。吸附量的增加主要是因为利用铁盐改性，增大了两种物质表面铁氧化物的含量，使得其能为磷吸附提供更多的吸附位。

通过动力学和等温线分析可以看出改性后的赤泥、粉煤灰和铁铝泥对磷的吸附能力都较改性前有了很大的提高。而通过很多的研究表明，吸附剂表面的 Fe、Al 的物质的氧化物和氢氧化物对磷的吸附起很重要的作用。

表 5-13 为吸附材料改性前后对不同形态磷的吸附情况，吸附材料对磷的吸附形态主要是铁铝磷和钙磷的形态，两种磷的形态约占吸附总磷的90%以上，而改性后材料吸附磷的主要形态是铁铝磷，改性后材料的铁铝磷形态有了很大的提高。改性后的赤泥、粉煤灰、铁铝泥吸附的铁铝磷分别是改性前的 10 倍、11 倍、2.2 倍。

表 5-13　吸附材料改性前后对不同形态磷的吸附量

	总磷/（mg/g）	铁铝磷/（mg/g）	钙磷/（mg/g）
赤泥	14.94	7.76	5.87
改性后赤泥	82.78	76.32	4.01
粉煤灰	9.02	4.03	4.15
改性粉煤灰	51.34	45.37	3.05
铁铝泥	39.32	27.73	10.35
改性铁铝泥	70.96	60.34	9.05

目前，对一些吸附材料进行改性以提高其对磷的吸附能力，已经成为吸附除磷领域的一个重要的研究方向，陈雪初等（2006）以 NaCl 为活化剂，15% 的 H_2SO_4 为改性剂，采取高温活化后再进行酸处理的方式对粉煤灰进行改性，改性后的粉煤灰对磷的吸附量可达到 19mg/g；丁葵英等（2009）合成的聚合羟基铁铝蒙脱石复合体对磷的吸附量可达 20mg/g 以上。与这些已经报道过的改性吸附材料相比较，本书中的改性材料对磷明显具有更好的吸附容量。

5.6.3　环境因素对改性材料吸附磷的影响

1. pH 和温度的影响

1）pH 的影响

改性后铁铝泥、赤泥、粉煤灰在不同 pH 条件下对磷的吸附量变化曲线见图 5-33

（a）。可以看出，当 pH 小于 7 时，各材料的磷吸附量均随 pH 的增加而增大；当 pH 为 7 时，磷吸附量达到最大值；随后，磷吸附量随着 pH 的增加而减少。

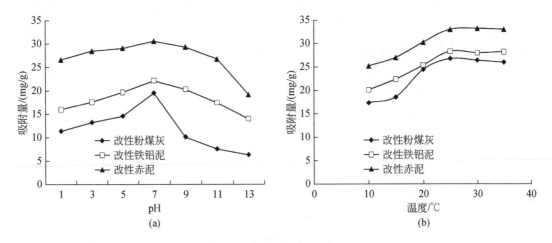

图 5-33　pH（a）和温度（b）对改性材料吸附磷的影响

电动电位（Zeta 电位）一般指胶体颗粒物运动时与液体剪切面（或者滑动面）处的电势。Zeta 电位可以用来解释电动现象，其本质是在固/液界面之间存在双电层。在电场中，固液发生相对运动的滑动面位于扩散层中，因而，从 Zeta 电位可以反映表面的带电特性，有些作者在计算表面电位时，将表面扩散层电位近似等同于颗粒物的 Zeta 电位。通过对改性前后的吸附材料的 Zeta 电位进行比较可以发现，改性前后吸附材料的 Zeta 电位随 pH 的变化规律相同，都随 pH 的增大而逐渐降低，而且改性后吸附材料的 Zeta 电位明显增大。赤泥和粉煤灰改性前的等电点在 pH=5 左右，改性后的等电点在 pH=7 左右；铁铝泥改性前的等电点在 pH=6.8 左右，改性后的等电点为 pH=7.3 左右，改性后的赤泥、粉煤灰和铁铝泥的等电点都有所增大。

从图 5-34 中还可以看出，吸附磷之后，各改性吸附剂的表面电位和等电点降低了。从溶液中磷和改性后吸附剂界面间等电点的降低可以推断磷的吸附是特性吸附而不仅仅是静电吸附过程。

不同 pH 溶液中，磷的存在形式不同，可以为不带电荷的中性分子（H_3PO_4）、一价阴离子（$H_2PO_4^-$）、二价阴离子（HPO_4^{2-}）及三价阴离子（PO_4^{3-}）。磷酸（H_3PO_4）的离解常数分别为 pKa1=2.1、pKa2=7.2、pKa3=12.3，当 pH<2.1 时，溶液中主要是不带电的中性 H_3PO_4 分子，其与吸附剂表面没有静电引力；而在 pH>2.1 时，羟基解离度增大，溶液中开始解离出带负电荷的 $H_2PO_4^-$，同时随着随 pH 的升高，吸附剂表面的电位逐渐下降，但是其下降速率没有 $H_2PO_4^-$ 的解离速率快，因此表现为它们之间的静电吸附能力逐渐增大，吸附剂对磷的吸附量逐渐增大。当 PH>7.2 后，溶液中开始解离出带电荷的 HPO_4^{2-}，带负电荷量进一步增强，同时吸附剂的表面逐渐过渡到带负电荷，且随 pH 的增大其带负电逐渐增大，对磷排斥作用越来越强，同时 PO_4^{3-} 和 OH^- 发生竞争吸附，因此 pH>7 后，吸附能力呈下降趋势。

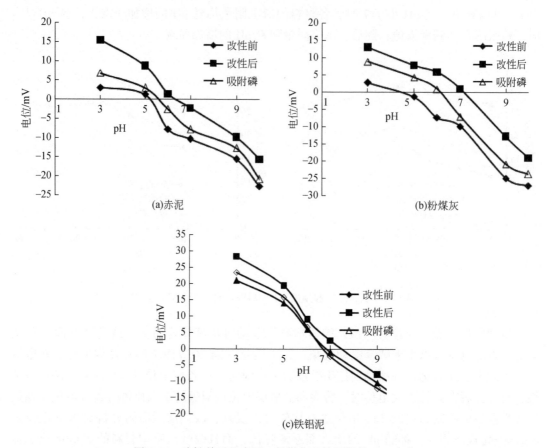

图 5-34　改性前后的赤泥、粉煤灰和铁铝泥的 Zeta 电位

2）温度的影响

改性后铁铝泥、赤泥、粉煤灰在不同温度条件下对磷的吸附结果如图 5-33（b）所示。可以看出，10~20℃吸附材料对磷的吸附量随温度的升高而增大，而温度在 25~35℃的时候，温度对磷的吸附影响变化不明显。

温度的影响因吸附机理不同而不同，一种是随温度升高离子交换能力增强的化学吸附；另一种是随温度升高吸附能力降低的物理吸附，且共吸附都是各种作用力综合作用的结果（Hou and Wu，2004）。实验结果表明温度升高有利于吸附剂吸附效果的提高，由此推断吸附剂对磷的吸附作用以化学吸附为主。在 PO_4^{3-} 与吸附剂接触的过程中发生了类似离子交换的反应过程，温度的升高增强了这一反应的能力，对磷的去除能力增加；另外，高温下的吸附速率常数大于低温下的吸附速率常数，使得 PO_4^{3-} 扩散到吸附剂颗粒表面并进入颗粒内部的速度增加，同时高温使吸附剂颗粒外层膨胀，使得 PO_4^{3-} 进入颗粒内核更加容易，从而提高了吸附除磷效果。

3）其他共存离子的影响

表 5-14 为改性材料在不同离子中对初始浓度为 0.01mol/L 的磷溶液的吸附量。

表5-14 改性材料在不同离子中对初始浓度为 0.01mol/L 的磷溶液的吸附量

溶液	材料		
	改性赤泥吸附量/(mg/g)	改性粉煤灰吸附量/(mg/g)	改性铁铝泥吸附量/(mg/g)
KH_2PO_4	25.991	15.843	12.007
$KH_2PO_4+Na_2SO_4$	21.412	9.407	9.531
$KH_2PO_4+NaNO_3$	25.991	14.481	11.883
$KH_2PO_4+NaHCO_3$	18.689	7.056	4.704
KH_2PO_4+NaCl	25.744	15.719	12.130
混合	21.164	11.264	6.932

从表5-14可以看出，硫酸根离子和碳酸氢根离子的存在明显抑制磷的吸附，且碳酸氢根离子的抑制能力大于硫酸根，而氯离子和硝酸根离子对磷的吸附影响不大。共存离子的干扰原因是多方面的，异质离子的加入改变了水溶液中的离子强度和吸附剂的作用环境，从而使吸附剂的吸附效果受到相应的影响（杨艳玲等，2009）。非敏感离子，如 Cl^-，NO_3^- 不会对吸附效果产生明显影响；而 HCO_3^- 和 SO_4^{2-} 的加入使吸附剂的磷吸附能力明显下降，其原因是 HCO_3^- 和 SO_4^{2-} 同 PO_4^{3-} 具有相同的吸附点位，HCO_3^- 和 SO_4^{2-} 在吸附剂表面占据了大量的活性位点，从而导致吸附剂对磷的去除效果下降（赵桂瑜和周琪，2009）。

2. 小分子有机酸的影响

图5-35为不同浓度的草酸和柠檬酸条件下，改性铁铝泥和赤泥对磷的吸附动力学曲线。可以看出，在不同浓度的草酸和柠檬酸条件下，改性铁铝泥和赤泥对磷的吸附动力学曲线的变化趋势是相同的，吸附量均随时间而增大，在70h左右达到平衡。不同浓度的草酸和柠檬酸条件下，铁铝泥对磷的平衡吸附量均有下降，草酸和柠檬酸的浓度越高，平衡吸附量越低，而且相同浓度下，柠檬酸存在时的平衡吸附量较小。对于改性后的赤泥来说，不同浓度的草酸条件下的对磷的平衡吸附量有所提高，且草酸的浓度越高，平衡吸附量越大，而柠檬酸则使赤泥对磷的平衡吸附量有所下降，且浓度越高，平衡吸附量越低。

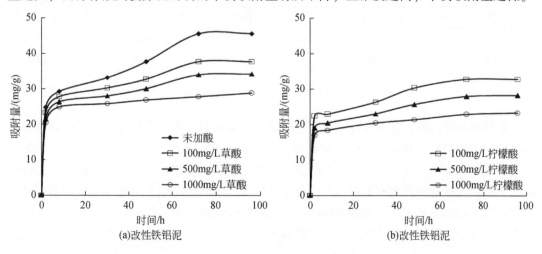

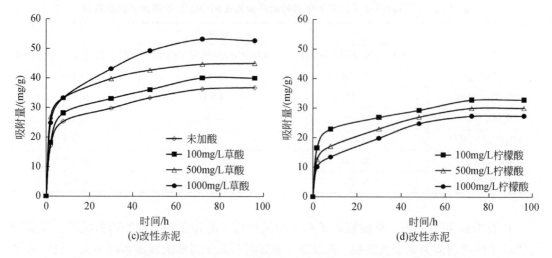

图 5-35　不同浓度草酸和柠檬酸条件下改性铁铝泥和赤泥对磷的吸附动力学曲线

一级和准二级动力学拟合均能很好地反映上述的吸附过程，且准二级拟合的平衡吸附量较一级拟合的有所增大，但拟合的平衡吸附量的变化规律同图中变化规律是一致的。从准二级拟合的结果可以看出（表 5-15），草酸和柠檬酸存在条件下铁铝泥的平衡吸附量均随酸浓度的增大而下降。改性赤泥在柠檬酸存在条件下平衡吸附量也随酸浓度的增大而下降，而其在草酸存在的条件下其平衡吸附量却随草酸浓度的增大而增大。

表 5-15　草酸和柠檬酸影响下 Langmuir 拟合方程

	方程	$q_{max}/$（mg/g）	$B/$（1/mg）	R^2
改性赤泥	$y=0.0098x+10.53$	102.04	0.00093	0.96
草酸	$y=0.0083x+10.19$	120.48	0.00081	0.94
柠檬酸	$y=0.013x+13.79$	76.92	0.00094	0.96
望亭溶解有机质（DOM）	$y=0.0084x+8.42$	119.05	0.00099	0.98
改性铁铝泥	$y=0.011x+11.15$	88.03	0.001	0.99
草酸	$y=0.015x+14.89$	64.93	0.001	0.99
柠檬酸	$y=0.021x+9.94$	47.41	0.002	0.99
望亭 DOM	$y=0.01x+8.53$	100	0.0012	0.98

草酸和柠檬酸的存在对改性铁铝泥对磷的吸附有抑制作用。在草酸和柠檬酸存在条件下，铁铝的溶出率（溶出的铁铝的质量占总吸附剂质量的比重）在 3%～5%，且酸的浓度越高，铁铝的溶出率越大。因为铁铝的溶出使吸附剂表面对磷的吸附位点降低，从而使吸附量下降；柠檬酸对赤泥有抑制作用，而在草酸存在时却对改性赤泥对磷的吸附有促进作用。在草酸条件下并未有明显的铁铝溶出，而在柠檬酸条件下铁铝则有明显的溶出，溶出率在 2%～4%，且柠檬酸的浓度越大铁铝的溶出量越大。草酸对磷吸附的促进作用可能是

因为草酸对赤泥表面的铁铝有活化作用。

图 5-36 为改性的铁铝泥和赤泥在草酸和柠檬酸存在条件下的吸附等温线，从图上可以看出吸附量均随磷浓度的提高而增大，最后达到饱和。铁铝泥在草酸和柠檬酸存在的条件下的饱和吸附量均有所下降，且柠檬酸存在条件下的饱和吸附量最低；而改性赤泥在草酸存在时的饱和吸附量有所上升，在柠檬酸存在条件下的饱和吸附量有所下降。

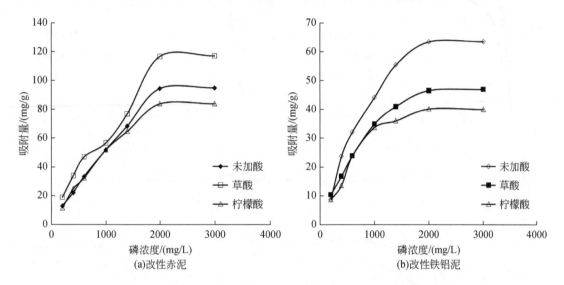

图 5-36　改性铁铝泥和赤泥在草酸和柠檬酸存在下的吸附等温线

结合动力学曲线和等温线结果表明，草酸和柠檬酸对改性铁铝泥对磷的吸附有抑制作用，柠檬酸对改性赤泥有抑制作用。这主要是因为草酸和柠檬酸能够促进吸附剂表面 Fe、Al 的溶解（Geelhoed et al.，1998），从而降低了吸附剂表面对磷的活性吸附位，影响了对磷的吸附效果。而草酸对改性赤泥有促进作用，这可能是因为有机酸活化了改性赤泥表面的晶体态的铁和铝，使无定形态的铁铝相对增多，从而间接有利于磷吸附的作用（Zeng et al.，2001；Kwong and Huang，1977；Miller et al.，1986）。

3. DOM 的影响

图 5-37 为望亭和黄花沟处提取的 DOM 对改性后铁铝泥和赤泥吸附磷动力学的影响曲线。加入 DOM 后并未改变吸附剂对磷的吸附趋势，而加入 DOM 后吸附剂对磷的平衡吸附量明显增大。图 5-38 为改性的铁铝泥和赤泥在 DOM 存在条件下的吸附等温线，从图上可以看出吸附量均随磷浓度的提高而增大，最后达到饱和。改性后的铁铝泥和赤泥在 DOM 存在的条件下的饱和吸附量均有所提高。

由图 5-37 和图 5-38 的动力学和等温线可以看出府河水体中的 DOM 能够促进改性后的铁铝泥和赤泥对磷的吸附。可能有以下几方面的因素：①DOM 可以对土壤的 pH 起缓冲作用。通过测定改性赤泥和铁铝泥在 DOM 前后的 pH 可知，改性赤泥的 pH 在未加 DOM 前为 8.8，而加 DOM 后的 pH 值 7.7，改性铁铝泥的 pH 则由加 DOM 前的 4.64 变为 6.53。可见在加入 DOM 后吸附剂的 pH 均得到一定的缓冲。通过前面的实验已经证实了吸附剂在

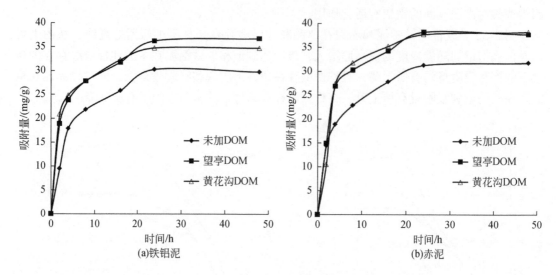

图 5-37　府河 DOM 存在下改性铁铝泥和赤泥的动力学曲线

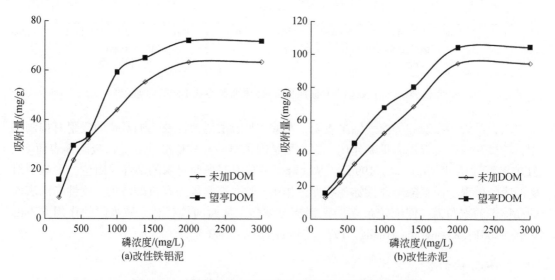

图 5-38　改性铁铝泥和赤泥在 DOM 存在下的吸附等温线

pH=7 左右的吸附效果最好。可见 DOM 对 pH 的影响对提高吸附剂对磷的吸附起重要的作用。②可能是吸附剂表面对 DOM 存在吸附作用，而这种吸附作用可能会改变吸附剂表面铁铝的活性，从而影响吸附。③吸附剂对 DOM 的吸附作用可能会改变吸附剂表面的电荷特性。

图 5-39 为改性赤泥和铁铝泥在 DOM 存在条件下吸附前后的荧光光谱的比较，从图中可以看出两种材料吸附后 DOM 在 420～450nm 处的荧光强度（Em）在吸附后均有所降低。

图 5-40 表示了改性赤泥和铁铝泥对府河 DOM 吸附后的三维荧光光谱（EEMs）图和 TOC 的变化，从图中可以看出，吸附后 Flu4 的荧光强度均有所下降，改性赤泥吸附后 Flu4 的荧光强度由 610.9 下降到 420.7，而改性铁铝泥吸附后下降到 365.7。吸附后 DOM

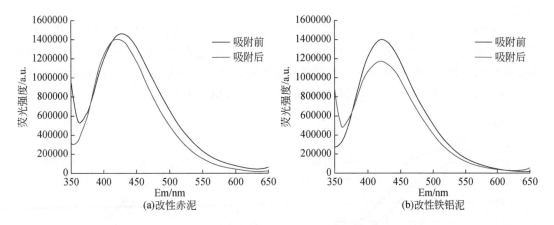

图5-39　改性铁铝泥和赤泥在 DOM 条件下吸附前后的荧光光谱

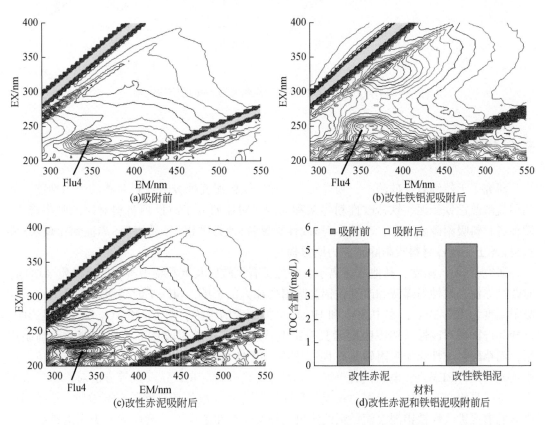

图5-40　吸附前后 DOM 的三维荧光光谱和 TOC 变化

的 TOC 值也有所下降，改性赤泥吸附后 TOC 由 5.31mg/L 下降到 4.01mg/L，而改性铁铝泥吸附后则下降到 3.93mg/L。这可能是因为吸附剂对 DOM 中的一些荧光物质有一定的吸附作用，有很多的研究表明，土壤对 DOM 的吸附可以提高土壤的有机质含量，影响吸附剂表面的铁铝的活性等（徐阳春等，2002；李淑芬等，2003），从而影响吸附剂的吸附作用。

图 5-41 为改性赤泥和铁铝泥加入 DOM 前后的 Zeta 电位随 pH 的变化趋势，从图中可以看出，加入 DOM 后的 Zeta 电位有所增大，同时其零电势点的位置也有所提高。表面 Zeta 电位的提高可以增大吸附剂表面对磷的静电吸附力，从而提高其对磷的吸附。由此可见 DOM 对表面电位的改变也是其影响吸附剂对磷的吸附的重要原因。

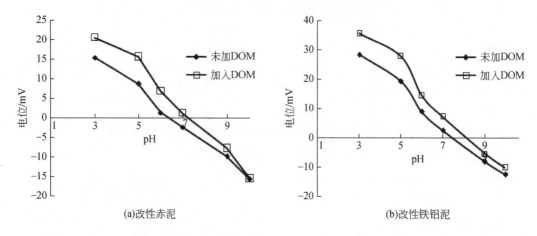

图 5-41　DOM 对改性赤泥和铁铝泥的 Zeta 电位的影响

5.6.4　小结

研究了天然沸石、硅藻土、粉煤灰、赤泥、铁铝泥五种吸附材料对磷的吸附性能，并利用盐酸改性铁铝泥、铁盐改性粉煤灰和赤泥，对比研究了改性后材料对磷的吸附能力，发现各材料吸附磷能力为：改性赤泥>改性粉煤灰>改性铁铝泥>铁铝泥>赤泥和粉煤灰>沸石>硅藻土，改性材料吸附除磷能力明显提高。

研究了 pH、温度、其他共存离子、小分子有机酸以及沉积物中溶解性有机质（DOM）对改性赤泥、改性粉煤灰和改性铁铝泥吸附磷能力的影响。pH=7 时磷吸附量最大；最佳吸附温度为 25～30℃；水中 SO_4^{2-} 和 HCO_3^- 可抑制磷的吸附，而 Cl^- 和 NO_3^- 没有明显影响。草酸和柠檬酸对改性铁铝泥吸附磷具有抑制作用，柠檬酸对改性赤泥吸附磷具有抑制作用，而草酸对改性赤泥吸附磷具有促进作用。DOM 可促进磷的吸附。通过 Zeta 电位、三维荧光光谱（EEMs）、电感耦合等离子体发光光谱分析（ICP 分析）等方法对影响的机理作了进一步研究。改性后赤泥、粉煤灰和铁铝泥的 Zeta 电位较改性前有所增加；草酸和柠檬酸能够促进改性铁铝泥表面铁铝的溶出，柠檬酸存在条件下，改性赤泥表面的铁铝有明显的溶出，而草酸条件下并未有明显的铁铝溶出；改性赤泥和改性铁铝泥对 DOM 有一定的吸附作用，而且 DOM 提高了其表面的 Zeta 电位。

5.7 化学–生物联合脱氮技术

5.7.1 概述

作为生境改善常见的修复技术之一,化学氧化修复利用氧化剂将有毒污染物氧化为稳定、低毒或无毒性物质,具有去除效率高、反应速率快、普适性强等特点(Esplugas et al.,2007；Gitipour et al.,2018)。然而,化学氧化剂的过量使用容易对生境理化性质和微生物群落产生负面影响,且存在二次污染。生物修复技术主要是利用生物来降解环境中的污染物,减小或消除环境污染的一个受控或自发的过程(Madsen,1991)。按生物种类,生物修复包括植物修复、动物修复和微生物修复三大类。与化学修复相比,生物修复技术成本更低、易于维护,无二次污染,但其修复时间与生物的成长周期有关、生境条件苛刻(吴昊等,2015)。

为了解决单项修复技术的局限性,多种方法的联合使用逐渐受到关注(Gan et al.,2009)。例如化学氧化–微生物耦合修复技术能减少氧化剂的用量,提高有机污染物生物可降解性,减少化学氧化对生态的破坏。

5.7.2 缓释氧材料–秸秆固定化微生物联用技术脱氮

近年来,人类活动造成大量氮磷营养物质排入湖泊,在底泥中累积,形成内源污染。相对于清淤技术,原位修复相对安全,不会对底栖造成严重破坏。微生物脱氮是湖泊原位修复中影响氮循环的关键,但在一些污染的湖泊中,微生物原位脱氮效果不佳,主要是因为污染湖泊的底栖环境往往 DO 降低,不利于硝化反应；优势菌群中氮循环相关菌群占比少；碳氮比例偏小,只有在合适的碳氮比例下,脱氮效果才较为显著。针对一些水体低碳高氮特征,只有通过人为添加碳源才能取得较好的脱氮效果。

芦苇秸秆含有丰富的木质纤维素,是一种可再生资源,芦苇秸秆可被用于生态修复,作为一种缓释碳源改变某些生物可利用碳源不足的生态环境,通过投加释碳材料缓慢释放微生物可利用的碳源,为微生物生长提供必要的碳源支持。芦苇秸秆中具有复杂的交联结构,使得木质纤维素的利用效率低下,因此芦苇秸秆的预处理对其生物质的综合利用至关重要。

本研究以芦苇秸秆作缓释碳源,比较了 6 种不同预处理方式(酸、碱、热、水热、芬顿和粉碎预处理)对芦苇秸秆释碳性能的影响。针对低碳高氮富营养化湖泊内源氮污染,将筛选出的土著异养硝化–好氧反硝化菌群负载于酸预处理后的芦苇秸秆上,联合缓释氧材料,建立缓释氧材料–芦苇秸秆固定化微生物联用技术,研究其脱氮效能。

1. 对上覆水 pH 和 DO 的影响

对比了 6 种不同预处理方法下芦苇秸秆的释碳性能,探究了不同预处理芦苇秸秆浸出液对异养硝化-好氧反硝化菌群脱氮性能的影响。发现芦苇秸秆在第 1d 的释碳量较高，即与未处理秸秆相比，热、水热和粉碎预处理均可提升芦苇秸秆的释碳量，不利于碳的缓慢释放；酸、碱和芬顿预处理可降低芦苇秸秆释碳量，其中酸预处理降低效果最明显，呈现缓慢释放的特点。

热预处理和粉碎预处理不能改变芦苇秸秆浸出液中 DOM 的主要成分（类色氨酸和类富里酸）；碱预处理和芬顿预处理后浸出液中 DOM 的主要成分为类色氨酸和类酪氨酸；水热预处理后浸出液 DOM 的主要成分为类色氨酸；酸预处理后 DOM 的主要成分为类富里酸、类胡敏酸和类色氨酸。利用筛选出的土著异养硝化-好氧反硝化菌群降解不同预处理芦苇秸秆浸出液，发现其对酸预处理的芦苇秸秆浸出液利用效能最高。因此酸预处理的芦苇秸秆可作为修复的缓释碳源。

对于富营养化湖泊，往往底栖生境 DO 较低，所以需要人工增氧。图 5-42 为投加不同材料组后上覆水 DO 和 pH 随时间的变化。当不投加缓释氧材料时，DO 浓度几乎为 0，pH 也均低于 7；投加缓释氧材料后，DO 和 pH 均升高，其中仅投加缓释氧材料实验组上覆水 DO 和 pH 最高，DO 浓度从 0 增加到 3mg/L 左右，并维持了 10d；投加缓释氧材料+芦苇秸秆微生物实验组上覆水 DO 浓度的变化趋势相同，但略有降低。上覆水中 DO 浓度既与缓释氧材料的释氧速率有关，又受上覆水中好氧微生物消耗影响，前三天（1～3d）缓释氧材料释氧速率远大于好氧微生物消耗的速率，所以 DO 浓度快速升高，在 3～9d 内，缓释氧材料释氧速率同微生物消耗速率相当，12d 之后缓释氧材料释氧速率降低，不足以支撑好氧微生物的消耗。投加缓释氧材料+芦苇秸秆微生物实验组由于芦苇秸秆负载有异养硝化-好氧反硝化菌群，受到微生物的影响，其上覆水 DO 浓度较仅投加缓释氧材料实验组整体偏低。

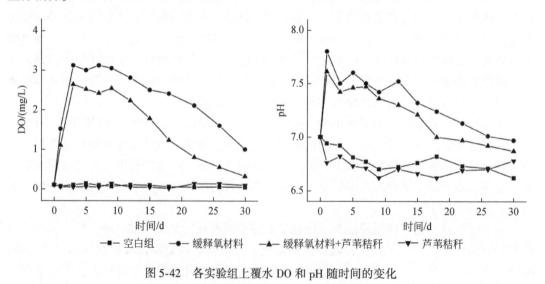

图 5-42　各实验组上覆水 DO 和 pH 随时间的变化

2. 对上覆水不同形态氮的影响

图 5-43 为各实验组上覆水中不同形态 N 浓度随时间的变化。空白组和投加芦苇秸秆

实验组上覆水中 TN 和 NH_4^+-N 浓度随时间均呈上升趋势，NO_3^--N 和 NO_2^--N 与其变化趋势相反，逐渐减小；投加缓释氧材料实验组上覆水中 TN、NH_4^+-N 和 NO_2^--N 浓度随时间逐渐降低，NO_3^--N 浓度逐渐升高；投加缓释氧材料+芦苇秸秆微生物实验组上覆水中各形态氮浓度均逐渐降低。

不投加缓释氧材料时，由于上覆水中 DO 浓度低，无法进行硝化作用，沉积物中氨态氮不断释放，导致 NH_4^+-N 浓度不断升高，而在缺氧条件下反硝化作用明显，因此上覆水中 NO_3^--N 和 NO_2^--N 浓度总体上均随时间呈下降趋势。

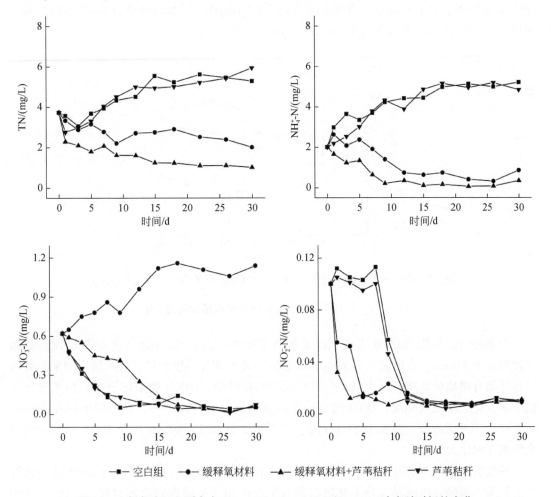

图 5-43　各实验组上覆水中 TN、NH_4^+-N、NO_3^--N 和 NO_2^--N 浓度随时间的变化

投加缓释氧材料后，释放的氧气促进硝化菌的生长，从而降低了 NH_4^+-N 浓度，同时芦苇秸秆负载的异养硝化–好氧反硝化菌群进行异养硝化作用，所以与负载的微生物联用后，上覆水中 NH_4^+-N 浓度更低。当仅投加缓释氧材料，上覆水中 NO_3^--N 浓度随时间不断升高，是因为厌氧反硝化菌在 DO 高的环境中反硝化作用受到抑制，同时硝化细菌不断进行硝化作用，导致 NO_3^--N 累积；增加芦苇秸秆微生物后，芦苇秸秆中的异养硝化–好氧反硝化菌群在 DO 浓度高的环境中可同时进行硝化和反硝化作用，从而上覆水中 NO_3^--N 浓度

随时间逐渐降低。

总体来说，空白组 30d 后，上覆水中 TN 和 NH_4^+-N 浓度分别升高至 5.68mg/L 和 5.22mg/L，投加缓释氧材料+芦苇秸秆微生物后，30d 后上覆水中 TN、NH_4^+-N 的去除率分别为 82% 和 93.3%。

3. 对上覆水 DOC、DOM 的影响

各实验组上覆水中溶解性有机碳（DOC）浓度随时间的变化见图 5-44。上覆水中 DOC 浓度总体上呈上升趋势，第 30d 达 2.19~2.71mg/L；投加缓释氧材料+芦苇秸秆微生物后，上覆水中 DOC 浓度降低最多，仅为 1mg/L 左右。

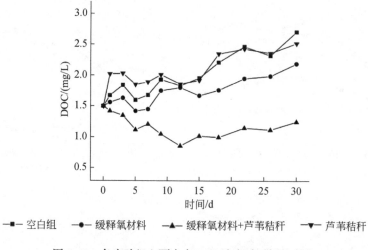

图 5-44　各实验组上覆水中 DOC 浓度随时间的变化

荧光光谱指数能为 DOM 组成和性质的确定提供有效信息。BIX（生物源指数）是指激发波长为 310nm、发射波长为 380nm 和 430nm 处的荧光强度比值，表示微生物来源有机质和外源有机质的比例，可衡量自生源有机物的贡献率。HIX（腐殖化指数）用来表征有机质腐殖化程度或成熟度，DOM 的腐殖化程度越高，稳定性越好，在环境中的存在时间相对越长，可通过激发波长为 254nm 时，发射波长从 435~480nm 以及 300~345nm 时荧光峰值面积比值计算。

各组实验中对溶解性有机质进行了 HIX 和 BIX 计算，其中 HIX 参数与 DOM 腐殖化程度正相关，腐殖化指的是大分子有机物在微生物作用下生成腐殖质的过程，上覆水 DOM 腐殖化程度越高，HIX 参数越大；BIX 参数可以反映短时间内新生成的 DOM 的多少，自生 DOM 过程中的典型特征是产生 β 荧光团，而 BIX 参数反映的就是 β 荧光团的多少，BIX 参数越大，说明在微生物作用下生成的 DOM 越多，也说明微生物作用旺盛，当 BIX = 0.6~0.7 时，几乎没有新生的 DOM，说明微生物作用很小。

各实验组上覆水 DOM 荧光指数 HIX 和 BIX 随时间的变化如图 5-45 所示。各实验组 HIX 逐渐增大，说明 DOM 腐殖化程度不断升高，这主要与上覆水 DOM 中类富里酸增加有关。整个过程，投加缓释氧材料实验组较空白组，BIX 值有所提高，是因为投加缓释氧材

料可以促进微生物作用。

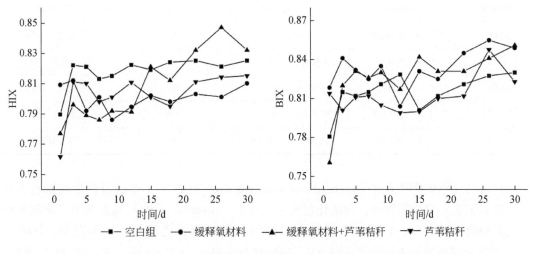

图 5-45　各实验组上覆水 DOM 荧光指数随时间的变化

5.7.3　类芬顿–微生物协同除氮生境改善技术

白洋淀水体和沉积物中的氮对大型底栖动物生长存在抑制作用。考虑白洋淀在生态补水、环境综合治理、生态修复等多种措施下，水质正在逐步恢复为 III ～ IV 类水体，因此表层沉积物氮的削减是底栖动物恢复的关键。

2018 年 4 月、7 月和 11 月调研白洋淀沉积物有机氮（DON）的占比（cDON/cTN）高达 90% 以上（图 5-46）。对比其他湖泊发现（表 5-16），白洋淀沉积物中 TN 和 DON 比其他湖泊相对较高。当外源污染得到控制后，沉积物内源有机氮转换释放是水体中氮的主要来源。因此有必要开发有效削减技术，以营造适宜的底栖生境。

为了实现沉积物中 DON 的原位削减，开发了铁改性生物炭活化过硫酸盐–微生物耦合技术。

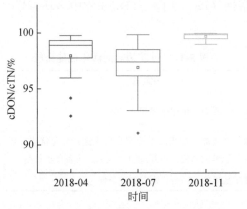

图 5-46　2018 年白洋淀 DON/TN 的浓度占比

表 5-16　白洋淀沉积物 DON 和 TN 与其他湖泊对比

研究地区	DON/（mg/kg）	TN/（mg/kg）	DON/TN/%	文献来源
滇池	1531. 68 ~ 4760. 09	3019. 66	85	吴亚林，2018
太湖	300. 00 ~ 800. 00	306. 00 ~ 1035. 00	80	钱伟斌等，2016
巢湖	1350. 21 ~ 2065. 00	1399. 3 ~ 3739. 4	80	李强等，2013
长寿湖	2012. 46 ~ 5012. 36	2090. 00 ~ 5180. 00	96	胡鹏飞，2013
白洋淀	244. 889 ~ 10030. 414	260. 000 ~ 10100. 000	99	本土调研

传统的化学氧化技术（adavanced oxidation process，AOPs）主要通过产生羟基自由基（·OH）实现污染物的降解，而活化过硫酸盐技术（persulfate，PS）是近几年发展起来的以硫酸根自由基（SO_4^{-}）为主要活性物质降解污染物的氧化技术（杨世迎等，2008）。SO_4^{-} 的氧化还原电位 E = +2. 5 ~ +3. 1V，比羟基自由基（·OH，E = +1. 8 ~ +2. 7V）更高，可氧化大部分有机污染物。过硫酸盐可分为过二硫酸盐（Peroxydisulfate，PDS）和过一硫氢盐（Peroxymonsulfate，PMS）。在污染水体的修复中，PDS 因高溶性、稳定性和成本低等特点常作为产生 SO_4^{-} 的主要物质，但 PDS 在常温下较为稳定，需要通过提供能量或者化学活化剂进行 O—O 键的断裂，才能产生高活性自由基（沈潺潺，2017）。

目前在常见的施加能量和提供催化剂的方式中（表 5-17），加热、紫外光、微波、电化学等活化方式迅速、成效快，但能耗和设备要求较高，限制了该技术的应用。碱活化要求碱性条件苛刻，容易腐蚀设备，且反应后需要调节体系 pH。过渡金属活化，通常是在常温常压下进行，氧化效率高、反应条件温和，且不需要额外的能量，得到了广泛关注，逐渐成为过硫酸盐活化的主要研究方向。然而，如果过渡金属离子过量，也会消耗过硫酸根自由基，造成过硫酸盐的不必要浪费。生物碳是生物质在一定温度和限氧条件下合成的固碳物质，近几年来由于其对过硫酸盐具有较强的活化能力，并且来源广、能耗低、条件温和副产物无毒无害，开始被广泛研究。以铁改性的生物碳对过硫酸盐表现出较高的活化效能（刘帅磊，2017）。Dong 等（2018）研究了磁性木材生物碳（WB）基复合催化剂（Fe_3O_4-WB）催化过硫酸钠（PS）去除河口沉积物中多环芳烃（PAHs）的效能，去除率高达 90%。

表 5-17　过硫酸盐的活化性能比较

活化方式	活化特点	参考文献
热活化	简单、高效、能耗高、传递距离短	Huang et al.，2005；Liu et al.，2012；Johnson et al.，2008
微波活化	具有降低反应活化能、加快反应速率和增强选择性等优点，可以显著地降低能量的消耗，降低量约为 50%，设备要求较高	Shih et al.，2012；Pourjavadi 和 Mirjalili，1999
碱活化	高效，过硫酸盐可能被降解，需要碱性条件	Liang 和 Su，2009；Qi et al.，2016

活化方式	活化特点	参考文献
过渡金属活化	低效，需要较高的 Fe^{2+} 浓度，防止 $Fe^{2+} \rightarrow Fe^{3+}$，但 Fe^{2+} 过高也会将过硫酸跟转化为硫酸根。尽管乙二胺四乙酸（EDTA）络合 Fe^{2+} 能解决上述问题，但 EDTA 不但不能生物降解，而且还对微生物有害	Anipsitakis 和 Dionysiou，2004；Long et al.，2014
碳材料活化	天然、废弃物质丰富、能耗低、条件温和	Karthikeyan et al.，2015；Fang et al.，2015
过氧化物活化	更高的氧化能力，可能存在其他副产品	Goi 和 Trapido，2010

此外，由于过硫酸盐溶于水时存在淬灭反应，其生成的自由基容易在反应前被大量消耗掉，从而降低材料利用率。因此，为了延长氧化剂持效期、减少材料添加次数、降低分解与流失，一系列以缓释、持续释放为目的的过硫酸盐缓释材料相继被开发，并逐渐用于土壤、地下水的修复。顾建忠（2018）以过硫酸盐、水泥、沙子和水按一定配比完全混合合成具有一定形状和大小的过硫酸盐缓释材料用于降解水中的四氯乙烯，结果发现过硫酸盐缓释材料能够长时间维持水体中过硫酸根离子的含量，且污染物在 24h 内降解率达 100%。

目前，过硫酸盐化学氧化耦合微生物技术已应用于有机物污染的土壤或沉积物修复中。徐申（2019）利用 Fe^{2+} 和高锰酸钾活化过硫酸盐去除土壤中苯并芘（Bap），发现该技术能高效氧化吸附在土壤有机质上的 Bap，同时能优化土壤微生物群落结构并增强微生物活性。因此，过硫酸盐氧化高效、稳定、对微生物影响较小、研究技术成熟，过硫酸盐氧化-微生物耦合技术应用广泛，可作为湖泊生境改善技术。

1. 缓释过硫酸盐缓释性能

如图 5-47 所示，利用过硫酸盐、水泥、水按照一定的质量比（过硫酸盐：水泥：水 = 5：3：2）均匀混合，制备缓释过硫酸盐材料（SPDS）。由图 5-47 可知，SPDS 在 1 个月内缓慢释放，水体 pH 维持在 8.5 左右，呈微碱性。因此，该材料释放速率为 0.008~0.11g/d，材料组成无毒无害，对水体 pH 影响较小。

2. 铁改性生物炭活化过硫酸盐的脱氮效能

选择蛋白胨作为模拟有机氮污染物，评估铁改性生物炭（Fe-BC）活化缓释过硫酸盐（SPDS）脱氮效能。从图 5-48 可知，仅投加 SPDS，各形态氮浓度基本无变化；仅投加 Fe-BC，TN 和 DON 浓度无明显变化，而在 6h 内对 NH_4^+-N 和 NO_3^--N 的吸附率分别为 48% 和 40%；当投加 Fe-BC 和 SPDS 时，6h 内 TN 去除率不高，为 38.8%，DON 去除率高达 82.6%。NH_4^+-N 和 NO_3^--N 有所升高。因此，利用 SPDS/Fe-BC 体系可以有效氧化 DON 为 NH_4^+-N 和 NO_3^--N，由于缺少微生物作用，无机氮发生累积。

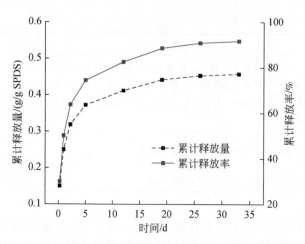

图 5-47　缓释过硫酸盐（SPDS）累积释放量和累积释放率

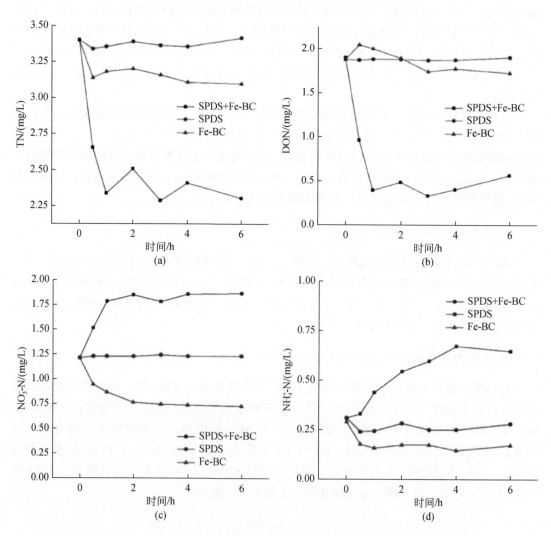

图 5-48　PDS/Fe-BC 体系下 TN（a）、DON（b）、NO_3^--N（c）和 NH_4^+-N（d）的去除效果

3. 铁改性生物炭活化过硫酸盐–微生物耦合脱氮效能

为了去除累积的 NH_4^+-N 和 NO_3^--N，将白洋淀分离的土著微生物异养硝化–好氧反硝化菌（BM 菌）与 Fe-BC/SPDS 体系进行耦合，考察该体系的除氮效能。整个过程中 PDS 缓慢释放，浓度维持在 1.75g/L。

实验结果由图 5-49 可知，空白体系的 TN 在逐渐升高，沉积物中的氮主要转化成 NH_4^+-N 和 NO_3^--N 向水体释放。当仅采用氧化技术或者仅为微生物投加，均无法实现 NH_4^+-N 和 NO_3^--N 的去除。当投加 Fe-BC、SPDS 和 BM 后，TN 和 DON 去除率分别为 75% 和 93%；NH_4^+-N 和 NO_3^--N 分别先由 0.95mg/ 和 0.59mg/L 升高至 1.5mg/L 和 2.25mg/L，然后逐渐下降至 0.25mg/L 和 0.30mg/L，浓度维持在地表水 Ⅲ 类标准水平；NO_2^--N 由 0.06mg/L 升高至 0.12mg/L。由此说明，引入微生物有助于去除累积的 NH_4^+-N 和 NO_3^--N。反应过程中所有体系 DO 均维持在 3.5mg/L（图 5-50），pH 维持在 7~8，反应条件适宜微生物的生长。与其他反应体系相比，复合体系水体 TOC 浓度在反应过程中逐渐降低，说明 Fe-BC/SPDS/BM 体系具有一定的除碳效果。

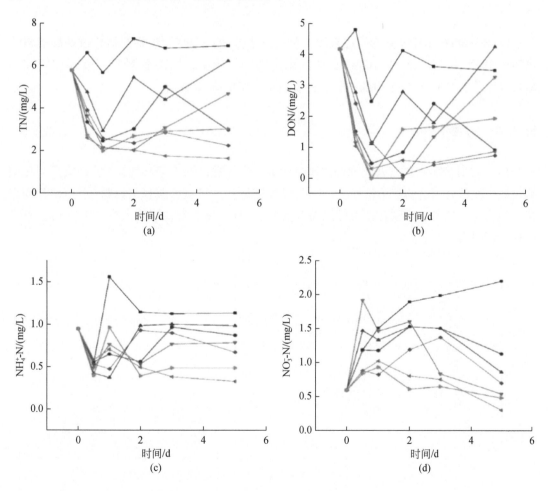

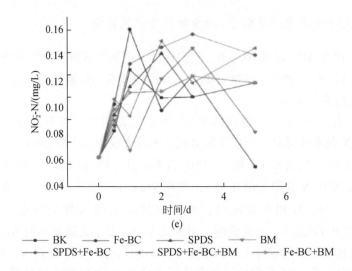

图 5-49　SPDS/Fe-BC/BM 对模拟实际水–沉积物体系 TN（a）、DON（b）、NO_3^--N（c）、

NH_4^+-N（d）和 NO_2^--N（e）的去除效果

Fe-BC/SPDS/BM 体系的反应机理，包括三个方面：①改性生物炭活化过硫酸盐氧化水体中 DON 为 NH_4^+-N 和 NO_3^--N；②在微生物的作用下，NH_4^+-N 经过硝化作用转化为 NO_3^--N，产生 NO_3^--N 与①中的产物经过反硝化作用生成 N_2 释放。

5.7.4　小结

（1）针对低碳高氮富营化湖泊内源氮污染，将筛选出的土著异养硝化–好氧反硝化菌群负载于酸预处理后的芦苇秸秆上，联合缓释氧材料，建立了缓释氧材料–芦苇秸秆固定化微生物联用技术。该联合技术可提高上覆水中 DO 浓度，有效降低上覆水中 DOC、NH_4^+-N 和 TN 浓度。

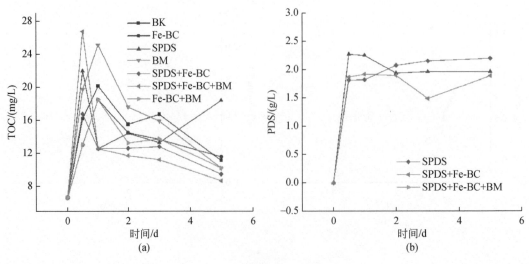

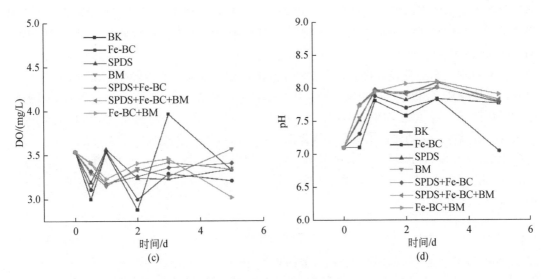

图 5-50　SPDS/Fe-BC/BM 对模拟实际水–沉积物体系中 DO（a）、pH（b）、TOC（c）和 PDS（d）含量变化的影响

（2）针对有机氮含量高抑制底栖生物生长的问题，建立了铁改性生物炭（Fe-BC）活化缓释过硫酸盐（SPDS）耦合微生物（BM 菌群）的脱氮技术。Fe-BC 对过硫酸盐具有较好的活化性能，可氧化水中 DON 为 NH_4^+-N、NO_3^--N，对 TN、DON 的去除率分别为 75%。产生的 NH_4^+-N 和 NO_3^--N 经过异养硝化–好氧反硝化菌群（BM 菌）的硝化–反硝化作用实现进一步去除，浓度维持在地表水Ⅲ类标准水平。与空白组相比，SPDS/Fe-BC/BM 菌体系具有一定的除碳效果。反应过程中 DO 维持在 3.5mg/L 左右，pH 为 7~8，微生物菌群保持较好的活性。因此，该耦合技术可有效除氮，改善生境，有益于底栖动物的恢复。

5.8　本章小结

底栖生态修复的关键是具有适宜生物生长的生境条件，针对不同生境情况，通过多项技术的协同，可实现水质净化、透明度和底栖溶解氧提高，为底栖植物和动物恢复提供有利条件。

（1）针对清淤后透明度和水质下降、沉积物–水界面溶解氧浓度低等问题，建立了黏土快速净化–河蚌笼养稳定–食藻虫生态修复技术、底层绿色多功能释氧材料增氧技术、土著微生物修复多项协同技术，可实现水质净化，透明度、底栖溶解氧提高，为沉水植物和底栖动物恢复提供了有利生境条件。

（2）研究了天然沸石、硅藻土、粉煤灰、赤泥、铁铝泥五种吸附材料对磷的吸附性能，并利用盐酸改性铁铝泥、铁盐改性粉煤灰和赤泥，对比研究了改性后材料对磷的吸附能力，结果表明各材料吸附磷能力为：改性赤泥>改性粉煤灰>改性铁铝泥>铁铝泥>赤泥和粉煤灰>沸石>硅藻土，改性材料吸附除磷能力明显提高。

（3）针对低碳高氮富营养化湖泊内源氮污染，将筛选出的土著异养硝化–好氧反硝化菌群负载于酸预处理后的芦苇秸秆上，联合缓释氧材料，建立了缓释氧材料–芦苇秸秆固定化微生物联用技术。该联合技术可提高上覆水中 DO 浓度，有效降低上覆水中 DOC、NH_4^+-N 和 TN 浓度。

（4）针对有机氮含量高抑制底栖生物生长的问题，建立了铁改性生物炭（Fe-BC）活化缓释过硫酸盐（SPDS）耦合微生物（BM 菌群）的脱氮技术。Fe-BC 对过硫酸盐具有较好的活化性能，可氧化 DON 为 NH_4^+-N、NO_3^--N，进而通过异养硝化–好氧反硝化菌群（BM 菌）的硝化–反硝化作用实现无机氮的去除，浓度维持在地表水 III 类标准水平。与空白组相比，SPDS/Fe-BC/BM 菌体系具有一定的除碳效果。反应过程中 DO 维持在 3.5mg/L 左右，pH 为 7~8，微生物菌群保持较好的活性。因此，该耦合技术可有效除氮，改善生境，有益于底栖动物的恢复。

参 考 文 献

陈浩. 2017. 底泥改善剂的研制及其对菹草生长的影响. 天津：天津大学.

陈洪森, 叶春, 李春华, 等. 2020. 入湖河口区水生植物群落衰亡分解释放营养盐过程模拟研究. 环境工程技术学报, 10（2）：220-228.

陈立志. 2017. 老运粮河现状调查和河道生境改善技术研究. 昆明：云南大学.

陈雪初, 孔海南, 张大磊, 等. 2006. 粉煤灰改性制备深度除磷剂的研究. 工业用水与废水, 37（6）：65-67, 87.

程昌锦, 丁霞, 胡璇, 等. 2018. 滨水植被缓冲带水质净化研究. 世界林业研究, 31（4）：13-17.

程占冰. 2011. 富营养化湖泊武汉东湖沉积物细菌多样性和系统发育研究. 武汉：华中科技大学.

邓焕广, 张智博, 刘涛, 等. 2019. 城市湖泊不同水生植被区水体温室气体溶存浓度及其影响因素. 湖泊科学, 31（4）：1055-1063.

丁佳栋. 2019. 改性凹凸棒土填料处理富营养化水体及底泥覆盖效果研究. 杭州：杭州师范大学.

丁葵英, 朱茂旭, 卞永荣. 2009. 聚合羟基铁铝蒙脱石复合体对磷的吸附行为及其动力学. 矿物学报, 29（1）：19-25

杜聪, 冯胜, 张毅敏, 等. 2018. 微生物菌剂对黑臭水体水质改善及生物多样性修复效果研究. 环境工程, 36（8）：1-7.

段学花. 2009. 河流水沙对底栖动物的生态影响研究. 北京：清华大学.

段怡君, 杨逢乐, 张春敏, 等. 2015. 滇池流域典型河道原位生态砾石层净化效果研究. 绿色科技,（11）：192-193, 195.

方兴斌. 2019. CaO_2 缓释剂释氧性能及对底泥有机质去除效果研究. 广州化工, 47（8）：47-49.

冯奇秀, 谢骏, 刘军. 2003. 底泥生物氧化与城市黑臭河涌治理. 水利渔业, 24（6）：42-44.

顾建忠. 2018. 过硫酸盐缓释材料降解水溶液中四氯乙烯的效果. 净水技术, 37（S1）：97-100.

郭彬, 汤兰, 唐莉华, 等. 2010. 滨岸缓冲带截留污染物机理和效果的研究进展. 水土保持研究, 17（6）：257-262, 274.

郭文洁. 2019. 包埋过氧化钙改善黑臭水体底泥特性的试验研究. 扬州：扬州大学.

韩梅, 王衍强, 彭帅, 等. 2011. 降解亚硝酸盐乳酸菌的分离与鉴定. 沈阳农业大学学报, 42（2）：216-219.

韩云, 程凯, 赵以军. 2008. 高效降解生活污水中 COD 的根际微生物的分离筛选. 微生物学杂志, 28（2）：61-64.

何志辉. 2000. 淡水生态学 水产养殖, 水生生物专业用. 北京：中国农业出版社.

侯俊，王超，王沛芳，等．2012．卵砾石生态河床对河流水质净化和生态修复的效果．水利水电科技进展，32（6）：46-49．

胡鹏飞．2013．长寿湖表层沉积物中氮、磷的赋存形态及污染评价．重庆：重庆师范大学．

胡易坤，刘超，吴林骏，等．2020．水体底泥污染物理覆盖材料选择及其污染阻断效果研究．安徽农业科学，48（11）：67-70，76．

黄真真，陈桂秋，曾光明，等．2015．固定化微生物技术及其处理废水机制的研究进展．环境污染与防治，37（10）：77-85．

霍晴晴．2016．滇池沉积物中原核生物多样性及好氧反硝化菌的活性评价．昆明：云南大学．

康鹏亮．2018．湖库水体好氧反硝化菌种群结构及其脱氮特性研究．西安：西安建筑科技大学．

李宝磊，刘舒，曾乐，等．2020．我国河道底泥资源化利用技术现状．科技创新与应用，（2）：156-157．

李亮，武成辉，林翰志，等．2017．复合释氧剂的制备及其对水体修复的作用．环境工程，35（9）：1-6，191．

李强，霍守亮，王晓伟，等．2013．巢湖及其入湖河流表层沉积物营养盐和粒度的分布及其关系研究．环境工程技术学报，3（2）：147-155．

李淑芬，俞元春，何晟．2003．南方森林土壤溶解有机碳与土壤因子的关系．浙江林学院学报，20（2）：119-123．

李雪菱，张雯，李知可，等．2018．红壤原位覆盖对河流底泥氮污染物释放的抑制研究．环境污染与防治，40（1）：28-32．

李雨平，姜莹莹，刘宝明，等．2020．过氧化钙（CaO₂）联合生物炭对河道底泥的修复．环境科学，41（8）：3629-3636．

梁文艳，樊乾龙，张恒峰，等．2015-12-29．短波单胞菌及其应用：中国，CN201511005293．3．

林武，陈敏，罗建中，等．2008．生态工程技术治理污染水体的研究进展．广东化工，35（4）：42-46．

刘丽香，韩永伟，刘辉，等．2020．疏浚技术及其对污染水体治理效果的影响．环境工程技术学报，10（1）：63-71．

刘梦婷，王帅帅，廖文仪，等．2019．一例组合益生菌中微生物群落多样性研究．中兽医医药杂志，38（6）：5-9．

刘清河，马林，李新正．2020．东海北部小型底栖动物群落对径流及黑潮暖流入侵的响应．海洋学报，42（2）：52-64．

刘帅磊．2017．广州流溪河与生态修复塘大型底栖动物群落结构特征及生态健康评估．广州：暨南大学．

刘熹．2015．固定化微生物技术在湖塘水体原位修复中的应用研究．南宁：广西大学．

刘新春．2006．不同污水处理系统中微生物群落的组成和变化解析．北京：中国科学院生态环境研究中心．

刘焱，王世和，吴玲琳，等．2009．工业废渣基复合除磷材料的吸附动力学及热力学分析．东南大学学报（自然科学版），39（6）：1231-1235．

吕鹏翼．2018．脱氮微生物的筛选及其在生物膜技术中的应用．北京：中国矿业大学．

毛跃建．2009．废水处理系统中重要功能类群 Thauera 属种群结构与功能的研究．上海：上海交通大学．

钱伟斌，张莉，王圣瑞，等．2016．湖泊沉积物溶解性有机氮组分特征及其与水体营养水平的关系．光谱学与光谱分析，36（11）：3608-3614．

沈潺潺．2017．过渡金属-电活化过硫酸盐降解布洛芬和环丙沙星的效能和机理研究．北京：北京师范大学．

史佳媛．2015．脱氮优势菌群筛选及其固定化应用于河道底泥修复．南京：东南大学．

唐露．2019．复合微生物原位修复黑臭河道底泥试验研究．西安：西安工程大学．

唐涛涛，李江，杨钊，等．2020．污泥厌氧消化功能微生物群落结构的研究进展．化工进展，39（1）：320-328.

唐伟，张远，刘缨，等．2019．北运河底泥中异养硝化菌的筛选及其脱氮特性．环境工程，37（10）：126-132.

涂玮灵．2014．反硝化菌剂对黑臭河道底泥的修复效果及条件优化研究．南宁：广西大学．

汪红军，胡菊香，吴生桂，等．2007．生物复合酶污水净化剂处理黑臭水体的研究．水利渔业，28（1）：68-70.

王杰，彭永臻，杨雄，等．2016．温度对活性污泥沉降性能与微生物种群结构的影响．中国环境科学，36（1）：109-116.

王俊华．2007．水生植物和放线菌对皂河污水的净化研究．咸阳：西北农林科技大学．

王丽丽．2016．乳酸菌的分离及酸奶的发酵．食品安全导刊，（33）：135.

王美丽．2015．曝气对黑臭河道水体污染修复的影响研究．石家庄：河北科技大学．

王晓菲．2012．水生动植物对富营养化水体的联合修复研究．重庆：重庆大学．

王兴荣．2018．前置库生态系统中河水水质的强化净化研究．兰州：兰州交通大学．

王秀杰，王维奇，张阳，等．2019．不同环境条件下 *Pseudomonas* sp. 脱氮特性及功能基因表达差异研究．中国环境科学，39（10）：4377-4386.

王永霞，霍晴晴，李亚平，等．2018．滇池可培养好氧反硝化细菌多样性及其脱氮特性．微生物学报，58（10）：1764-1775.

文娅，赵国柱，周传斌，等．2011．生态工程领域微生物菌剂研究进展．生态学报，31（20）：6287-6294.

文娅，赵国柱，周传斌，等．2013．一种新型微生物菌剂处理生活污水．环境工程学报，7（5）：1729-1734.

吴昊，孙丽娜，王辉，等．2015．活化过硫酸钠原位修复石油类污染土壤研究进展．环境化学，34（11）：2085-2095.

吴庆，张学敏，董红梅，等．2017-11-7．新型降解稻草秸秆的复合菌系及其制备方法与应用：中国．CN201710577748．1.

吴献花，侯长定，王林，等．2002．人工湿地处理污水的机理．玉溪师范学院学报，18（1）：103-105.

吴亚林．2018．滇池水体和沉积物氮磷组成及沉积特征研究．南京：南京师范大学．

吴振斌，邱东茹，贺锋，等．2001．水生植物对富营养水体水质净化作用研究．武汉植物学研究，19（4）：299-303.

夏德春，郑翔，吕树光，等．2020．过氧化钙缓释材料对河道水固磷及底泥控磷的机理研究，42（5）：553-557，564.

肖慧，张艳，张喆，等．2009．青岛、威海水域夏冬季表层沉积物细菌多样性的初步研究．中国海洋大学学报（自然科学版），39（4）：641-646.

忻夏莹，黄国和，安春江，等．2018-10-9．一种复合微生物净水剂及其应用：中国．CN20181046 1635．X.

熊鑫，柯凡，李勇，等．2015．过氧化钙对水中低浓度磷的去除性能．湖泊科学，27（3）：493-501.

徐申．2019．化学氧化-微生物耦合修复 BaP 污染土壤初探．杭州：浙江大学．

徐雪芹，李小明，杨麒，等．2006．固定化微生物技术及其在重金属废水处理中的应用．环境污染治理技术与设备，（7）：99-105.

徐亚同．1994．pH 值、温度对反硝化的影响．中国环境科学，（4）：308-313.

徐阳春，沈其荣，冉炜．2002．长期免耕与施用有机肥对土壤微生物生物量碳、氮、磷的影响．土壤学报，39（1）：83-90.

许瑞，邹平，付先萍，等．2019. pH 对黑臭水体净化效率及真菌群落结构的影响．环境工程，37（10）：97-104.

薛栋，丁爱中，朱宜，等．2019. 应用于黑臭水体的新型缓释氧材料制备及其释氧效果模拟．环境工程，37（9）：57-61.

严兴．2007. A²/O 固定生物膜法焦化废水处理系统群落空间演替模式的系统轨迹分析及应用．上海：上海交通大学.

杨洁．2015. 用于水体修复的释氧复合剂的研制及作用机理研究．上海：华东理工大学.

杨平，仝川．2015. 淡水水生生态系统温室气体排放的主要途径及影响因素研究进展．生态学报，35（20）：6868-6880.

杨世迎，陈友媛，胥慧真，等．2008. 过硫酸盐活化高级氧化新技术．化学进展，20（9）：1433-1438.

杨艳玲，李星，范茜．2009. 复合铁铝吸附剂的制备及对水中痕量磷的去除．北京理工大学学报，29（1）：73-75，84.

杨雨风，易雨君，周扬，等．2019. 白洋淀底栖动物群落影响因子研究．水利水电技术，50（2）：21-27.

杨卓，彭继伟．2016. 城市浅水湖泊治理技术初探．环境科学与管理，41（7）：105-108.

叶春，李春华，邓婷婷．2013. 湖泊缓冲带功能、建设与管理．环境科学研究，26（12）：1283-1289.

尹大强，覃秋荣，阎航．1994. 环境因子对五里湖沉积物磷释放的影响．湖泊科学，3（4）：376-380.

袁芬．2019. 过氧化钙原位修复黑臭底泥对上覆水体的影响．哈尔滨：哈尔滨工业大学.

曾毅夫，邱敬贤，刘君，等．2018. 人工湿地水处理技术研究进展．湿地科学与管理，14（3）：62-65.

张成．2015. 基于前置库生态技术的水库生态建设研究．水利规划与设计，（8）：111-114.

张树林，翁建男，陈思文，等．2015. 响应面法优化酵母菌处理餐饮废水．环境工程学报，9（7）：3141-3146.

张豫，黄本胜，俞孜，等．2016-4-27. 基于底栖动物-藻类-水生植物-鱼类的河流水生态环境自我修复方法：中国 CN201511022403. 7.

赵桂瑜，周琪．2009. 钢渣吸附除磷机理研究．水处理技术，35（11）：45-47.

赵慧娟，于涛，许梓文．2018. 酵母菌降解亚硝酸盐条件优化．中国调味品，43（10）：58-61.

赵志萍．2007. 河流黑臭水体的微生物修复研究．咸阳：西北农林科技大学.

周俊利，朱强，魏霞，等．2018. 絮凝剂产生菌 CM-HZX2 菌株的分离、鉴定以及应用研究．基因组学与应用生物学，37（3）：1218-1224.

朱广伟，秦伯强，高光．2003. 浅水湖泊沉积物磷释放的重要因子—铁和水动力．农业环境科学学报，22（6）：762-764.

朱家悦，朱李英，钟馨．2020. 河道底泥原位生物修复技术研究简述．四川水利，41（2）：92-94，99.

朱雅琴，黄煦杰，江岩，等．2020. 骆驼瘤胃乳酸菌的分离、鉴定及其降解吲哚的功能研究．食品工业科技，41（11）：134-139，145.

朱煜．2020. 过氧化钙缓释氧剂对微生物降解苯系物的强化效能和机理研究．应用化工，49（4）：916-920.

Agency E P. 2002. Edition of the drinking water standards and health advisories. Washington D. C. : Environmental Protection Agency.

Allard A S, Neilson A H. 1997. Bioremediation of organic waste sites: A critical review of microbiological aspects. International Biodeterioration & Biodegradation, 39（4）：253-285.

Alvarez A, Saez J M, Davila CostaJ S, et al. 2017. Actinobacteria: Current research and perspectives for bioremediation of pesticides and heavy metals. Chemosphere, 166：41-62.

Anipsitakis G P, Dionysiou D D. 2004. Radical Generation by the Interaction of Transition Metals with Common Oxidants. Environmental Science & Technology, 38 (13): 3705-3712.

Bai X Y, Lin J W, Zhang Z B, et al. 2021. Interception of sedimentary phosphorus release by iron-modified calcite capping. Journal of Soils and Sediments, 21 (1): 641-657.

Barica J, Mathias J A. 1979. Oxygen Depletion and Winterkill Risk in Small Prairie Lakes Under Extended Ice Cover. Journal ofthe Fisheries Research Board of Canada, 36 (8): 980-986.

Beisel J N, Usseglio-Polatera P, Thomas S, et al. 1998. Stream community structure in relation to spatial variation: The influence of mesohabitat characteristics. Hydrobiologia, 389 (1): 73-88.

Benner J, Helbling D E, Kohler H P E, et al. 2013. Is biological treatment a viable alternative for micropollutant removal in drinking water treatment processes? Water Research, 47 (16): 5955-5976.

Brown A V, Brussock P P. 1991. Comparison of Benthic Invertebrates Between Riffles and Pools. Hydrobiologia, 220 (2): 99-108.

Buss D F, Baptista D F, Nessimian J L, et al. 2004. Substrate specificity, environmental degradation and disturbance structuring macroinvertebrate assemblages in neotropical streams. Hydrobiologia, 518 (1): 179-188.

Cooper S D, Barmuta L, Sarnelle O, et al. 1997. Quantifying spatial heterogeneity in streams. Journal of the North American Benthological Society, 16 (1): 174-188.

Dong C D, Chen C W, Kao C M, et al. 2018. Wood-Biochar-Supported Magnetite Nanoparticles for Remediation of PAH-Contaminated Estuary Sediment. Catalysts, 8 (2): 73.

Downes B J, Lake P S, Scheriber E S G, et al. 1998. Habitat structure and regulation of local species diversity in a stony, upland stream. Ecological Monographs, 68 (2): 237-257.

Edwards W R. 1977. Book reviews: Whitton, B. A. 1975: River ecology. Studies in Ecology 2. Oxford: Blackwell Scientific Publications. US distributors: University of California Press. Progress in Physical Geography, 1 (3): 565-566.

Esplugas S, Bila D M, Krause L G T, et al. 2007. Ozonation and advanced oxidation technologiesto remove endocrine disrupting chemicals (EDCs) and pharmaceuticals and personal care products (PPCPs) in water effluents. Journal of Hazardous Materials, 149 (3): 631-642.

Fang G D, Liu C, Gao J, et al. 2015. Manipulation of Persistent Free Radicals in Biochar To Activate Persulfate for Contaminant Degradation. Environmental Science & Technology, 49 (9): 5645-5653.

Flecker A S, David A J. 1984. The importance of predation, substrate and spatial refugia in determining lotic insect distributions. Oecologia, 64 (3): 306-313.

Gan S, Lau E V, Ng H K. 2009. Remediation of soils contaminated with polycyclic aromatic hydrocarbons (PAHs). Journal of Hazardous Materials, 172 (213): 532-549.

Geelhoed J S, Hiemstra T, Van Riemsdijk W H. 1998. Competitive interaction between phosphate and citrate on goethite. Environmental Science & Technology, 32 (14): 2119-2123.

Gitipour S, Sorial G A, Ghasemi S, et al. 2018. Treatment technologies for PAH-contaminated sites: A critical review. Environmental Monitoring and Assessment, 190 (9): 546.

Goi A, Trapido M. 2010. Chlorophenols Contaminated Soil Remediation by Peroxidation. Journal of Advanced Oxidation Technologies, 13 (1): 50-58.

Graca M A S, Pinto P, Cortes R, et al. 2004. Factors Affecting Macroinvertebrate Richness and Diversity in Portuguese Streams: A Two-Scale Analysis. International Review of Hydrobiology, 89 (2): 151-164.

Grubaugh J, Wallace B, Houston E. 1997. Production of benthic macroinvertebrate communities along a southern appalachian river continuum. Freshwater Biology, 37 (3): 581-596.

Harrison S P, Digerfeldt G. 1993. European lakes as palaeohydrological and palaeoclimatic indicators. Quaternary Science Reviews, 12 (4): 233-248.

Hattori T, Furusaka C. 1959. Chemical activities of Escherichia coli adsorbed on a resin. Biochimica et Biophysica Acta, 31 (2): 581-582.

Hou F, Wu Q Z. 2004. Additive consistency of complementary judgment mat rices with fuzzy numbers. Transactions of Bejing Institute of Technology, 24 (4): 367-372.

Huang K C, Zhao Z Q, Hoag G E, et al. 2005. Degradation of volatile organic compounds with thermally activated persulfate oxidation . Chemosphere, 61 (4): 551-560.

Johnson R L, Tratnyek P G, Johnson R O. 2008. Persulfate persistence under thermal activation conditions. Environmental Science & Technology, 42 (24): 9350-9356.

Jowett I G, Richardson J. 1990. Microhabitat preferences of benthic invertebrates in a New Zealand River and the development of in-stream flow-habitat models for *Deleatidium* spp. New Zealand Journal of Marine and Freshwater Research, 24 (1): 19-30.

Karthikeyan S, Boopathy R, Sekaran G. 2015. In situ generation of hydroxyl radical by cobalt oxide supported porous carbon enhance removal of refractory organics in tannery dyeing wastewater. Journal of Colloid and Interface Science, 448: 163-174.

Kwong K F N K, Huang P M. 1977. Influence of citric acid on the hydrolytic reactions of aluminum. Soil Science Society Journal, 41 (4): 692-697.

Latimer J S, Boothman W S, Pesch C E. 2003. Environmental stress and recovery: the geochemical record of human disturbance in New Bedford Harbor and Apponagansett Bay, Massachusetts (USA) . Science of the Total Environment, 313 (1/2/3): 153-176.

Li D P, Huang Y, Fan C X, et al. 2011. Contributions of phosphorus on sedimentary phosphorus bioavailability under sediment resuspension conditions. Chemical Engineering Journal, 168 (3): 1049-1054.

Liang C, Su H W. 2009. Identification of sulfate and hydroxyl radicals in thermally activated persulfate. Industrial & Engineering Chemistry Research, 48 (11): 5558-5562.

Liu C S, Higgins C P, Wang F, et al. 2012. Effect of temperature on oxidative transformation of perfluorooctanoic acid (PFOA) by persulfate activation in water. Separation and Purification Technology, 91: 46-51.

Liu M, Ran Y, Peng X X, et al. 2019. Sustainable modulation of anaerobic malodorous black water: The interactive effect of oxygen-loaded porous material and submerged macrophyte. Water Research, 160: 70-80.

Long A H, Lei Y, Zhang H. 2014. Degradation of toluene by a selective ferrous ion activated persulfate oxidation process. Industrial & Engineering Chemistry Research, 53 (3): 1033-1039.

Madsen E L. 1991. Determining in situ biodegradation: Facts and challenges. Environmental Science and Technology, 25 (10): 1663-1673.

Miller W P, Zelazny L W, Martens D C. 1986. Dissolution of synthetic crystalline and noncrystalline iron oxides by organic acids. Geoderma, 37 (1): 1-13.

Palermo M R. 1998. Design considerations for in- situ capping of contaminated sediments. Water Science and Technology, 37 (6/7): 315-321.

Paul W J, Hamilton D P, Gibbs M M. 2008. Low-dose alum application trialled as a management tool for internal nutrient loads in Lake Okaro, New Zealand. New Zealand Journal of Marine and Freshwater Research, 42 (2): 207-217.

Pourjavadi A, Mirjalili B F. 1999. Microwave-assisted rapid ketalization/acetalization of aromatic aldehydes and ketones in aqueous media. Cheminform, 31 (2): 562-563.

Qi C D, Liu X T, Ma J, et al. 2016. Activation of peroxymonosulfate by base: Implications for the degradation of organic pollutants. Chemosphere, 151: 280-288.

Reice S R. 1980. The role of substratum in benthic macroinvertebrate microdistribution and litter decomposition in a woodland stream. Ecology, 61 (3): 580-590.

Scherier-Uijl A P, Veraart A J, Leffelaar P A, et al. 2011. Release of CO_2 and CH_4 from lakes and drainage ditches in temperate wetlands. Biogeochemistry, 102 (1): 265-279.

Shapiro J, Lamarra V, Lynch M. 1975. Biomanipulation: An ecosystem approach to lake restoration. Proc Symposium Water Quality.

Shih Y J, Putra W N, Huang Y H, et al. 2012. Mineralization and deflourization of 2, 2, 3, 3-tetrafluoro-1-propanol (TFP) by UV/persulfate oxidation and sequential adsorption. Chemosphere, 89 (10): 1262-1266.

Song H, Li Z, Du B, et al. 2012. Bacterial communities in sediments of the shallow Lake Dongping in China. Journal of Applied Microbiology, 112 (1): 79-89.

Suren A, Jowett I. 2010. Effects of floods versus low flows on invertebrates in a new zealand gravel-bed river. Freshwater Biology, 51 (12): 2207-2227.

Thomsen T R, Kong Y H, Nielsen P H. 2007. Ecophysiology of abundant denitrifying bacteria in activated sludge. FEMS Microbiology Ecology, 60 (3): 370-382.

Vaillant N, Monnet F, Sallanon H, et al. 2003. Treatment of domestic wastewater by an hydroponic NFT system. Chemosphere, 50 (1): 121-129.

Verdonschot P F M. 2001. Hydrology and substrates: Determinants of oligochaete distribution in lowland streams (The Netherlands). Hydrobiologia, 463 (1-3): 249-262.

Wang Y, Wang W H, Yan F L, et al. 2019. Effects and mechanisms of calcium peroxide on purification of severely eutrophic water. Science of the Total Environment, 650: 2796-2806.

Xu Y, Han F E, Li D P, et al. 2018. Transformation of internal sedimentary phosphorus fractions by point injection of CaO_2. Chemical Engineering Journal, 343: 408-415.

Ye W J, Li F C, Liu X L, Lin S Q, et al. 2009. The vertical distribution of bacterial and archaeal communities in the water and sediment of Lake Taihu. FEMS Microbiology Ecology, 70 (2): 263-276.

Zeng Q R, Zhou X H, Liao B H, et al. 2001. Activation Effects of Low-molecular-weight Organic Acids on Al, F, P, Cu, Zn, Fe and Mn in Soils of Tea Garden. Journal of Tea Science, 21 (1): 48-52.

第6章 沉水植物和底栖动物恢复重建技术

6.1 基于水下光场和植物特点的沉水植物修复技术

6.1.1 概述

沉水植物在天然水环境中起着重要作用（李佳华，2005；林海等，2019）。它们生长迅速，可以从沉积物和上覆水中吸收大量养分，促使溶解氧增加，水质改善；此外，沉水植物既可以利用其摄取生长所需物质与藻类生长竞争，又可以利用自身分泌的物质通过化感作用抑制浮游藻生长；同时，可以为底栖动物与微生物提供生存繁殖的地域空间，提高湖泊的物种多样性。

目前我国很多湖泊已出现富营养化和生态系统退化现象，因此，沉水植物群落恢复或重建是其生态恢复的关键（刘玉超等，2008；秦伯强，2007）。其中，国内外学者在沉水植物特性和植物群落对光的需求和适应性方面开展了大量研究（表6-1），其也是沉水植物恢复的重点。

表6-1 沉水植物修复技术案例及文献

研究重点	地点	主要技术	文献/案例
对光的需求	北京什刹海	水下光补偿技术；高等水生植物栽植与优化配置；水生植物调控与机械割草	屠清瑛等，2004
	蠡湖	水下光补偿技术	王书航等，2014
			李佳璐，2015
	太湖	水下光补偿技术	宋玉芝等，2011
	广州富营养化浅水池塘	水下光补偿技术	蔡建楠等，2007
	内江	水下光补偿技术	丁玲，2006
	后海	水下光补偿技术	王韶华等，2006
生物特性	太湖贡湖	大型溞引导的沉水植被恢复生态修复工程技术和连续可调式沉水植物种植床生态修复技术	王阳阳，2011

研究重点	地点	主要技术	文献/案例
繁殖能力及方式	新西兰	自然恢复（湖种库）	De Winton M et al.，2000
	江苏省无锡市五里湖	自然恢复（底泥种子库技术）	刘杰，2006
	杭州西湖	植株移栽	陈洪达，1984
	杭州市凯旋路华家池	人工恢复	方云英等，2008
	太湖陈东港入湖口	竹叉插入法移栽	宋海亮等，2004
	苏州城市河道	挂壁种植技术以及网床种植技术	汤春宇，2019
	苏州城区河道	挂壁式种植方式	汤春宇等，2018
	徐家宅河	种植沉水植物（沉水植物悬床）及设置生物基等	左军等，2019
	白洋淀	沉水植物悬水种植装置	洪喻等，2020
	于桥水库	生长研究	张晨等，2011
水位	成都西派泊玥	基地改良施工+沉水植物施工+水体透明度提升+食物链构建+系统优化调整+调控维护	何起利等，2019
	杭州清晖河西湖区河道	水位调控；鱼类清理；辅助措施实施；植物种植；生物操纵	何起利等，2019
	圆明园玉玲珑水域	收割	姜义帅等，2013
	南京玄武湖	收割	王锦旗等，2013
	内蒙古乌梁素海	收割	尚士友等，2003
	内蒙古乌梁素海	9GSCC-1.4型水草收割机的研制	尚士友等，1998
基质改良	太湖	改性当地土壤除藻与沉水植物生态修复技术	张木兰，2008
	滇池草海东风坝及老干鱼塘水域	湖滨陡坎沿岸带基底修复技术、植物浮岛生态技术、入湖河渠污染控制技术和湖滨沿岸带大型水生植物群落恢复技术	陈静，2007
	苏州市东山镇黑臭河道	氧化剂联合生物促生剂与沉水植物修复	周茂飞，2017
	嘉兴市	以金鱼藻、苦草等沉水植物为优势植物群种开展不同种植密度的原位植物修复技术	刘宗亮，2017

1. 沉水植物特性

沉水植物特性是描述沉水植物生长、存活和繁殖的一系列核心性质，是探索沉水植物在淡水系统中生态功能的有用工具。为了判别沉水植物在野外条件下恢复的可行性，需要根据不同沉水植物的特性进行针对性研究（刘嫦娥等，2012；王华等，2008），了解沉水植物在其生长、繁殖过程中的多重影响因素，进而实现沉水植物的成功恢复。对不同沉水植物的特性研究如下。

（1）沉水植物对光的敏感性不同。

沉水植物的生长受多项环境因素的影响，其中水下光强是沉水植物生存繁殖的必要条件。近年来，由于湖泊富营养化导致浮游植物密度增加，水下光强减弱，沉水植物分布面积普遍下降。与玫瑰（*Rosa rugosa*）、槐（*Styphnolobium japonicum*）等陆地生长的植物相比，沉水植物光合特征具有一定的差异。光饱和点（沉水植物生长过程中累积的有机物含量达到最大时所接受的光照强度上限）和光补偿点（植物光合作用的同化产物与呼吸作用消耗的物质达到平衡时所接受的光照强度下限）是表征沉水植物光合特征的两个关键参数。环境光的 0.5%~3% 为多数沉水植物光合作用光补偿点的范围。从光补偿点到光饱和点的范围代表了沉水植物生长的低光胁迫区域，该区域的生长主要受光的限制。例如苦草对光的需求较低，可以在水深较深的区域生存；金鱼藻、穗状狐尾藻和光叶眼子菜则对光的需求较高，在水域上层具有较强竞争力（Van et al.，1976；牛淑娜等，2011；高丽楠，2013）。沉水植物在不同的生长状态对光的需求也不同，因此同一植物不同生长阶段的光补偿点和光饱和点（欧阳坤，2007；朱光敏，2009）不同，如菹草在石芽萌发期，光照对其无显著影响，在幼苗生长前期，更适宜于低光强，后期更适宜于强光照。

（2）沉水植物对温度的需求性不同。

沉水植物对温度的需求不同，其中菹草、伊乐藻（*Elodea canadensis*）作为典型的冬春型沉水植物，可以在较低的温度下生存并繁殖，但在夏季高温时会出现不耐反应，衰败腐烂，从而影响水体水质。此外，即使适宜生长的温度相同，不同沉水植物的生长速率也不同。例如苦草与伊乐藻，两者适宜温度均为 20℃下（李强，2007；王韬，2019；朱丹婷，2011），但苦草生长速率相对较低。

（3）沉水植物耐受能力不同。

沉水植物应对水体出现极端变化的忍耐能力不同。通常首选耐受能力较强的物种作为人工恢复栽种的先锋物种。在白洋淀，篦齿眼子菜在湖泊生态退化状态下出现频率最高，因此其可作为该水域首选的恢复物种；而耐受能力较低的物种不适宜作为先锋物种，如清洁种轮藻（谢贻发，2008；Szoszkiewicz et al.，2006）。

（4）沉水植物净化水质能力不同。

当沉水植物达到较高的水体覆盖率和生物量时，对水质净化效果显著。较高的覆盖率可抑制沉积物悬浮、减少营养物和重金属等的释放；同时，较高的生物量和栽种密度，对水体中的营养物质、重金属等吸收效果显著，沉水植物因其根系结构不同，对水体的净化效果具有差异性。例如，在水温低于 15℃ 或者高于 25℃ 时，金鱼藻和狐尾藻（*Myriophyllum verticillatum*）对磷的去除量明显优于其他植物（王兴民，2006；沈佳，2008；薛培英等，2018）。另外，沉水植物通过分泌化感物质可抑制藻类的生长。

（5）沉水植物繁殖能力及方式不同。

沉水植物繁殖能力和方式不同，导致不同沉水植物在恢复过程中存活率出现差异。例如黑藻和篦齿眼子菜的无性繁殖速度较快，需要合理设计其初期栽种密度。类似于篦齿眼子菜等扎根能力较强的沉水植物，主要凭借种子进行繁殖，春季完成萌芽生长；狐尾藻等根茎较为发达的沉水植物，主要凭借根茎断肢的再生能力，不断生长与繁殖（沈佳等，

2008；陈小峰等，2006；李强和王国祥，2008）。

（6）其他因素。

沉水植物的生存、生长和繁殖过程中，还需要考虑抗虫害能力、适宜的底泥粒径及营养盐含量、沉水植物种内和种间竞争能力等。影响沉水植物生存繁殖的生态因子是沉水植物恢复的第一考虑因素。这些生态因子对于不同沉水植物的影响不同，可以看作沉水植物的特有属性；同时，大多生态因子为生境因子，可通过生境措施进行改善，但对于某些生态因子需要考虑沉水植物配比、适宜的栽种密度和生物量，如沉水植物自身的繁殖方式以及其种内、间竞争力等。这是因为不同沉水植物适宜的生态位不同，同时合适的生物量便于沉水植物群落可以稳定生存并使其对水体的净化能力发挥出最大的效果（张木兰，2008；胡胜华等，2018），若某种沉水植物在修复过程中生长过于旺盛导致其自身以及伴随物种采光不足抑制生长，将会造成沉水植物修复物种出现退化，无法达到恢复原有群落结构与功能的目标。针对该现象，通常采取收割、及时打捞等措施，同时要避免对水体造成二次污染。

2. 以水下光场为核心的沉水植物恢复技术

1）水下光场的重要性

对于湖泊光学而言，涉及湖泊物理学、湖泊化学以及湖泊生态学等湖泊相关类学科，尤其对于湖泊生物生态学，水生态系统中离不开水下光照。这是因为光进入湖泊后的能量分配某种程度上极大影响了湖泊生态系统中的结构和功能。水下光合有效辐射（photosynthetically active radiation，PAR）（黄昌春等，2009；张运林等，2005）是指沉水植物光合作用在波长 400~700nm 范围内的最具有光合活性的辐射，因此其通常被用于计算湖泊水体的初级生产水平，研究人员也可通过其计算沉水植物光补偿深度，进而大致确定生产者以及分解者的分布格局。

沉水植物对于时刻变化的水下光场，表现出极大的可塑性以及适应性。光照进入水体后，随着水体中不同物质含量的比例分布不同，光照条件在不同水域、不同环境条件下不同，沉水植物需要通过改变自身形态或调整生理机制，便于其适应水下光场并在极端环境中生长。同时，在不同环境条件下，不同沉水植物物种群或群落光合特征不同（邹丽莎等，2013）。因此水下光照极大影响着沉水植物生长及分布，间接影响其生物量。对于沉水植物的修复，水下光场是其重要的影响因素（游灏，2006）。

2）水下光场的影响因素

当外界阳光进入湖泊水体后，会发生折射或散射，导致水体中的光照与入射前有极大的差别；同时水体中许多物质对光有一定的影响，导致光照出现不同比例的衰减，因此对水生环境中利用光进行同化作用的生物有一定的影响。目前，对于水下光场影响因素的研究涵盖了淡水湖泊、河口等受淡水影响的水域以及海洋等各种水生环境。

湖泊水体中影响水下光场的物质大致可分为 3 类（刘笑菡等，2012；马孟枭等，2014；姜雨薇等，2012）：①悬浮物质，通常可分为无机悬浮物和有机悬浮物，其来源为浮游植物死亡和沉积物再悬浮产生的碎屑。②浮游植物，通常是指各种类型的浮游藻类（李佩，2012；雍艳丽，2010），其过度生长繁殖会降低水体能见度，导致水质恶化、溶解氧下降，并产生毒素，使与其同为初级生产者的沉水植物竞争力降低，湖泊向藻型湖泊转化。③有色溶解性有机物（CDOM），主要包括腐殖酸、富里酸、氨基酸和芳香烃聚合物等物质，是水体中有色溶解性有机物的重要组成部分。由于其对可见光和紫外光区有吸收作用，可以通过吸收紫外光保护水生生物并通过光漂白作用将有机大分子分解成小分子物质供水生生物利用；但是，CDOM 吸收可见光会导致水体中光衰减，降低深水水体初级生产力（王青等，2018；徐健，2018）。

3）以水下光场为核心的沉水植物修复技术

国外学者从光在水下的衰减规律研究开始，报道了如日本的琵琶湖和俄罗斯的贝加尔湖等湖泊光照垂直分布的水体光学特征；后期日本学者通过前期研究人员对于光补偿深度的定义描述，将其借鉴到沉水植物中，提出基于沉水植物光补偿深度的修复技术；任久长等（1997）对滇池的光照垂直分布特征及其沉水植物光补偿深度进行了研究，发现沉水植物光补偿深度与透明度呈线性相关，同时提出将光补偿深度与湖泊等水域的实际水深进行比较，取其差值作为评判沉水植物是否可以生存的依据，若差值不为负，则沉水植物可以存活于该水域，反之则无法生存。同时，任久长等（1997）进行了不同沉水植物种群和不同群落昼夜光补偿点的实验，研究结果表明不同沉水植物种群与群落光补偿点不同，其水下生态位不同。随后研究人员调研了北京后海水下光场，提出不同沉水植物种群和群落恢复，其所需水体透明度条件不同，不可同一而论（周红等，1997）。

一些学者（张运林等，2003；龚绍琦等，2006；殷子瑶等，2020）发现湖泊透明度与悬浮物和 Chl. a 存在相关性，湖水透明度等光学参数的变化主要受制于悬浮物的组成和含量；随后有学者对沉水植物光补偿深度、Chl. a、有机悬浮物和无机悬浮物进行回归分析，发现悬浮物和 Chl. a 是影响太湖沉水植物光补偿深度的主要影响因子。因此，对于沉水植物的恢复（曹加杰，2014；Klimaszyk et al.，2020；Cao et al.，2011；Xie et al.，2015；Wang et al.，2016；屠清瑛等，2004），可以从改善生境着手，如降低水体中的悬浮物和 Chl. a 含量，进而提高水体透明度，增加水下光强。目前，我国一些学者基于水下光场的原理，开展了一些水中光照不足情况下沉水植物恢复的实验工作。一方面可通过调控沉水植物在水生态中的水体高度，使其达到光补偿深度范围内便于其正常生长，为此开发了渐沉床（刘学功等，2008；崔静慧，2016；朱亮等，2005；程南宁，2005）等工艺装置；同时对其基质材料和结构设计等方面多次改进，便于沉水植物修复初期形成耐污种群落，促进水体水质达到进一步的改善与稳定。另一方面，恢复初期通过水下补光装置提高沉水植物生态位，随后通过网箱养草（张敏等，2016）或水中吊盆（李金中和李学菊，2006）等措施，恢复沉水植物。

6.1.2 白洋淀沉水植物修复物种筛选

1. 基于历史现状调研

对比白洋淀沉水植物历史现状调研结果，可以发现 2018 年统计共出现 11 种沉水植物，相较 1958 年出现的 15 种沉水植物中穗状狐尾藻、丝网藻、拟轮藻在后期消失年限较长，同时竹叶眼子菜将近 8 年未出现，因此这 4 种沉水植物均不作为后期沉水植物修复考虑，以当前现存的 11 种沉水植物作为修复物种筛选的目标，分别为轮藻、穗状狐尾藻、篦齿眼子菜、菹草、金鱼藻、黄花狸藻、黑藻、苦草、小茨藻、大茨藻和光叶眼子菜。

通过对沉水植物现状的调研结果，计算不同水期沉水植物的出现频率和优势度，发现沉水植物中出现频率较高的物种为菹草、篦齿眼子菜、金鱼藻和穗状狐尾藻；2018 年作为绝对优势种的沉水植物有 3 种，分别为篦齿眼子菜、金鱼藻和菹草，作为主要优势种的沉水植物为穗状狐尾藻和黄花狸藻。沉水植物修复最好选择出现频率较高、优势度高的沉水植物。因此筛选出菹草、篦齿眼子菜、金鱼藻、穗状狐尾藻和黄花狸藻 5 种沉水植物，可优先考虑作为沉水植物恢复物种。其中菹草因其生长史为春冬型，即在高温天气不易生存，易腐烂影响水质，因此菹草不作为人工修复物种。

2. 基于沉水植物特性的物种初筛

1）沉水植物耐污性

沉水植物对水体污染最为敏感，其会随着水体污染的加重出现大面积的死亡甚至消失。2018 年调研结果表明白洋淀有 11 种沉水植物，其中轮藻、小茨藻、大茨藻和黄花狸藻属于敏感种，多分布在轻污染水域中；苦草、黑藻为中等耐污种，分布在中污染水域中；篦齿眼子菜、金鱼藻、穗状狐尾藻、光叶眼子菜和菹草为耐污种，主要分布在重污染水域中。

2）沉水植物净水能力

不同沉水植物对 C、N、P、悬浮物和重金属净化能力不同。其中，清洁种轮藻对 C 的去除率最强，耐污种菹草、篦齿眼子菜和金鱼藻较穗状狐尾藻除碳能力强，中等耐污种中黑藻对 C 的去除率高于苦草；中等耐污种黑藻对 N 的去除率最强；清洁种小茨藻对 P 的去除率最强，其次为轮藻；中等耐污种黑藻对 SS 的去除率最强。

3）沉水植物属性和栽种方式

在沉水植物整个生长繁殖过程中，其大多时间居于水体以下，唯有在开花期可在水面上看到其花蕊。不同沉水植物的特性决定了其生长繁殖过程中对环境的适应性不同。

白洋淀沉水植物特性如表 6-2 所示，工程应用的栽种方式如表 6-3 所示。考虑沉水植物应对环境变化和适应水体环境的能力，修复初期应栽种偏向 R-选择的沉水植物。同时适宜种植抵抗虫害能力较强，不易遭受虫害的物种。其中黄花狸藻能量来源除了光合作用还有动物摄取，是一种食虫植物，而轮藻为一种驱蚊型沉水植物。

沉水植物的适宜生境特征如表 6-4 所示，修复初期适宜栽种适宜生境范围较广的物种。沉水植物过冬的生长期如表 6-5 所示。考虑到多年生植物可为白洋淀提供稳定的结构，减少人力成本，因此白洋淀清淤后沉水植物修复最好为多年生沉水植物。不同沉水植物对于水域的适应能力不同（表 6-6），喜静水的沉水植物有小茨藻、大茨藻、轮藻、菹草、光叶眼子菜和黑藻，其中黑藻也适合流水环境；喜流水的沉水植物有金鱼藻、篦齿眼子菜和黄花狸藻；对于一些根茎粗壮、应对极端环境能力较强的沉水植物也可种植于流水中，如穗状狐尾藻为较为强健的物种，苦草适应风浪能力较强，也可在流水生境中种植。

表6-2 白洋淀沉水植物特性

生长型	冠层型					莲座型	直立型	底栖型			
种类	穗状狐尾藻 M. spicatum L.	金鱼藻 C. demersum L.	篦齿眼子菜 P. pectinatus L.	菹草 P. crispus L.	光叶眼子菜 Potamogetonlucens L.	苦草 V. natans L.	黑藻 H. verticillata (L. f.) Royle	黄花狸藻 Utricularia aureaLour L.	大茨藻 N. marina L.	小茨藻 N. minor L.	轮藻 Charae sp.
生境营养级别	中–富	中–富	中–富	中–富	中–富	中–富	中–富	贫–中	贫–中	贫–中	贫–中
耐污性	耐污种					中等耐污种	较敏感种		敏感种		
对策者属性	耐盐种、偏R	中等耐盐种、偏R	耐盐种、偏R	偏R	偏R	偏R	偏K	偏R	偏R	偏R	偏R
生活史	多年生	多年生	多年生	多年生	多年生	多年生	多年生	多年生	一年生	一年生	多年生
生长期/(个月/a)	3	6	6	3	4	5	4	4	4	4	4
花果期/(个月/a)	7	4	3	4	2	5	6	3	6	4	2
对虫害的抵抗力	较低	较高	较低	较低	较低	较低	较低	很高	较高	很高	很高
水体净化能力能力	很高	很高	很高	很高	高	高	高	高	很高	高	高
适宜水深/m	<4	≥2.5	≥2.5	5~6	≤2	0.5~2.5	>1	>2（多），≤1（少）	>1	≤1	>1（多），≤7（少）

表6-3 沉水植物栽种条件

植物名称	繁殖方式	应用移栽适宜时间	初次栽种建议密度/m²	能自然露天越冬地区
菹草	休眠芽；分株；扦插	12月下旬~5月上旬	30~40芽，5~10芽/丛	南北各地
篦齿眼子菜	播种；分株；扦插	4月中旬~10月上旬	30~40芽，5~10芽/丛	南北各地
金鱼藻	播种；分株；扦插	4月中旬~10月上旬	30~40芽，5~10芽/丛	南北各地
轮藻	枝尖插植繁殖；营养体移栽繁殖；芽苞繁殖	4月中旬~10月上旬	30~40芽，5~10芽/丛	主要分布于世界范围内除了南极洲外的各大洲，温带最多
黑藻	休眠芽；分株；扦插	4月下旬~9月下旬	30~40芽，5~10芽/丛	南北各地

植物名称	繁殖方式	应用移栽适宜时间	初次栽种建议密度/m²	能自然露天越冬地区
穗状狐尾藻	播种；分株；扦插	4月中旬~10月中旬	30~40芽，5~10芽/丛	南北各地
黄花狸藻	休眠芽；分株；播种	多数可在10~32℃存活	30~40芽，5~10芽/丛	南北各地
大茨藻	有性繁殖为主，少有扦插繁殖	4月底5月初种子发芽，6~9月旺盛生长期，7月始花，10月果熟	30~40芽，5~10芽/丛	南北各地
小茨藻	播种；分株；扦插	花果期6~10月	30~40芽，5~10芽/丛	南北各地
光叶眼子菜	播种；分株；扦插	4月中旬~10月上旬	30~40芽，5~10芽/丛	南北各地

表6-4 白洋淀沉水植物适宜的生境特征

沉水植物类型	光补偿点/μE	水温或气温/℃	pH	碱度/(mg/L)	溶氧/(mg/L)	分布最深水域
底栖型沉水	1.6~21.3	16~19	6.0~9.0	6~307.7	接近饱和	4.0~7.0
莲座型沉水	1.5~47.3	10~22	7.0~10	1000~5000	接近饱和	1.5~3.0
直立型沉水	12~33	17~30ᶜ	7.5~9.5	10~200	接近饱和	1.0~7.0
冠层型沉水	10~310	10~30ᶜ	6.0~10.0	50~1500	接近饱和或过饱和	3.5~7.0

沉水植物类型	底泥密度/(g/mL)	透明度/m	水柱氨氮/(g/mL)	TN/(g/mL)	TP/(g/mL)	牧食压力
底栖型沉水	0.8~1.0	>2.0	<0.2	<0.8	0.023~0.094	河蟹：29.25kg/hm²；
莲座型沉水	—	>1.0	<0.3	0.5~2.6	0.023~0.15	草鱼：4.80~11.7t/hm²；
直立型沉水	—	>1.0	0.5~2.5	0.023~0.15	0.023~0.15	小龙虾：140~150个茎秆/m²；
冠层型沉水	—	>0.3	<0.3d	0.5~3.4	0.023~0.22	螺类：0.071~0.23gFW/d

注：c表示大部分植物均适宜该水温，但春冬型如冠层型菹草适宜水温为0~15℃。

为实现沉水植物群落恢复至稳定存活状态，沉水植物物种需相对丰富多样化，实现沉水植物的多样性，因此沉水植物修复不仅仅种植先锋物种，还应考虑在水质改善后补种中等耐污种和清洁种。因此，基于沉水植物历史现状和沉水植物特性，对于白洋淀沉水植物恢复方案规划为阶段性恢复，可分为两阶段。第一阶段，在水体环境初期较差的条件下，优先种植耐污种（篦齿眼子菜+金鱼藻鱼藻+穗状狐尾藻）；第二阶段，在水质得到一定改善的条件下，在第一阶段的基础上增加中等耐污种（苦草+黑藻）和敏感种（黄花狸藻+大茨藻）。

表 6-5 沉水植物过冬时间

类别	3月			4月			5月			6月			7月			8月			9月			10月			11月			12月			1月			2月		
	上	中	下	上	中	下	上	中	下	上	中	下	上	中	下	上	中	下	上	中	下	上	中	下	上	中	下	上	中	下	上	中	下	上	中	下
苦草		萌芽					缓慢生长						高速生长										最大		缓慢生长						越冬					
金鱼藻		萌芽				缓慢生长						高速生长					最大									缓慢生长								越冬		
黑藻		萌芽				缓慢生长			高速生长						最大						生长停滞										越冬					
光叶眼子菜		萌芽						高速生长							最大							缓慢生长									越冬					
穗状狐尾藻		萌芽					高速生长							最大					缓慢生长				最小		缓慢生长						越冬					
菹草	高速生长					最大			缓慢生长					最小						生长停滞					萌芽		缓慢生长				缓慢生长					
篦齿眼子菜		萌芽				缓慢生长									高速生长									最大		缓慢生长					越冬					
大茨藻						萌芽			缓慢生长				高速生长			最大							缓慢生长								死亡					
小茨藻						萌芽		缓慢生长					高速生长				最大								缓慢生长						死亡					
轮藻			萌芽			缓慢生长										高速生长				最大										越冬						
黄花狸藻			萌芽			缓慢生长					高速生长						最大						缓慢生长								死亡					

表 6-6　不同沉水植物适宜的水体

沉水植物	适宜水体
轮藻	多生于静水中
穗状狐尾藻	静水/流水
篦齿眼子菜	喜流水
菹草	喜静水
光叶眼子菜	生于静水中
金鱼藻	喜流水
黑藻	多生于静水或缓速水流中
苦草	有较强的适应风浪能力
大、小茨藻	生于静水中
黄花狸藻	喜流水

6.1.3　基于水下光场和沉水植物特性的沉水植物修复技术

水下光照是影响沉水植物生长的重要环境因子，通过对白洋淀 2019 年 3 月和 5 月两次水下光场的调研，结合植物特点，确定了具有区域特点的白洋淀沉水植物修复方案。

1. 光衰减系数

水下光合有效辐射（黄昌春等，2009；张运林等，2005）（photosynthetically active radiation，PAR）是指沉水植物光合作用在波长 400 ~ 700nm 范围内最具有光合活性的辐射，通常用于计算湖泊水体的初级生产水平，研究人员通过其计算沉水植物光补偿深度可大致确定生产者以及分解者的分布格局。沉水植物光补偿深度是指在该水深深度条件下，沉水植物光合作用与呼吸作用相平衡，不产生有机物。沉水植物的光补偿点是指在光补偿深度下的光辐射强度。

对于浅水湖泊，PAR 随着水深的增加而降低。光照进入水体后，随着水体深度的增加，水体中各种组分的含量及比例对光照有一定的衰减作用。光衰减系数指 PAR 在水体中因水深深度造成的衰减速率，其回归方程如式（6-1）所示：

$$I_t = I_0 e^{-\alpha t} \tag{6-1}$$

式中，I_0 为在水面 0m 处水下光量子仪测定的光合有效辐射值，$\mu mol \cdot (m^2 \cdot s)^{-1}$；$t$ 为以水面 0m 为基准向下的深度，m；I_t 为水深在 t 处水下光量子仪测定的光合有效辐射值，$\mu mol \cdot (m^2 \cdot s)^{-1}$；$\alpha$ 为光衰减系数，m^{-1}，通常用 K_d 表示。

通过水下光场的监测，将每个监测点的水深梯度与对应的 PAR 值进行回归分析，即可得光衰减系数。将实验测定的沉水植物种群（群落）光补偿点代入式 6-1 中的 I_t，即可得到每个监测点沉水植物种群（群落）的光补偿深度。

比较了 2019 年 3 月和 5 月白洋淀不同点位的光衰减系数，结果如图 6-1、图 6-2 和图 6-3 所示。2018 年 3 月的光衰减系数范围为 0.426m⁻¹ ~ 1.121m⁻¹，极差为 0.695m⁻¹，其中

光衰减系数小于 $0.5\mathrm{m}^{-1}$ 的点位有 6 个，占所有点位的 13.95%，处于 $0.5\mathrm{m}^{-1}\sim1\mathrm{m}^{-1}$ 的点位有 34 个，占所有点位的 79.07%，大于 $1\mathrm{m}^{-1}$ 的点位有 3 个，占所有点位的 6.98%；5 月光衰减系数范围为 $0.941\mathrm{m}^{-1}\sim3.363\mathrm{m}^{-1}$，极差为 $2.422\mathrm{m}^{-1}$，其中光衰减系数小于 $1.0\mathrm{m}^{-1}$ 的点位有 1 个，占所有点位的 2.7%，处于 $1.0\mathrm{m}^{-1}\sim2.0\mathrm{m}^{-1}$ 的点位有 23 个，占所有点位的 62.16%，处于 $2.0\mathrm{m}^{-1}\sim3.0\mathrm{m}^{-1}$ 的点位有 11 个，占所有点位的 29.73%，大于 $3.0\mathrm{m}^{-1}$ 的点位有 2 个，占所有点位的 5.41%。

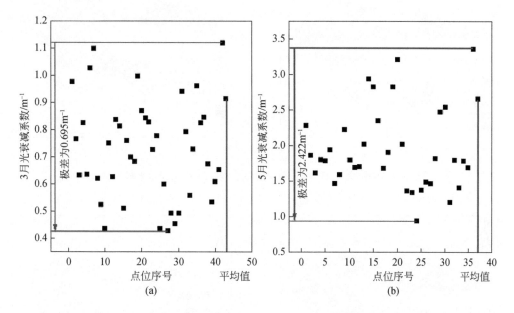

图 6-1　2019 年 3 月（a）和 2019 年 5 月（b）光衰减系数散点图

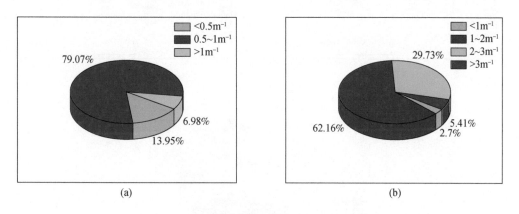

图 6-2　2019 年 3 月（a）和 2019 年 5 月（b）光衰减系数占比图

由 2019 年 3 月与 5 月光衰减系数的等值线分布图（图 6-3）可以看出，3 月与 5 月白洋淀沉水植物光衰减系数空间分布格局均表现出西部区域大于东部区域，低值区主要分布在退渔环湖区域、自然保护区域，如烧车淀、光淀张庄和枣林庄等区域；高值区主要分布在村庄聚集处、部分入淀河口处以及旅游观赏区，如南刘庄、端村和圈头等，说明人为干扰少的区域，水质较好，其光衰减系数也相应较其他区域高。此外，水体中各点位 Chl. a、总悬浮固体（total suspended solids，TSS）变化趋势（图 6-4）与光衰减系数空间变化趋势一致，与 DOC 变化趋势差别较大。

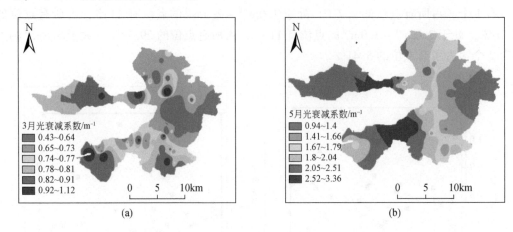

图 6-3　2019 年 3 月（a）和 2019 年 5 月（b）光衰减系数等值线

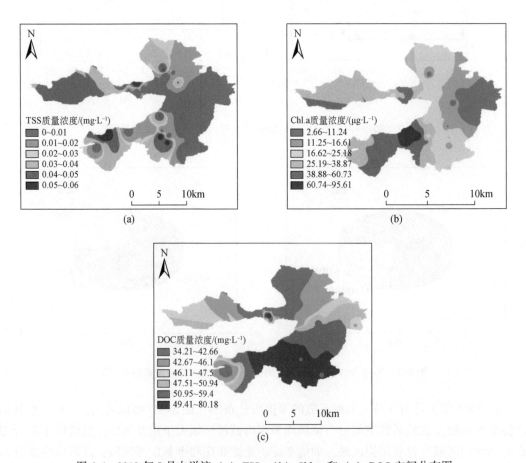

图 6-4　2019 年 5 月白洋淀（a）TSS、（b）Chl. a 和（c）DOC 空间分布图

2. 光补偿点

沉水植物的光补偿点是指沉水植物光合作用产氧量与呼吸作用耗氧量相互抵消时对应的光辐射强度。通过文献调研和实验测定，获得白洋淀现存沉水植物的光补偿点数据，便于后续针对恢复区得到其不同沉水植物种群与群落的光补偿深度，其具体结果如图 6-5 所示。

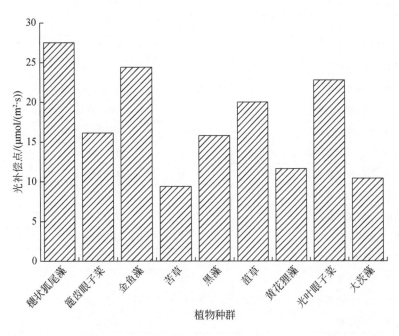

图 6-5　9 种不同沉水植物种群光补偿点（苏文华等，2004；侯德等，2006）

根据 2018 年白洋淀 3 个季度的采样调研，选取白洋淀现有沉水植物群落比例，测得不同群落的光补偿点（表 6-7 和图 6-6）。发现优势种相同的群落，光补偿点相差不大，如篦齿眼子菜+金鱼藻群落，篦齿眼子菜为优势种，当植物比例为 2∶1 和 50∶1 时，对应的光补偿点分别为 22.46μmol/(m²·s) 和 26.05μmol/(m²·s)；篦齿眼子菜+穗状狐尾藻群落，篦齿眼子菜为优势种，当比例分别为 1∶1、2∶1 和 3∶1 时，对应的光补偿点分别为 33.44μmol/(m²·s)、30.29μmol/(m²·s)、34.09μmol/(m²·s)。因此，优势种相同的沉水植物群落搭配，比例对光补偿点影响不大。

针对白洋淀清淤区沉水植物阶段性修复，确定了阶段性修复方案：首先种植耐污种（金鱼藻+篦齿眼子菜+穗状狐尾藻）；当水质变好后，在耐污种的基础上增加中等耐污种（苦草+黑藻）和敏感种（大茨藻+黄花狸藻）。实验获得了目标群落的光补偿点（表 6-8、图 6-7）。单种金鱼藻、篦齿眼子菜和穗状狐尾藻，三者光补偿点均分别大于 15，但两两组合或三者混合搭配时，群落光补偿点大多大于单种沉水植物光补偿点。当增加黑藻后，其群落光补偿点大于单种沉水植物光补偿点，但当增加了苦草、黄花狸藻和大茨藻这三种适应弱光照的沉水植物后，群落沉水植物的光补偿点降低，这可能是因为增加了适应弱光环境的沉水植物物种，出现他感效应（陈倩，2009），导致群落光补偿点降低，但仍大于单种沉水植物苦草、黄花狸藻和大茨藻的光补偿点。因此针对目标水域沉水植物修复，除了需要考虑沉水植物耐污性，还需要考虑沉水植物对光的敏感性。

表 6-7 沉水植物群落光补偿点

群落组合	植物群落	比例	优势种	光补偿点
1	篦齿眼子菜+光叶眼子菜	1:1	篦齿眼子菜	33.22
	篦齿眼子菜+光叶眼子菜	1.5:1	篦齿眼子菜	34.33
	篦齿眼子菜+金鱼藻	50:1	篦齿眼子菜	26.05
	篦齿眼子菜+金鱼藻	2:1	篦齿眼子菜	22.46
	篦齿眼子菜+金鱼藻	1:2	金鱼藻	35.01
	篦齿眼子菜+金鱼藻	1:5	金鱼藻	37.79
	篦齿眼子菜+黄花狸藻	1:2	黄花狸藻	12.7
	篦齿眼子菜+黄花狸藻	40:1	篦齿眼子菜	19.01
2	篦齿眼子菜+穗状狐尾藻	1:1	篦齿眼子菜	19.98
	篦齿眼子菜+穗状狐尾藻	2:1	篦齿眼子菜	20.12
	篦齿眼子菜+穗状狐尾藻	3:1	篦齿眼子菜	21.91
	篦齿眼子菜+穗状狐尾藻	10:1	篦齿眼子菜	24.68
	苦草+篦齿眼子菜	1:3	篦齿眼子菜	16.98
	穗状狐尾藻+金鱼藻	2:1	穗状狐尾藻	27.99
	穗状狐尾藻+金鱼藻	1:3	金鱼藻	20.18
	穗状狐尾藻+金鱼藻	1:12	金鱼藻	22.40
	篦齿眼子菜+菹草	4:1	篦齿眼子菜	35.64
	篦齿眼子菜+菹草	15:1	篦齿眼子菜	34.85
	篦齿眼子菜+菹草	1:10	菹草	41.61
	篦齿眼子菜+菹草	1:3	菹草	40.18
	菹草+金鱼藻	14:1	菹草	38.95
	菹草+金鱼藻	4:1	菹草	38.29
	菹草+金鱼藻	1:40/1:36	金鱼藻	31.99
3	穗状狐尾藻+苦草+篦齿眼子菜+菹草	1:2:3:6	菹草	43.38
	篦齿眼子菜+穗状狐尾藻+金鱼藻	3:1:2	篦齿眼子菜	29.69
	篦齿眼子菜+穗状狐尾藻+黄花狸藻	1:1:*	篦齿眼子菜	15.39
	穗状狐尾藻+篦齿眼子菜+光叶眼子菜	1:1:2	光叶眼子菜	38.64
4	金鱼藻+黑藻+篦齿眼子菜+苦草	2:2:1:1	金鱼藻、黑藻	26.01
	穗状狐尾藻+篦齿眼子菜+光叶眼子菜+黄花狸藻	2:1:1:1	穗状狐尾藻	27.62

* 表示比例过小。

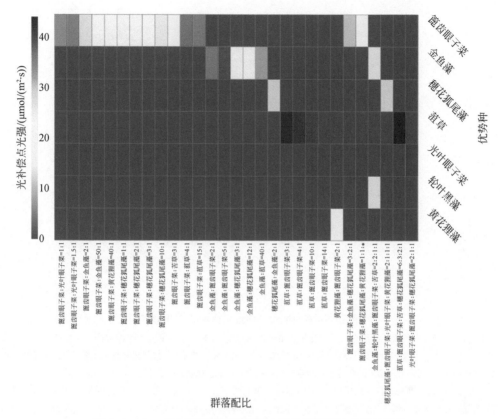

图 6-6　2018 年白洋淀现存不同沉水植物群落配比的光补偿点

＊表示比例过小。

表 6-8　目标沉水植物群落光补偿点

群落组合	比例	光补偿点/（μmol/（m²·s））
龙+狐	2:1	20.12
金+龙	1:2	22.46
狐+金	1:1	26.81
金+龙+狐	1:2:1	28.49
金+龙+狐+黑	1:2:1:1	29.66
金+龙+狐+苦	1:2:1:1	24.08
金+龙+狐+黑+苦	1:2:1:1:1	23.12
金+龙+狐+黑+苦+黄	1:2:1:1:1:1	16.64
金+龙+狐+黑+苦+大	1:2:1:1:1:1	14.17
金+龙+狐+黑+苦+黄+大	1:2:1:1:1:1:1	10.96

注：金龙指金鱼藻+篦齿眼子菜组合；龙狐指篦齿眼子菜+穗状狐尾藻组合；狐金指穗状狐尾藻+金鱼藻鱼藻组合；金龙狐指金鱼藻+篦齿眼子菜+穗状狐尾藻组合；金龙狐黑指金鱼藻+篦齿眼子菜+穗状狐尾藻+黑藻组合；金龙狐苦指金鱼藻+篦齿眼子菜+穗状狐尾藻+苦草组合；金龙狐黑苦指金鱼藻+篦齿眼子菜+穗状狐尾藻+黑藻+苦草组合；金龙狐黑苦黄指金鱼藻+篦齿眼子菜+穗状狐尾藻+黑藻+苦草+黄花狸藻花狸藻组合；金龙狐黑苦大指金鱼藻+篦齿眼子菜+穗状狐尾藻+黑藻+苦草+大茨藻组合；金龙狐黑苦黄大指金鱼藻+篦齿眼子菜+穗状狐尾藻+黑藻+苦草+黄花狸藻+大茨藻组合。

湖泊底栖生态修复与健康评估

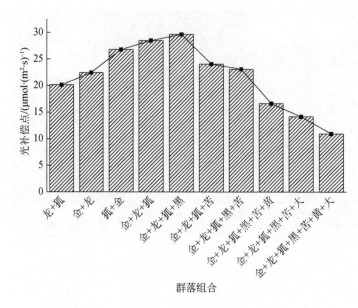

图 6-7　不同沉水植物目标群落的光补偿点

注：金龙指金鱼藻+篦齿眼子菜组合；龙狐指篦齿眼子菜+穗状狐尾藻组合；狐金指穗状狐尾藻+金鱼藻组合；金龙狐指金鱼藻+篦齿眼子菜+穗状狐尾藻组合；金龙狐黑指金鱼藻+篦齿眼子菜+穗状狐尾藻+黑藻组合；金龙狐苦指金鱼藻+篦齿眼子菜+穗状狐尾藻+苦草组合；金龙狐黑苦指金鱼藻+篦齿眼子菜+穗状狐尾藻+黑藻+苦草组合；金龙狐黑苦黄指金鱼藻+篦齿眼子菜+穗状狐尾藻+黑藻+苦草+黄花狸藻组合；金龙狐黑苦大指金鱼藻+篦齿眼子菜+穗状狐尾藻+黑藻+苦草+大茨藻组合；金龙狐黑苦黄大指金鱼藻+篦齿眼子菜+穗状狐尾藻+黑藻+苦草+黄花狸藻+大茨藻组合

3. 光补偿深度与透明度关系及影响因素

1）沉水植物光补偿深度的空间分布

将沉水植物光补偿点、光衰减系数代入式（6-1），得到各监测点位沉水植物种群（群落）的光补偿深度空间分布图（图6-8～图6-11）。2019年3月与5月白洋淀沉水植物光补偿深度空间分布格局表现出与光衰减系数的空间分布一致性的特征，即白洋淀东部区域大于西部区域。不同种沉水植物光补偿深度进行比较，发现在同一监测点位，其光补偿深度具有差异性，其中苦草最高，其次为敏感种大茨藻和黄花狸藻，黑藻排名第4，耐污种中以篦齿眼子菜最高，金鱼藻次之，穗状狐尾藻最低。

2）沉水植物光补偿深度与水体透明度关系

白洋淀沉水植物修复方案中7种沉水植物种群及10种可能的沉水植物群落，其光补偿深度与透明度呈正相关（表6-9）。在2019年3月，沉水植物光补偿深度与透明度的比值集中在2.5～3；而在5月，比值集中在1.5～2。其波动主要是由于5月白洋淀藻类生长活跃，水体悬浮物浓度增加，导致倍数降低。

260

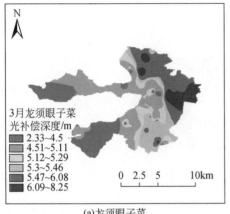

(a)龙须眼子菜

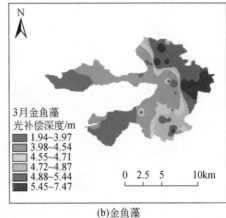

(b)金鱼藻

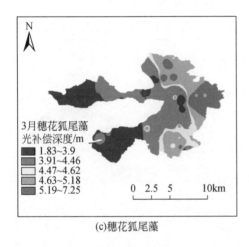

(c)穗花狐尾藻

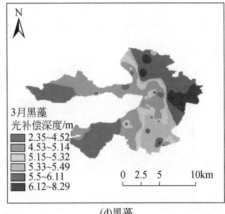

(d)黑藻

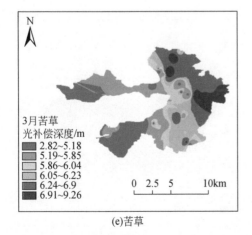

(e)苦草

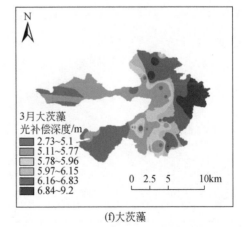

(f)大茨藻

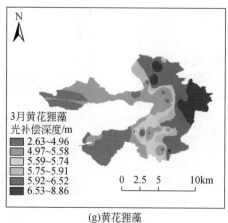

(g)黄花狸藻

图6-8 2019年3月白洋淀沉水植物种群光补偿度等值线图

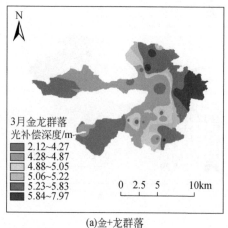

(a)金+龙群落

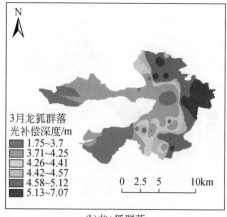

(b)龙+狐群落

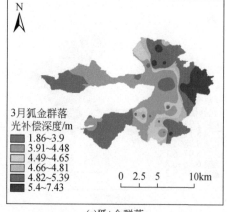

(c)狐+金群落

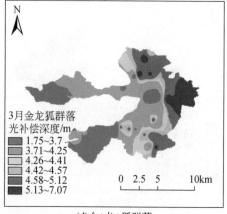

(d)金+龙+狐群落

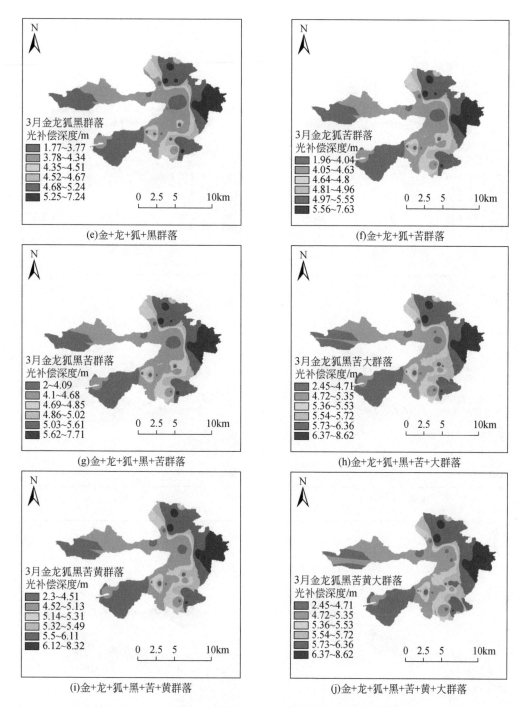

图 6-9 2019 年 3 月白洋淀沉水植物群落光补偿度等值线图

注：金龙指金鱼藻+篦齿眼子菜组合；龙狐指篦齿眼子菜+穗状狐尾藻组合；狐金指穗状狐尾藻+金鱼藻组合；金龙狐指金鱼藻+篦齿眼子菜+穗状狐尾藻组合；金龙狐黑指金鱼藻+篦齿眼子菜+穗状狐尾藻+黑藻组合；金龙狐苦指金鱼藻+篦齿眼子菜+穗状狐尾藻+苦草组合；金龙狐黑苦指金鱼藻+篦齿眼子菜+穗状狐尾藻+黑藻+苦草组合；金龙狐黑苦大指金鱼藻+篦齿眼子菜+穗状狐尾藻+黑藻+苦草+大茨藻组合；金龙狐黑苦黄指金鱼藻+篦齿眼子菜+穗状狐尾藻+黑藻+苦草+黄花狸藻组合；金龙狐黑苦黄大指金鱼藻+篦齿眼子菜+穗状狐尾藻+黑藻+苦草+黄花狸藻+大茨藻组合

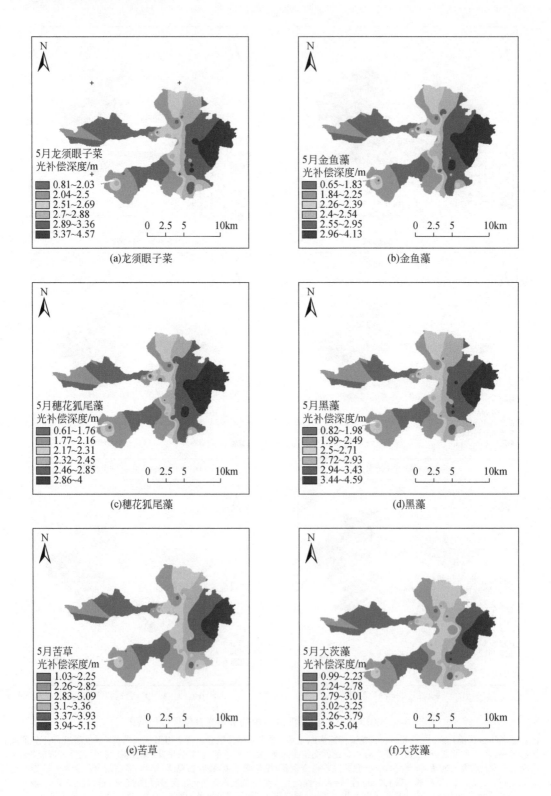

(a)龙须眼子菜

(b)金鱼藻

(c)穗花狐尾藻

(d)黑藻

(e)苦草

(f)大茨藻

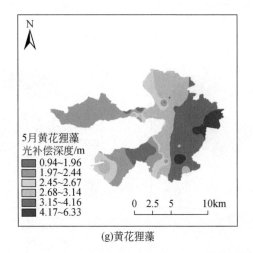

(g)黄花狸藻

图 6-10   2019 年 5 月白洋淀沉水植物种群光补偿度等值线图

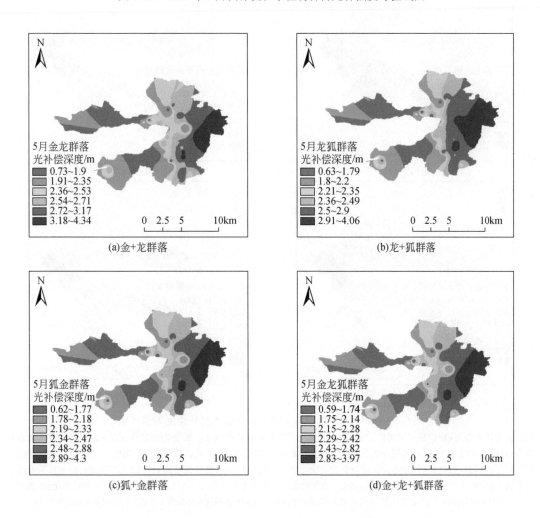

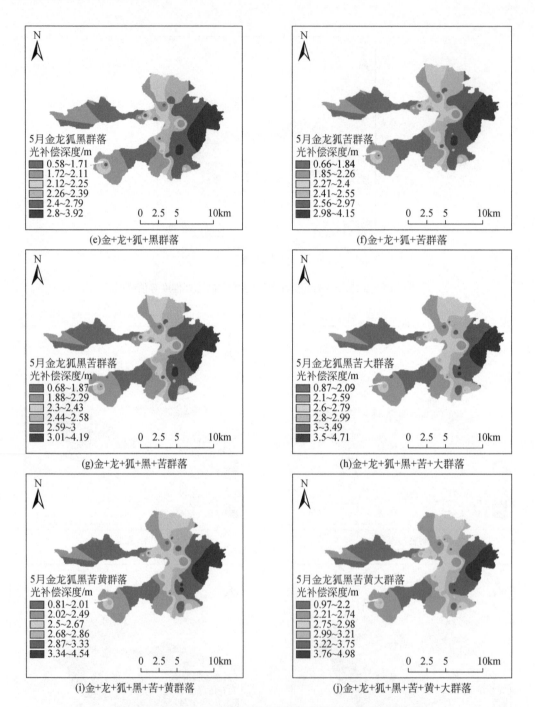

图6-11　2019年5月白洋淀沉水植物群落光补偿度等值线图

注：金龙指金鱼藻+篦齿眼子菜组合；龙狐指篦齿眼子菜+穗状狐尾藻组合；狐金指穗状狐尾藻+金鱼藻组合；金龙狐指金鱼藻+篦齿眼子菜+穗状狐尾藻组合；金龙狐黑指金鱼藻+篦齿眼子菜+穗状狐尾藻+黑藻组合；金龙狐黑苦指金鱼藻+篦齿眼子菜+穗状狐尾藻+苦草组合；金龙狐黑苦黄指金鱼藻+篦齿眼子菜+穗状狐尾藻+黑藻+苦草+黄花狸藻组合；金龙狐黑苦大指金鱼藻+篦齿眼子菜+穗状狐尾藻+黑藻+苦草+大茨藻组合；金龙狐黑苦黄大指金鱼藻+篦齿眼子菜+穗状狐尾藻+黑藻+苦草+黄花狸藻+大茨藻组合

表 6-9 沉水植物光补偿深度与透明度回归方程式

沉水植物种群/群落		篦齿眼子菜	金鱼藻	穗状狐尾藻	苦草	黑藻	黄花狸藻	大茨藻	篦齿眼子菜+穗状狐尾藻	篦齿眼子菜+子菜+金鱼藻	穗状尾藻+金鱼藻	金鱼藻+篦齿眼子菜+子菜+穗状狐尾藻+尾藻	金鱼藻+篦齿眼子菜+子菜+穗状狐尾藻+尾藻+黑藻	金鱼藻+篦齿眼子菜+子菜+穗状狐尾藻+尾藻+苦草	金鱼藻+篦齿眼子菜+子菜+穗状狐尾藻+尾藻+黑藻+苦草	金鱼藻+篦齿眼子菜+子菜+穗状狐尾藻+尾藻+黑藻+苦草+黄花狸藻	金鱼藻+篦齿眼子菜+子菜+穗状狐尾藻+尾藻+黑藻+苦草+大茨藻	金鱼藻+篦齿眼子菜+子菜+穗状狐尾藻+尾藻+黑藻+苦草+黄花狸藻+大茨藻
2019年3月	光补偿深度与透明度关系模型	$H_c = 2.91T + 0.89$	$H_c = 2.73T + 0.56$	$H_c = 2.67T + 0.46$	$H_c = 3.16T + 1.33$	$H_c = 2.92T + 0.91$	$H_c = 2.75T + 1.67$	$H_c = 2.79T + 1.79$	$H_c = 2.43T + 0.74$	$H_c = 2.53T + 1.03$	$H_c = 2.46T + 0.88$	$H_c = 2.44T + 0.82$	$H_c = 2.43T + 0.78$	$H_c = 2.5T + 0.98$	$H_c = 2.52T + 1.02$	$H_c = 2.63T + 1.34$	$H_c = 2.68T + 1.49$	$H_c = 2.77T + 1.74$
	R^2	0.683	0.629	0.607	0.707	0.685	0.537	0.529	0.479	0.509	0.486	0.479	0.475	0.475	0.501	0.522	0.527	0.529
	P	<0.01	<0.01	<0.01	<0.01	<0.01	<0.01	<0.01	<0.01	<0.01	<0.01	<0.01	<0.01	<0.01	<0.01	<0.01	<0.01	<0.01
2019年5月	光补偿深度与透明度关系模型	$H_c = 1.94T + 0.88$	$H_c = 1.78T + 0.79$	$H_c = 1.73T + 0.76$	$H_c = 2.15T + 0.99$	$H_c = 1.95T + 0.88$	$H_c = 2.07T + 0.94$	$H_c = 2.01T + 1.02$	$H_c = 1.70T + 0.74$	$H_c = 1.76T + 0.97$	$H_c = 1.65T + 0.81$	$H_c = 1.63T + 0.79$	$H_c = 1.62T + 0.79$	$H_c = 1.69T + 0.83$	$H_c = 1.71T + 0.84$	$H_c = 1.83T + 0.92$	$H_c = 1.89T + 0.95$	$H_c = 1.99T + 1.01$
	R^2	0.772	0.767	0.764	0.779	0.773	0.778	0.722	0.764	0.715	0.711	0.708	0.71	0.713	0.713	0.716	0.716	0.722
	P	<0.01	<0.01	<0.01	<0.01	<0.01	<0.01	<0.01	<0.01	<0.01	<0.01	<0.01	<0.01	<0.01	<0.01	<0.01	<0.01	<0.01

3）沉水植物光补偿深度的影响因素

将沉水植物种群（群落）光补偿深度分别与 ρ（TSS）、ρ（Chl. a）和 ρ（DOC）因子进行相关性分析，如图 6-12 所示。结果表明，光补偿深度均与悬浮颗粒物和叶绿素呈负相关，且与叶绿素相关性更为显著，与 DOC 无关。因此，提高沉水植物修复物种的光补偿深度，首要考虑因素为 Chl. a，其次为悬浮颗粒物。而白洋淀大多淀区为藻型湖泊，沉水植物与藻类相比，竞争力较小，白洋淀沉水植物修复第一阶段考虑种植篦齿眼子菜、金鱼藻和穗状狐尾藻的两两搭配或者三者组合，根据透明度计算群落光补偿深度，并与实际水深相比，确定是否适宜种植。如果透明度较差，可通过降低 TSS 和 Chl. a 提升透明度，直至光补偿深度大于实际水深；水质提升后，可补种中等耐污种（黑藻、苦草）和敏感种（黄花狸藻、大茨藻）。

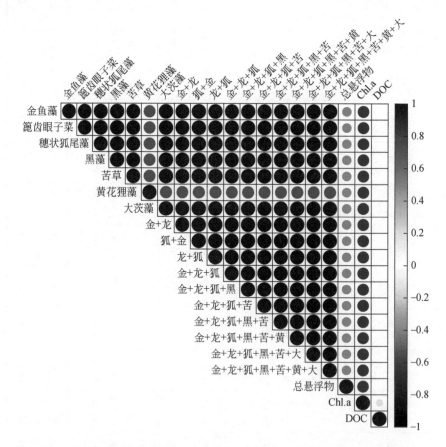

图 6-12　沉水植物种群（群落）光补偿深度与 Chl. a、总悬浮物和 DOC 的相关性

金+龙指金鱼藻+篦齿眼子菜组合；龙+狐指篦齿眼子菜+穗状狐尾藻组合；狐+金指穗状狐尾藻+金鱼藻组合；金+龙+狐指金鱼藻+篦齿眼子菜+穗状狐尾藻组合；金+龙+狐+黑指金鱼藻+篦齿眼子菜+穗状狐尾藻+黑藻组合；金+龙+狐+苦指金鱼藻+篦齿眼子菜+穗状狐尾藻+苦草组合；金+龙+狐+黑+苦指金鱼藻+篦齿眼子菜+穗状狐尾藻+黑藻+苦草组合；金+龙+狐+黑+苦+黄指金鱼藻+篦齿眼子菜+穗状狐尾藻+黑藻+苦草+黄花狸藻花狸藻组合；金+龙+狐+黑+苦+大指金鱼藻+篦齿眼子菜+穗状狐尾藻+黑藻+苦草+大茨藻组合；金+龙+狐+黑+苦草+黄+大指金鱼藻+篦齿眼子菜+穗状狐尾藻+黑藻+苦草+黄花狸藻花狸藻+大茨藻

4. 评估体系的建立

基于沉水植物光补偿深度与实际水深的比值（Q_i）和底质烧失量（LOI）2 个评估指标（王书航等，2014；刘子亭等，2006；余俊清等，2001；张佳华等；1998），确定白洋淀沉水植物适宜修复区、过渡区、不适宜区，具体如表 6-10 所示。对于适宜沉水植物修复的区域，可直接进行沉水植物的种植；对于过渡区域和不适宜区，需通过生境改善措施，使该区域向适宜区靠拢。

表 6-10　评估标准

Q_i 评估标准 LOI	≥8%（差）	5%~8%（中）	≤5%（优）
≤0.75（差）	不适宜区	不适宜区	不适宜区
0.75~1（中）	不适宜区	不适宜区	过渡区
≥1（优）	不适宜区	过渡区	适宜区

注：沉水植物修复的适宜区，可优选修复；沉水植物修复的过渡区，只有通过适当的工程措施改善其透明度、底泥有机质含量后才能修复沉水植物；沉水植物修复的不适宜区，即暂不考虑在该区域进行沉水植物修复。

以白洋淀为例，利用反距离权重法，将 LOI 和 Q_i 进行叠加绘制，得到白洋淀沉水植物第一阶段修复区域，详见图 6-13 和图 6-14。比较了 2019 年 3 月和 5 月白洋淀沉水植物群落恢复区域图，可以发现 3 月白洋淀沉水植物第一阶段适宜区集中在金龙淀附近，过渡区集中在圈头东北部和枣林庄小部分区域，其余区域均属于不适宜区，其中穗状狐尾藻和金鱼藻的群落过渡区较其他沉水植物群落过渡区域小，为端村、金龙淀和圈头的小部分区域；2019 年 5 月白洋淀沉水植物群落第一阶段修复适宜区均集中在金龙淀、端村和圈头，过渡区均集中在枣林庄、端村、金龙淀和圈头的部分区域，其余区域均属于不适宜区。

由 2019 年 3 月和 5 月第 1 阶段沉水植物群落（龙狐、金龙、狐金、金龙狐）的修复区域图可得，针对白洋淀第 1 阶段修复的适宜区，可以栽种沉水植物金鱼藻、穗状狐尾藻和篦齿眼子菜的群落组合；利用生境改善措施，降低过渡区水中叶绿素和悬浮物含量，改善其透明度，从而提高沉水植物群落光补偿深度，使其达到适宜区评估标准。

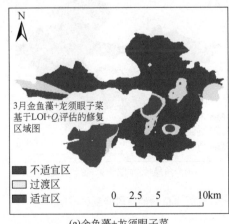

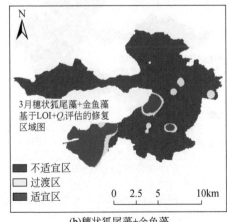

(a)金鱼藻+龙须眼子菜　　　　　　　　　　(b)穗状狐尾藻+金鱼藻

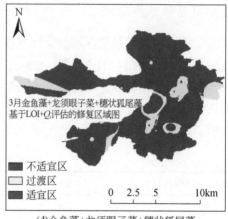

(c)龙须眼子菜+穗状狐尾藻　　　　　　　(d)金鱼藻+龙须眼子菜+穗状狐尾藻

图 6-13　2019 年 3 月基于 LOI 和 Q_i 第一阶段沉水植物群落修复区域图

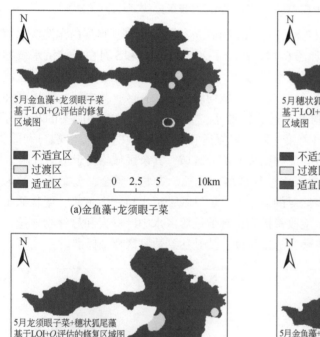

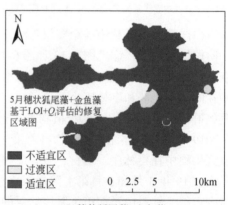

(a)金鱼藻+龙须眼子菜　　　　　　　　　(b)穗状狐尾藻+金鱼藻

(c)龙须眼子菜+穗状狐尾藻　　　　　　　(d)金鱼藻+龙须眼子菜+穗状狐尾藻

图 6-14　2019 年 5 月基于 LOI 和 Q_i 评估第一阶段沉水植物群落段修复区域图

同时对比了 2019 年 3 月和 2019 年 5 月白洋淀沉水植物群落恢复区域图，可以发现 2019 年 3 月适宜区和过渡区分布面积较 2019 年 5 月大，范围广，再次验证了沉水植物修复最好在 3 月进行。

5. 基于不同区域特点的沉水植物修复方案优化

（1）基于水深的修复优化通过分析白洋淀调研数据，确定白洋淀水深通常处于 0.5 ~ 7m。由于 11 种沉水植物适宜水深范围不同，故将白洋淀分为浅水区（水深 0.5 ~ 1m）、中水区（水深 1 ~ 2.5m）和深水区（2.5 ~ 7m）三种类型。不同水深区适宜栽种沉水植物如下表 6-11 所示。

表 6-11　白洋淀基于水深划分的区域沉水植物适宜栽种种类

沉水植物	浅水区	中水区	深水区
轮藻 *Chaa* Sp.	+	+	+
菹草 *P. crispus* L.	+	+	－
光叶眼子菜 *P. lucens* L.	+	+	+
篦齿眼子菜 *P. pectinatus* L.	+	+	+
黄花狸藻 *Utriculariaaurea* Lour.	+	－	－
大茨藻 *N. major* L.	+	+	+
小茨藻 *N. minor* L.	+	+	+
黑藻 *H. verticillata*（L. f.）Royle	+	+	+
苦草 *V. spiralis* L.	+	+	+
金鱼藻 *Ceratophyllum* L.	+	+	+
穗状狐尾藻 *Myriophyllum spicatum* L.	+	+	+

注：+表示适宜生存，－表示不适宜生存。

（2）基于清淤区域特点的修复优化。不同清淤区域具有不同的特点，如河道和开阔淀面，入淀河口和航道。结合沉水植物特性，不同植物适宜水域不同，具体见表 6-12。例如入淀河口处通常水深较深，具有一定的风浪扰动；航道通常水深居中，受到风浪和船体扰动；而开阔淀面通常只有在受到风影响时，水面才会泛起波澜，一般情况下处于平静状态。

表 6-12　白洋淀基于生境系统划分的区域沉水植物适宜栽种种类

沉水植物	开阔淀面	河道	入淀河口（风浪较大、水深较深）	航道（船体扰动和水深居中）
轮藻 *Chaa* Sp.	+	－	－	－
菹草 *P. crispus* L.	+	－	－	－
光叶眼子菜 *P. lucens* L.	+	－	－	－
篦齿眼子菜 *P. pectinatus* L.	－	+	+	+
黄花狸藻 *Utriculariaaurea* Lour.	－	+	－	+

续表

沉水植物	开阔淀面	河道	入淀河口（风浪较大、水深较深）	航道（船体扰动和水深居中）
大茨藻 *N. major* L.	+	–	–	–
小茨藻 *N. minor* L.	+	–	–	–
黑藻 *H. verticillata*（L. f.）Royle	+	+		+
苦草 *V. spiralis* L.	–	+	+	+
金鱼藻 *Ceratophyllum* L.	–	+	+	+
穗状狐尾藻 *Myriophyllum spicatum* L.	–	+	+	+

注：+表示适宜生存，–表示不适宜生存。

（3）基于净水能力的修复优化。根据白洋淀污染现状分布情况，将白洋淀区域划分为：以 C、N 为主要污染元素的区域和以 P、重金属为主要污染元素的区域，其污染分布见图 6-15。

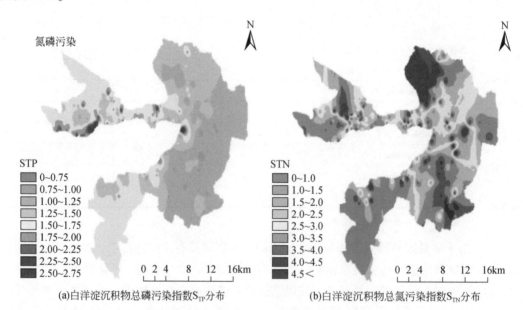

(a)白洋淀沉积物总磷污染指数S_TP分布　　　　(b)白洋淀沉积物总氮污染指数S_TN分布

图 6-15　白洋淀沉积物氮磷污染分布图

不同的沉水植物净水能力不同（表 6-13），针对不同污染区域，可适当优化，选取对主要污染物净化能力较大的物种。

表 6-13　白洋淀沉水植物净化能力

沉水植物	C	N	P	Cu	Zn	Pb	Ni	Cd	As
轮藻 *Chaa* Sp.	+	+	+	+	+	+	–	+	+
菹草 *P. crispus* L.	–	+	+	+	+	–	–	+	–
光叶眼子菜 *P. lucens* L.	–	–	–	–	–	–	–	–	–

沉水植物	C	N	P	Cu	Zn	Pb	Ni	Cd	As
篦齿眼子菜 *P. pectinatus* L.	+	+	+	+	+	+	–	+	+
黄花狸藻 *Utriculariaaurea* Lour.	–	–	–	–	–	–	–	–	–
大茨藻 *N. major* L.	–	–	–	–	–	–	–	–	+
小茨藻 *N. minor* L.	–	–	+	+	+	–	–	+	–
黑藻 *H. Verticillata*（L. f.）Royle	+	+	+	+	+	+	–	+	+
苦草 *V. Spiralis* L.	–	+	+	+	+	+	–	+	+
金鱼藻 *Ceratophyllum* L.	+	+	+	+	+	+	–	+	+
穗状狐尾藻 *Myriophyllum spicatum* L.	–	+	+	+	+	–	+	+	–

注：+表示适宜生存，–表示不适宜生存。

因此基于不同区域特点修复技术可分为 3 步。第一步，确定沉水植物恢复的目标物种，即基于白洋淀沉水植物历史现状特征和沉水植物特性确定目标物种；第二步，针对清淤后区域水深、生境特征和沉积物污染特征，在第一步的基础上优化目标物种；第三步，在水体透明度改善后，在沉水植物第一阶段恢复的基础上进行第二阶段种植，使沉水植物群落多样化，从单一化逐步过渡到具有多样性的稳定群落。

6.1.4 小结

（1）根据白洋淀沉水植物耐污能力、污染物去除能力、抵抗虫害能力，同时结合白洋淀沉水植物优势度和出现率的计算，最终确定清淤区沉水植物恢复物种为 7 种，分别为篦齿眼子菜、穗状狐尾藻、金鱼藻、黑藻、苦草、黄花狸藻和大茨藻。根据清淤区特点，对恢复物种进行优化。白洋淀水下光衰减系数在 2019 年 5 月较 3 月大，故对沉水植物修复最好在 3 月进行。

（2）建立了基于水下光场和植物特点的沉水植物修复技术。依据沉水植物种群（群落）光补偿深度与透明度线性关系模型，通过测量清淤后区域的水深，计算沉水植物种植前需要恢复的透明度目标值。当水体达到透明度目标值时，可先进行第一阶段的种植耐污种（金鱼藻+篦齿眼子菜+穗状狐尾藻），并在后期水质得到改善的条件下，在第一阶段的基础上进行第二阶段沉水植物的种植，主要增加中等耐污种（苦草+黑藻）和敏感种（黄花狸藻+大茨藻）。结合沉水植物特点和区域特点，优化种植方案。两阶段各类沉水植物的种植密度设置为 20 丛/m²，2 ~ 3 株/丛。当实际透明度小于目标值时，需要在种植沉水植物前进行生境修复，具体技术参考本书第 5 章。

（3）总结清淤后区域沉水植物的修复，分为 3 个步骤。第一步，基于白洋淀沉水植物物种历史现状和沉水植物特性确定目标物种；第二步，针对清淤后区域的水深分布、生境特征和污染现状，在第一步的基础上优化目标物种；第三步，依据沉水植物种群（群落）光补偿深度与透明度线性关系模型，通过测量清淤后区域的水深，计算沉水植物种植前需要恢复的透明度目标值。在水体透明度达到目标值后，种植第一阶段耐物种，在水质得到改善的条件下，在第一阶段的基础上进行第二阶段沉水植物的种植，使沉水植物修复群落由组成较为单一且充满不稳定性逐步过渡到具有多样性的稳定群落。

（4）基于沉水植物种群（群落）光补偿深度和实际水深的比值（Q_i）和底质烧失量（LOI）两个参数评估白洋淀沉水植物第一阶段修复区域，沉水植物的修复不仅受水下光场的影响，还受底质的影响。

6.2 底栖动物恢复重建及管理优化

6.2.1 概述

随着恢复生态学的发展，越来越多的学者致力于研究水生态系统的恢复。由于底栖动物在水生态系统中的重要作用和地位，国内外许多学者对比研究了物理、化学和生物等多种方法对底栖动物群落恢复重建的作用（吴亚林，2018；钱伟斌等，2016；李强等，2013）。大型底栖动物群落的恢复重建主要包括两个方面，一是栖息地的重建，包括沉水植物群落修复（徐霖林等，2011；刘帅磊，2017）和底质改造（如人工抛石和人工鱼礁）等（袁小楠等，2017；于露等，2020），通过改善底栖生境吸引大型底栖动物的洄流，促进大型底栖动物丰度和多样性的提高，从而实现恢复。二是优势种的增殖放流（Rybicki, et al., 1998）利用食物网中生物间的相互作用关系进行投加恢复，具体案例如表 6-14 所示。

1）底栖动物群落恢复研究

在实际天然水体中，大型底栖动物与其他水生生物如沉水植物、藻类等存在相互联系。每个水生生物的能量输入与输出保持平衡，生物之间相互影响，维持着整个底栖食物网的稳定性和完整性（Vadeboncoeur et al., 2008）。生境改善和优势种经验投加的方式，未充分考虑恢复物种与其他生物在食物网内部的联系，可能会导致投加物种单一、过量，进而破坏食物网的稳定性。因此，底栖动物恢复关键物种的确定和生物量的合理投加，需要基于食物网、实际调研和工程经验等多方面综合分析科学确定，才能更好地保障整个生态系统的整体稳定性。目前我国多个湖泊如太湖（陈荷生，2001）、洞庭湖（欧伏平等，2003）和武汉莲花湖（钟非等，2007）等均已开展了底栖动物群落的恢复工作。

2）恢复后的优化管理

恢复后底栖动物如何进行调控管理对底栖动物群落维持长效稳定具有重要意义。目前常用调控管理措施包括：①恢复后对大型底栖动物生物量、生物密度等进行连续调研，通过人工经验判断管理，防止生物量过高影响底栖生态系统（Frisk M G et al., 2011）；②计算大型底栖动物多样性指数，利用丰度、均匀度和多样性特征评价水体富营养化程度，采取生境改善技术进行水质净化，从而实现恢复后的优化关系（刘宝兴，2007）。

生物之间的相互作用也为大型底栖动物优化管理提供了思路。作为底栖食物网的初级生产者，沉水植物常常作为大型底栖动物的庇护场所和食物来源，影响着大型底栖动物的生长发育过程；大型底栖动物也是鱼类等高级消费者的食物来源，影响着其生长发育繁殖等过程（徐霖林等，2011）。因此，大型底栖动物的优化管理也可考虑不同种类生物间的相互关系，利用模型的情景分析进行优化管理。

表 6-14 底栖动物相关恢复研究案例

类型	地点/工程项目	措施	效果
生物投放	长江口南导堤	投放巨牡蛎，投放密度占总密度的 61.52%	15 个月的生长繁殖，有效地提高了示范区底栖生物的生物量和底栖生物的多样性
生物投放	广东肇庆市高要区某条河涌水环境	投加量为 15~20g/m²，所投底栖动物为螺蛳、河蚌和白背螺中的任意一种或两种	—
生物投放	太湖周边某待修复区	投加量为 180~200g/m²，所投底栖动物为三角帆蚌或铜锈环棱螺中的任意一种或两种	修复区水质各项指标有短暂的上升，透明度出现下降，但是随后水质逐渐恢复，最终水质可以保持为Ⅲ类水，沉水植物种群结构逐渐稳定
栖息地改造		开发了一种恢复河流大型底栖无脊椎动物群落的人工底质结构，包括：人工底质篮、浅滩卵石袋、附生植物袋	—
栖息地改造	上海市淀山湖	沉水植物群落重建	经恢复工程治理后，底栖动物的群落结构有了明显变化，多样性指数有了提高
栖息地改造	广州市流溪河	用以黑藻和苦草混种的沉水植物修复技术建立了生态修复示范区	至修复过程完成，底栖动物增加到 11 种，且以中等耐污种群为主

　　在本书中，底栖动物的恢复方案主要基于底栖动物的习性特征和食物网特征，以关键种和优势种为主要恢复物种，根据底栖动物的习性特征包括深度分布、迁移特点和生长习性等确定底栖动物的恢复方式，综合底栖动物生物量的调研数据和食物网模型确定的生态容量，并结合沉水植物与底栖动物的比例关系，对底栖动物恢复投加量进行优化，依照少量多次原则，对底栖动物群落进行恢复投加，并进行后期的优化调控。

6.2.2 基于习性和食物网的白洋淀底栖动物和鱼类恢复方案

　　1. 底栖动物的恢复物种

　　1）恢复种确定原则

　　底栖动物恢复种的确定原则：

　　（1）恢复物种应为湖泊的当地现存物种。当地物种对环境适应能力强，在群落受损后能迅速恢复为原来的群落，且无外来入侵的隐患。

　　（2）恢复物种应为优势种和关键种。通过优势度计算和食物网模型关键性指数确定底栖动物优势种和关键种，其对底栖动物群落结构影响较大，且与其他底栖生物群落关系密切，恢复该类物种有利于调控维持底栖生态系统的稳定。

2）底栖动物优势种

根据2017～2019年底栖动物的优势度和出现频次可知（表6-15、表6-16），底栖动物优势种豆螺、羽摇蚊和中国圆田螺出现的频次较大，梨形环棱螺、大红德永摇蚊、中华米虾和中华圆田螺圆出现的频次中等，其他底栖动物出现的频次较小。因此，豆螺、羽摇蚊、中国圆田螺、梨形环棱螺、大红德永摇蚊和中华圆田螺为主要的优势种，为白洋淀底栖动物恢复的首选考虑。

表6-15　不同时间白洋淀底栖动物的优势种

时间	优势种	种类数
2007 年	中华圆田螺、中国圆田螺、绘环棱螺、梨形环棱螺、羽摇蚊幼虫	5
2009 年	中华圆田螺、豆螺、大红德永不同时间摇蚊、羽摇蚊、细长摇蚊、长足摇蚊	6
2011 年	中国圆田螺、梨形环棱螺、豆螺、日本沼虾、大红德永摇蚊、羽摇蚊	6
2012 年 8 月	中国圆田螺、梨形环棱螺、豆螺、大红德永摇蚊幼虫、羽摇蚊幼虫	5
2013 年	中国圆田螺、梨形环棱螺、豆螺、大红德永摇蚊、中华米虾	5
2015 年	中华圆田螺、中国圆田螺、豆螺、克氏鳌虾	4
2017 年 10 月	霍甫水丝蚓、豆螺、羽摇蚊、红色裸须摇蚊	4
2017 年 12 月	萝卜螺、豆螺、摇蚊	3
2018 年 3 月	中国圆田螺、中华圆田螺、梨形环棱螺、日本沼虾、中华米虾、克氏鳌虾	7
2018 年 7 月	箭蜓、中国圆田螺、中华圆田螺、大红德永摇蚊、羽摇蚊	5
2018 年 11 月	中华圆田螺、大红德永摇蚊、羽摇蚊、拟摇蚊	4
2019 年 3 月	米虾、梨形环棱螺、赤豆螺、椭豆螺、折叠萝卜螺、霍甫水丝蚓、红色裸须摇蚊	9

表6-16　不同时间白洋淀底栖动物主要优势种的出现频次

出现频次	底栖动物
8	豆螺
7	中国圆田螺、羽摇蚊
6	大红德永摇蚊
5	梨形环棱螺
4	中华圆田螺、中华米虾
2	日本沼虾、克氏鳌虾、霍甫水丝蚓、萝卜螺
1	绘环棱螺、细长摇蚊、长足摇蚊、箭蜓

3）底栖动物关键种

关键种指在生态系统和食物网中具有关键作用的种类，其影响的大小和其自身的丰度并不一定成比例。底栖动物关键种的确定可以通过 Ecopath 模型中关键度指数计算获得。计算公式如式（6-2）～式（6-4）。

$$KS_i = \log\left[\varepsilon_i(1-p_i)\right] \tag{6-2}$$

$$\varepsilon_i = \sqrt{\sum_{j \neq 1}^{n} m_{ij}^2} \qquad (6-3)$$

$$P_i = \frac{B_i}{\sum_{k}^{n} B_k} \qquad (6-4)$$

式中，KS_i 为功能组 i 的关键度指数；ε_i 为功能组 i 在生态系统中的总影响（total impacts）；m_{ij} 为功能组 i 对功能组 j 的混合营养影响效应数值，表示了彼此之间的相互关系的强弱；P_i 为功能组 i 的生物量 B_i 和整个生态系统生物量 $\sum_{i}^{n} B_k$ 的比值。由于 KS_i 和 P_i 成负相关关系，因而不会有因功能组生物量过高而造成关键度指数过高的情况出现。

通过计算白洋淀每个物种的 KS 指标（图 6-16），选取同类生物（底栖动物、鱼类、

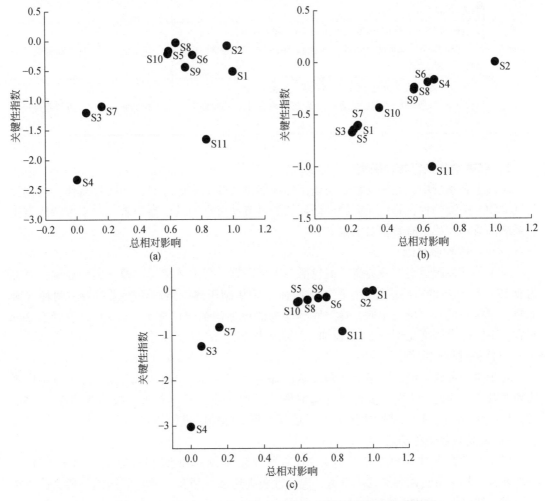

图 6-16　1980 年、2010 年和 2018 年白洋淀关键物种 KS 指数图

（a）为 1980 年；（b）为 2010 年；（c）为 2018 年；S1 为肉食性鱼类；S2 为杂食性鱼类；S3 为草食性鱼类；
S4 为滤食性鱼类；S5 为软甲纲；S6 为腹足纲；S7 为其他底栖动物；S8 为浮游动物；S9 为浮游藻类；
S10 为底栖藻类；S11 为沉水植物

初级生产者）中 *KS* 值最大者为关键功能组成员，不同年份关键功能组成员如表 6-17 所示。可以看出，1980～2018 年，鱼类关键功能组由杂食性鱼类转变为肉食性鱼类，底栖动物关键功能组由软甲纲转变为腹足纲，初级生产者关键功能组由底栖藻类转变为浮游藻类。张修峰（2013）的研究提出，在清洁的浅水湖泊中，底栖藻类往往是主要的初级生产者，而随富营养化程度增加，湖泊中浮游藻类占据主要地位。1980～2018 年白洋淀初级生产者关键功能组由底栖藻类转变为浮游藻类，说明白洋淀富营养化程度加剧。

表 6-17　白洋淀不同年份关键功能组成员

年份	关键功能排序	鱼类中关键功能组	底栖动物中关键功能组	初级生产者中关键功能组
1980 年	浮游动物>杂食性鱼类>软甲纲>底栖藻类>腹足纲>浮游藻类>肉食性鱼类>其他底栖动物>草食性鱼类>沉水植物>滤食性鱼类	杂食性鱼类	软甲纲	底栖藻类
2010 年	杂食性鱼类>滤食性鱼类>腹足纲>浮游动物>浮游藻类>底栖藻类>其他底栖动物>肉食性鱼类>软甲纲>草食性鱼类>沉水植物	杂食性鱼类	腹足纲	浮游藻类
2018 年	肉食性鱼类>杂食性鱼类>腹足纲>浮游藻类>浮游动物>软甲纲>底栖藻类>其他底栖动物>沉水植物>草食性鱼类>滤食性鱼类	肉食性鱼类	腹足纲	浮游藻类

4）底栖动物恢复物种确定

湖泊生态系统中，底栖动物是物质循环和能量代谢的重要环节，而腹足纲作为白洋淀底栖动物的关键物种，是白洋淀物质循环和能量流动过程的重要参与者，对于维持底栖生态系统的成熟和稳定有着重要的意义。

（1）关键种腹足纲。

对于关键种腹足纲，螺类腹足纲包括中华圆田螺、梨形环棱螺、萝卜螺和豆螺，其亦为 2017～2019 年的主要优势种。其中前两种（中华圆田螺、梨形环棱螺）与后两种（萝卜螺、豆螺）的迁移能力不同，螺类底栖动物的投加规格建议在 1～20g/只，直径在 2cm左右，不同种类密度比例按 1∶1 投加，后期根据实际情况进行调控。

（2）关键种软甲纲。

对于关键种软甲纲，中华米虾和日本沼虾为 2017～2019 年主要优势种，在历年出现的频率较高。因此，主要恢复种类可选中华米虾和（或）日本沼虾。投加规格在 0～6g/只，长度 0～4cm。投加密度比例 1∶1，后期根据实际情况进行调控。

5）鱼类恢复物种确定

根据白洋淀 2018～2019 年鱼类主要优势种（表 6-18）和水层分布特征（表 6-19）选择恢复种，其中草食性鱼类选取草鱼、肉食性鱼类选取乌鳢和（或）红鳍鲌，杂食性鱼类选取鲫，滤食性鱼类选取鲢。

表6-18 白洋淀1980年、2018年和2019年主要优势鱼类表

组名	1980年主要物种组成	2018年主要物种组成	2019年主要物种组成
肉食性鱼类	乌鳢、鳜鱼、翘嘴红鲌	马口鱼、黄鲖、乌鳢、红鳍鲌	黄鲖、圆尾斗鱼、虾虎鱼、红鳍鲌
杂食性鱼类	鲤、鲫、白鲦、麦穗鱼、棒花鱼	鲫、鲦鱼	鲫、泥鳅
草食性鱼类	草鱼、鳊	草鱼	草鱼
滤食性鱼类	鳙、鲢	中华鳑鲏、鲢	

表6-19 白洋淀1980年、2018年和2019年主要优势鱼类水层分布特征

水层	1980年主要物种组成	2018年主要物种组成	2019年主要物种组成
上层	白鲦、鲢、麦穗鱼	马口鱼、中华鳑鲏、鲢、红鳍鲌	红鳍鲌
中层	鲢、麦穗鱼、草鱼、乌鳢	鲢、红鳍鲌、草鱼、乌鳢	红鳍鲌、草鱼
下层	草鱼、乌鳢、鲫、棒花鱼	草鱼、乌鳢、鲫、黄鲖、黄颡鱼	鲫、黄鲖、虾虎鱼、圆尾斗鱼、草鱼、泥鳅

2. 底栖动物的恢复方式

根据不同物种适宜的生境条件（如分布深度、水体温度和溶解氧需求等）、生长习性（如食性特征、繁殖季节等）和迁移习性确定恢复方式。一般迁移能力强的底栖动物以自然恢复为主，迁移能力弱的底栖动物以人工恢复为主。

（1）底栖动物深度分布特征。

根据白洋淀2018～2019年调研结果和相关文献（杨明生，2009）可知（表6-20），底栖动物在沉积物的最大分布深度为25cm，其采集量可达99%以上，25cm以下基本采集不到底栖动物。寡毛纲在0～5cm段（即表层）的密度最大，约占总体50%以上；而在5～25cm处，摇蚊幼虫分布密度最大，约占总体的70%。此外，软甲纲、蛭纲和腹足纲主要分布在表层0～25cm。

表6-20 不同深度底栖动物分布表

深度	分布情况
0～5cm（表层）沉积物	寡毛纲分布密度最大，约占总体的50%以上；摇蚊幼虫的密度约占30%；其他动物包括软甲纲、蛭纲和腹足纲
5～25cm沉积物	摇蚊幼虫分布密度最大，约占总体的70%；寡毛纲约占总体的40%；其他动物包括软甲纲、蛭纲和腹足纲
25～30cm	基本不检出底栖动物

（2）底栖动物迁移能力。

对于不同类型底栖动物，软甲纲的迁移能力最强，螺类等腹足纲次之，寡毛纲和摇蚊幼虫为主的昆虫纲最弱。白洋淀主要恢复种包括软甲纲虾类、螺类腹足纲以及摇蚊幼虫，其迁移特点主要可以分为三种（杨明生，2009）。第一种为软甲纲虾类，如中华米虾和日本沼虾以及个体较小的螺类，包括萝卜螺、扁卷螺等小型腹足类腹足纲。由于其为游泳型动物以泳足作为运动器官，能同时进行水平和上下迁移，迁移能力较强。第二种即田螺类腹足纲，个体较大，螺壳占自身45%以上，主要以腹足在泥水界面滑动，因而其迁移能力主要以水平迁移为主，迁移能力次之。第三种即摇蚊幼虫，未成年前其主要在泥土中筑巢为主，生活场所固定（王珊等，2013），主要以上下迁移为主，迁移能力较弱，成年后成体迁移能力较强，与甲壳动物相当。同时，分析不同类型大型底栖动物的摄食特征发现（表6-21），软甲纲主要为捕食者和滤食者，以小型动物和有机颗粒物为食；腹足纲多数为撕食者，以沉水植物和有机颗粒物为食；昆虫纲和寡毛纲动物主要为刮食者，以沉积物表面的藻类、微生物或者微型生物为食。

表6-21　不同种类底栖动物的迁移特点

动物	迁移能力	迁移特点	结构特点	食性
软甲纲	迁移能力较强	—	以泳足作为游泳器官，能在水中游泳	杂食
萝卜螺、扁卷螺等小型腹足类腹足纲	迁移能力强	既能在淤泥或岩石上滑行，也可以在水面上游动；横向迁移为主	腹足为运动器官；壳薄，所占体重的比重小，不到30%	杂食
环棱螺、田螺属等大型腹足腹足纲	迁移能力中等，水平迁移平均2.4~3.4m；最大迁移为3.6~7m	利用腹足在淤泥上或岩石界面上滑行；横向迁移为主	腹足为运动器官；壳厚，所占体重的比重大，超过了45%	杂食
寡毛纲	迁移能力较弱，最大迁移范围为上下18cm左右	栖息场所比较固定，泥水界面纵向迁移为主	身体一部分在泥中，一部分在水中不停地摆动	以碎屑为食
摇蚊幼虫类	迁移能力较弱，最大迁移范围为上下18cm左右	栖息场所比较固定，水界面纵向迁移为主	泥面筑巢	以碎屑为食

（3）底栖动物生长习性。

根据底栖动物优势种和关键功能组计算结果，白洋淀底栖动物恢复种以甲壳动物、腹足纲和昆虫纲为主，其恢复方式和基本生境需求见表6-22。研究发现，甲壳动物的迁移能力最强，腹足纲次之，昆虫纲最弱。一般底栖动物生长适宜温度不超过30℃。底栖动物溶解氧需求不低于3mg/L，摇蚊幼虫可以在低氧浓度（DO≤1mg/L）下生长。对比不同种底栖动物对沉水植物群落的影响，摇蚊幼虫主要以沉积物碎屑为食，其对沉水植物群落的影响较小；软甲纲和腹足纲为杂食性动物，其对沉水植物群落的影响相对较大。

（4）底栖动物恢复方式。

A. 低迁移能力。

对于低迁移能力的底栖动物（包括摇蚊幼虫、寡毛纲等），其对栖息地的依赖性较强，容易因栖息地破坏而遭到严重破坏。摇蚊幼虫成长成摇蚊后具有极强的飞翔能力，只要底质适宜，可以快速恢复。因此该类底栖动物一般以自然恢复为主。

表6-22 白洋淀底栖动物优势种的生长特点（夏朴成，2007；
梁新民，2019；周志芳，1992；敖鑫如，1996）

种类	相关优势物种	迁移能力	生长习性				恢复方式
			适宜温度/℃	DO需求水平	生长季节	食性	
软甲纲	日本沼虾	迁移能力较强	10~30	DO > 3mg/L，DO = 6mg/L为宜；	夏季	杂食	自然恢复为主
	中华米虾						
腹足纲	豆螺	迁移能力强	20~27	DO≥3mg/L，<1.5mg/L死亡；	夏季或秋季	杂食	人工少量多次投加为主
	萝卜螺						
	中华圆田螺	迁移能力中等					
	梨形环棱螺						
昆虫纲	大红德永摇蚊	幼体迁移能力较弱，成年后较强	26~28	DO = 5~6mg/L为宜，低氧活性减弱	夏季	以碎屑为食	自然恢复为主
	羽摇蚊						

B. 中等迁移能力。

对于中等迁移能力的底栖动物（包括螺类优势种腹足纲），其迁移能力适中且主要进行水平迁移，也可进行上下迁移。当环境遭到破坏时，少部分底栖动物能够通过迁移避免侵害。因此可以考虑自然恢复或者进行人工少量多次投加。

对于该类底栖动物，其在恢复前必须优先考虑如下条件：①投加螺之前沉水植物初步恢复；②底栖溶解氧达到3~5mg/L，且宜在晴天的上午或傍晚进行投放，中午太阳暴晒和阴雨天不宜投放。

C. 高迁移能力和鱼类。

对于高迁移能力底栖动物（包括虾类优势种软甲纲和部分螺类优势种腹足纲）和鱼类，当栖息地遭到破坏时，其可以通过较快迁移能力迁移到受影响程度较小的环境，栖息地恢复后重新迁移回来，对群落整体影响较小。对于清淤后的施工现场，若采取围挡但不完全封闭进行底栖生态恢复，则以自然恢复为主，可在围挡处开口，引入恢复物种；若采取围挡且完全封闭进行底栖生态恢复，则考虑人工少量多次投加。

对于优势种虾类软甲纲和鱼类的恢复，其在恢复前需考虑如下条件：①投加前沉水植物初步恢复；②溶解氧达到3~5mg/L。对于白洋淀鱼类的恢复顺序，在初期种植沉水植物后，为了减少鱼类对沉水植物和底栖动物的影响，先投加滤食性鱼类净化水质，再投加肉食性鱼类控制滤食性鱼类的生物量，最后投加杂食性鱼类和草食性鱼类构成完整的生态系统。一般鱼种最适宜的放养时间在当年12月至次年2月底。

3. 底栖动物投加量

1）中等迁移能力

根据底栖动物与沉水植物比例、食物网模型计算的生态容量和工程经验三方面，确定适宜的投加量范围。投加量按照少量多次的原则进行投加，以防止造成溶解氧迅速降低。

（1）工程经验。

不同水体螺类的投加量不同（表6-23）。黑臭水体螺类的投加量为0.75~104.95g/

m²；富营养化湖泊中螺类的投加量为 180 ~ 220g/m²；对于水质在Ⅳ和Ⅴ类的湖泊，螺类的投加量分别为 30 ~ 200g/m² 和 200 ~ 300g/m²；对于水质较为干净的景观水体和城市河流，螺类投加量分别为 15 ~ 20g/m² 和 10 ~ 50g/m²。由于白洋淀水质在Ⅳ类左右，因此进行生态修复时，底栖动物的工程投加量范围选择在 30 ~ 200g/m²。

表 6-23　底栖动物工程经验投加量表

序号	水体类型	修复位置	工程经验值
1	景观水体（王晓菲，2012）	广东肇庆市高要区某条河涌水环境	投加量 15 ~ 20g/m²，所投底栖动物为螺蛳、河蚌和白背螺中的任意一种或两种
2	—	某城市河流（郑润生和许山，2015）	投加量 10 ~ 50g/m²，所投底栖动物为环棱螺
3	浅水湖泊（王航海等，2019）	太湖周边某待修复区	投加量为 180 ~ 200g/m²，所投底栖动物为三角帆蚌或铜锈环棱螺中的任意一种或两种
4	Ⅳ类水体（韩翠敏等，2017）	华南地区某受污染的河流	投加量 30 ~ 200g/m²，所投加底栖动物为腹足纲
	Ⅴ类水体		投加量 200 ~ 300g/m²，所投加底栖动物为腹足纲

（2）2018 ~ 2019 年采样调研。

根据 2018 ~ 2019 年白洋淀采样调研结果（表 6-24），螺类生物量范围为 0.16 ~ 186.5g/m²，螺与沉水植物的生物量比例为 1:0.4 ~ 1:322.86。

表 6-24　2018 ~ 2019 年白洋淀螺生物量及螺与沉水植物的比例

时间	螺的生物量/（g/m²）	螺:沉水植物（生物量比）
2018 年 4 月	2.22 ~ 60.87	1:13.64 ~ 1:322.86
2018 年 7 月	5.34 ~ 186.5	1:0.81 ~ 1:64.21
2018 年 11 月	0.28 ~ 58.29	1:0.4 ~ 1:258.95
2019 年 3 月	0.16 ~ 16.52	1:17.74 ~ 1:141.61

（3）基于食物网模型的生态容量确定。

基于食物网模型，1980 年、2010 年和 2018 年白洋淀关键功能组螺的生态容量为 7.73 ~ 82.13g/m²，螺与沉水植物的生态容量比例范围为 1:18 ~ 1:171（生物量比）（表 6-25）。

（4）综合分析。

螺初期的投加量可以结合螺与沉水植物的比例，按照少量多次的原则进行投加，随着沉水植物的恢复，根据工程投加量、历年调研生物量以及生态容量综合考虑，结合底栖动物"反馈—调整—控制"优化技术进行螺的生物量调控。

表 6-25 基于食物网模型的关键功能组螺的生态容量

年份	螺最小生态容量 / （g/m²）	螺最大生态容量 / （g/m²）	螺：沉水植物	螺：浮游藻类
1980 年	25.24	82.13	1：53 ~ 1：171	1：0.07 ~ 1：0.23
2010 年	7.73	46.51	1：17 ~ 1：102	1：0.69 ~ 1：4.14
2018 年	24.84	48.70	1：18 ~ 1：34	1：0.34 ~ 1：0.65

2） 高迁移能力

对于该类底栖动物（如虾类）投加量的确定，首先需要沉水植物初步恢复，且底栖溶解氧为 3mg/L 以上，最好达到 4 ~ 5mg/L。综合考虑虾类与沉水植物生态容量比例和采样调研生物量比例范围，确定虾类的初期投加生物量，并按照少量多次的原则进行调控，以防止溶解氧迅速降低。通过工程投加量、历年调研生物量以及生态容量综合考虑，结合底栖动物"反馈—调整—控制"优化技术进行调控。

（1） 工程经验投加量调研。

根据以往工程经验，一般用于湖泊生态修复的虾类投加量为 1 ~ 2 条/m²，规格为 0.7 ~ 1g/条，即投加的生物量范围为 0.7 ~ 2g/m²（沈佳，2018）。

（2） 2018 ~ 2019 年采样调研。

根据采样调研结果（表 6-26）可知，2018 ~ 2019 年白洋淀虾类的生物量范围在 0.90 ~ 189.73g/m²，虾类与沉水植物的比例范围为 1：1.74 ~ 1：355.43（生物量比）。

表 6-26 2018 ~ 2019 年虾类的生物量及虾与沉水植物的采样调研结果表

年份	虾类的生物量/（g/m²）	虾类：沉水植物（生物量比）
2018 年 4 月	3.69 ~ 84.29	1：9.44 ~ 1：355.43
2018 年 7 月	3.13 ~ 78.56	1：1.74 ~ 1：89.14
2018 年 11 月	0.90 ~ 23.60	1：8.79 ~ 1：200.72
2019 年 3 月	1.04 ~ 189.73	1：1.95 ~ 1：169.85

（3） 基于食物网模型的生态容量确定。

基于食物网模型，1980 年、2010 年和 2018 年虾类生态容量范围为 0.93 ~ 37.41g/m²，虾类与沉水植物的生态容量比例范围为 1：32 ~ 1：849（生物量比）（表 6-27）。

表 6-27 基于食物网模型的关键功能组螺的生态容量

年份	虾类最小生态容量/（g/m²）	虾类最大生态容量/（g/m²）	虾类：沉水植物	虾类：浮游藻类
1980 年	9.7	37.41	1：116 ~ 1：446	1：0.16 ~ 1：0.62
2010 年	0.93	21.19	1：37 ~ 1：849	1：1.51 ~ 1：34.41
2018 年	7.82	26.87	1：32 ~ 1：112	1：0.63 ~ 1：2.15

（4）综合分析。

因此，虾类初期的投加量可以根据虾类与沉水植物的比例，按照少量多次的原则进行投加，随着沉水植物的逐渐恢复，根据工程投加量、历年调研生物量以及生态容量综合考虑，结合"反馈—调整—控制"优化技术进行虾类的生物量调控。

3）鱼类投加量

对于鱼类投加量的确定，首先需要如下条件：①投加鱼类之前沉水植物生长迅速稳定；②溶解氧达到 4mg/L 以上。综合考虑鱼类与沉水植物的生态容量比例和采样调研生物量范围，确定不同种鱼类的初期投加生物量，并且按照少量多次的原则进行投加，防止溶解氧迅速降低。根据工程投加量、历年调研生物量以及生态容量综合考虑，结合"反馈—调整—控制"优化技术进行调控。

（1）工程经验投加量调研。

根据工程经验，一般用于湖泊生态修复鱼类的投加量为 $1.02 \sim 79.77 \mathrm{g/m^2}$。

（2）2018~2019 年采样调研。

根据采样调研结果（表 6-28），2018~2019 年白洋淀鱼类生物量范围为 $7.03 \sim 3702 \mathrm{g/m^2}$，鱼类与沉水植物的比例为 1:0.12~1:45.50（生物量比），不同食性鱼类之间的生物量比例为肉食性鱼类:杂食性鱼类:滤食性鱼类:草食性鱼类 =1:（0.02~50.81）:（0~4.77）:（0~12.11）。

表 6-28 2018~2019 年鱼的生物量及鱼与沉水植物的采样调研结果表

	鱼类最大生物量 /(g/m²)	鱼类最小生物量 /(g/m²)	鱼:沉水植物 （生物量比）	肉食性鱼类:杂食鱼类: 滤食性鱼类:草食鱼类 （生物量比）
2018 年 4 月	3702	16	1:0.76~1:45.50	1:（0.02~50.81）:（0~4.77）: （0~1.69）
2018 年 7 月	2157.14	12.47	1:0.12~1:8.48	1:（0.51~49.38）:0:0
2018 年 11 月	1143.05	7.03	1:0.22~1:29.12	1:（0.32~23.57）:（0~0.02）:0
2019 年 3 月	466.30	16.19	1:0.66~1:17.47	1:（1~13.85）:（0.71~1.72）: （0.6~12.11）

（3）基于食物网模型的生态容量确定。

基于食物网模型的分析，1980 年、2010 年和 2018 年白洋淀鱼类的生态容量范围为 $9.57 \sim 260.87 \mathrm{g/m^2}$，鱼类与沉水植物生态容量比例为 1:（3.88~1）:452.25，不同食性鱼类之间的生物量比例为肉食性鱼类:杂食鱼类:滤食性鱼类:草食鱼类 =1:（1.98~11.91）:（0.003~10.9）:（0.40~44.24）（表 6-29）。

（4）综合分析。

因此，鱼类初期的投加量可以根据鱼类与沉水植物的比例以及不同种类鱼的比例，按照少量多次的原则进行投加，随后根据工程投加量、历年调研生物量以及生态容量综合考虑，结合底栖动物"反馈—调整—控制"优化技术进行鱼类的生物量调控。

表 6-29　基于食物网模型的鱼类的生态容量

年份	鱼类最小生态容量/（g/m²）	鱼类最大生态容量/（g/m²）	鱼类：沉水植物（生物量比）	肉食性鱼类：杂食鱼类：滤食性鱼类：草食性鱼类（生物量比）
1980 年	9.57	260.87	1：16.58～1：452.25	1：（1.98～3.35）：（0.07～2.13）：（0.79～44.24）
2010 年	24.76	141.18	1：5.59～1：31.91	1：（4.95～11.91）：（2.84～7.74）：（3.52～10.60）
2018 年	27.65	225.31	1：3.88～1：31.64	1：（3.93～5.14）：（0.003～10.90）：（0.40～7.15）

4. 技术参数

从恢复物种、恢复方式和恢复投加量提出了白洋淀生态清淤后底栖动物群落的恢复方案，主要的技术参数见表 6-30 和表 6-31。

6.2.3　底栖动物恢复后的管理优化

大型底栖动物恢复后，需要对其进行优化管理，以保障生态系统的稳定性和完整性。

常根据恢复后大型底栖动物生物量、生物密度等调研数据，通过人为经验判断和指数计算管理恢复物种，以防止生物量过高影响底栖生态系统（张豫等，2016）。大型底栖动物多样性指数作为评价大型底栖动物丰度、均匀度和多样性的指标，也常用于大型底栖动物的优化管理（Frisk et al.，2011）。大型底栖动物的优化管理也需考虑不同种类生物间的相互关系，建立食物网模型进行优化管理。具体优化管理流程如图 6-17 所示。

大型底栖动物恢复后，对修复后生态系统的底栖藻类、浮游动物、浮游植物、大型底栖动物、水生植物和鱼类的生物量进行采样调研，将恢复后生态系统的总体特征参数（包括 TPP/TR 指数、连接指数 CI 和系统杂食系数 SOI 等）与恢复前进行对比，评估生态系统稳定性等特征，进而进行大型底栖动物的优化管理。

当生态特征指标 TPP/TR 增加，连接指数 CI、系统杂食系数 SOI 等减小，该生态系统成熟度和稳定性降低，存在逆向演替发展的趋势。此时，需要对修复后生态系统进行进一步调控，通过情景模拟，计算减少或者增加关键种或优势种情景下生态系统成熟指标的变化，从而确定人为投加或捕捞量，促进生态系统顺向发展；若生态特征指标 TPP/TR 减小且接近于 1，连接指数 CI、系统杂食系数 SOI 等指标升高，该生态系统成熟度和稳定性升高，存在顺向演替发展的趋势，则认为此时生态系统恢复趋势良好（叶勇等，2006）。

表 6-30　底栖动物恢复技术参数

序号	底栖动物	投加种类	投加方式	投加时间	投加条件	投加生物量范围
1	摇蚊幼虫	羽摇蚊和红色裸须摇蚊	自然恢复为主	—		
2	螺类（关键）	中华圆田螺和(或)梨形环棱螺，以及豆螺和(或)萝卜螺	人为投撒为主，少量多次投加	5月	DO达到3～5mg/L	①工程经验投加量为 10～200g/m²；②调研生物量范围为 0.16～186.5g/m²，螺∶沉水植物=1∶0.4～1∶322.86(生物量比)；③螺的生态容量为 7.73～82.13g/m²，螺∶沉水植物=1∶18～1∶171(生物量比)；方案：根据少量多次原则，首先调研沉水植物生物量，按照螺∶沉水植物=1∶300(生物量比)投加
3	虾类（关键）	中华米虾和（或）日本沼虾	自然恢复为主，围挡时少量多次投加	当沉水植物初步恢复，投加时间一般为 6 月，先投加虾类和滤食性鱼类，再投加肉食性鱼类，最后投加草食性鱼类和杂食性鱼类		①工程经验投加量为 0.7～2g/m²；②调研生物量范围为 0.90～189.73g/m²，虾类∶沉水植物=1∶1.74～1∶355.43(生物量比)；③虾类的生态容量为 0.93～37.41g/m²，虾类∶沉水植物=1∶32～1∶849(生物量比)；主要以自然恢复为主，根据恢复过程的检测确定是否投加。根据少量多次原则，首先调研沉水植物生物量确定最小投加量
4	滤食性鱼类	草食性鱼类选取草鱼、肉食性鱼类选取乌鳢和红鳍鲌，杂食性鱼类选取鲫，滤食性鱼类选取鲢				①工程经验投加量为 1.02～79.77g/m²；②调研生物量范围为 7.03～3702g/m²，鱼类∶沉水植物=1∶0.12～1∶45.50(生物量比)；肉食性鱼类∶杂食性鱼类∶滤食性鱼类∶草食性鱼类=1∶(0.02～50.81)∶(0～4.77)∶(0～12.11)；③鱼类的生态容量为 9.57～260.87g/m²，鱼类∶沉水植物=1∶3.88～1∶452.25，肉食性鱼类∶杂食性鱼类∶滤食性鱼类∶草食性鱼类=1∶(1.98～11.91)∶(0.003～10.9)∶(0.40～44.24)主要以自然恢复为主，根据恢复过程的检测确定是否投加。根据少量多次原则，首先调研沉水植物生物量确定最小投加量
5	肉食性鱼类					
6	杂食性鱼类和草食性鱼类					

表 6-31　常见底栖动物投加成本及规格参数

类别	底栖动物	投加规格
螺类	中华圆田螺	直径2cm
	梨形环棱螺	直径2cm
	豆螺	直径2cm
	萝卜螺	直径2cm

续表

类别	底栖动物	投加规格
虾类	中华米虾	体长 4cm
	日本沼虾	体长 4cm
鱼类	草鱼	150g/尾
	鲫	200g/条
	乌鳢	150g/尾
	红鳍鲌	150g/尾
	鲢	200g/条

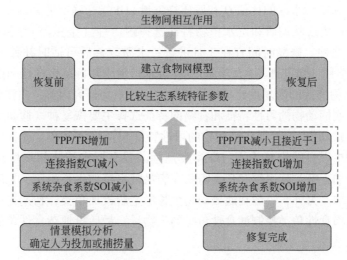

图 6-17　修复后底栖生态系统调控优化技术路线图

6.2.4　小结

（1）根据白洋淀历史现状调研，豆螺、羽摇蚊、红色裸须摇蚊和中华圆田螺为主要优势种。根据食物网模型确定了底栖关键种，甲壳动物和鱼类为 1980 年的主要关键种，腹足纲和鱼类为 2010 年和 2018 年主要关键种。因此，底栖动物恢复物种主要从关键种腹足纲、甲壳纲、鱼类以及优势种摇蚊幼虫中考虑。

（2）清淤区底栖动物主要分布在沉积物表层 0~25cm 范围内。从底栖动物的分布特征、迁移特性和生活习性考虑，鱼类和虾类甲壳动物的迁移能力最强，螺类腹足纲次之，摇蚊幼虫幼体最弱（成年后迁移能力增强）。因此，摇蚊幼虫、鱼类和虾类甲壳动物在无围挡的情况下建议以自然恢复为主，螺类腹足纲主要采取人工少量多次投加的方式恢复。

（3）底栖动物的恢复需考虑其生长所必需的溶解氧条件、食性条件等。投加腹足纲螺类，需要沉水植物已初步恢复，且 DO 达到 3mg/L 以上。如存在围挡时考虑投加软甲纲虾类和鱼类，亦需要沉水植物生长稳定，DO 达到 3mg/L 以上；一般在底栖动物生长稳定后投加鱼类，先投加滤食性鱼类净化水质，再投加肉食性鱼类控制滤食性鱼类的生物量，最后投加杂食性鱼类和草食性鱼类构成完整的生态系统。对不同种底栖动物，螺类、虾类和鱼类初期的投加量可根据其与沉水植物的比例，按照少量多次的原则进行投加；综合工程经验投加量、实际调研生物量比例、生态容量，结合底栖动物"反馈—调整—控制"优化思路进行调控。

6.3 本章小结

（1）针对湖泊富营养化和生态系统退化问题，沉水植物群落恢复或重建是关键。白洋淀沉水植物修复，首先需确定沉水植物恢复的区域和目标物种，根据沉水植物种群（群落）光补偿深度和实际水深的比值 Q_i 和底质烧失量 LOI 指标确定适宜修复区域，基于白洋淀沉水植物物种历史现状调研和沉水植物特性选择耐污种（金鱼藻+篦齿眼子菜+穗状狐尾藻）作为先锋物种，修复时间宜在 3 月进行；水质改善后可适时补种中等耐污种（苦草+黑藻）和敏感种（黄花狸藻+大茨藻），使沉水植物修复群落多样性和稳定性提高。

（2）底栖动物群落的恢复重建是底栖修复中一项重要研究内容，白洋淀底栖动物的恢复方案主要基于底栖动物的习性特征和食物网特征选择主要恢复种（腹足纲、软甲纲、鱼类以及优势种摇蚊幼虫）；根据底栖动物的习性特征包括深度分布、迁移特点和生长习性等，建议摇蚊幼虫以自然恢复为主；螺类腹足纲需要在沉水植物初步恢复且溶解氧达到 3mg/L 以上时投加；虾类软甲纲和鱼类需要在满足沉水植物生长稳定，且底栖溶解氧达到 3mg/L 以上时投加。另外，一般在底栖动物生长稳定后投加鱼类，初期先投加滤食鱼类净化水质，再投加肉食性鱼类控制滤食性鱼类的生物量，最后投加杂食性鱼类和草食性鱼类构成完整的生态系统。

参 考 文 献

敖鑫如 . 1996. 耳萝卜螺生物学特性及防治研究 . 江西植保，19（3）：1-2，8.

蔡建楠，潘伟斌，王建华，等 . 2007. 广州城区一富营养化浅水池塘的光照特征及沉水植物栽植的对策 . 四川环境，26（6）：36-39.

曹加杰 . 2014. 非生物环境因子调控对沉水植物生态恢复的影响研究 . 南京：南京林业大学 .

陈荷生 . 2001. 太湖生态修复治理工程 . 长江流域资源与环境，10（2）：173-178.

陈洪达 . 1984. 杭州西湖水生植被恢复的途径与水质净化问题 . 水生生物学报 8（2）：237-244.

陈静，和丽萍，李跃青，等 . 2007. 滇池湖滨带生态湿地建设中的土地利用问题探析 . 环境保护科学，33（1）：39-41.

陈倩 . 2009. 植物化感作用影响因素的探讨 . 中国农学通报，（25）：258-261.

陈小峰，陈开宁，肖月娥，等 . 2006. 光和基质对菰草石芽萌发、幼苗生长及叶片光合效率的影响 . 应用生态学报，17（8）：1413-1418.

程南宁 . 2005. 渐沉式沉床恢复沉水植物的生长条件研究 . 南京：河海大学 .

崔静慧 . 2016. 生态沉床的研制及其在河道水质净化中的应用 . 天津：天津大学 .

丁玲 . 2006. 水体透明度模型及其在沉水植物恢复中的应用研究 . 南京：河海大学 .

方云英，杨肖娥，常会庆，等 . 2008. 利用水生植物原位修复污染水体 . 应用生态学报，19（2）：

407-412.

高丽楠. 2013. 水生植物光合作用影响因子研究进展. 成都大学学报 (自然科学版), 32 (1): 1-8, 23.

龚绍琦, 黄家柱, 李云梅, 等. 2006. 太湖梅梁湾水质参数空间变异及合理取样数目研究. 地理与地理信息科学, 22 (2): 50-54.

韩翠敏, 凌小君, 林超. 2017-7-18. 一种浅水湖泊生态恢复沉水植被的方法. CN201710068243. 2.

何起利, 洪鑫, 全渊康, 等. 2019. 清晖河生态修复技术中的沉水植物技术探讨. 水资源开发与管理, (11): 25-28, 19.

何起利, 李海燕, 汪文佳, 等. 2020-6-5. 一种处理硬底质富营养化水体的处理方法及种植载体. CN209259785U.

洪喻, 范云鹏, 张盼月, 等. 2019-9-6. 一种用于调控水质的沉水植物悬水种植装置. CN210275446U.

侯德, 孟庆义, 王利军, 等. 2006. 沉水植物篦齿眼子菜光补偿深度研究. 农业环境科学学报, (S2): 690-692.

胡胜华, 蔺庆伟, 代志刚, 等. 2018. 西湖沉水植物恢复过程中物种多样性的变化. 生态环境学报, 27 (8): 1440-1445.

黄昌春, 李云梅, 孙德勇, 等. 2009. 秋季太湖水下光场结构及其对水生态系统的影响. 湖泊科学, 21 (3): 420-428.

姜义帅, 陈灏, 马作敏, 等. 2013. 利用沉水植物生长期收割进行富营养化水体生态管理的实地研究. 环境工程学报, 7 (4): 1351-1358.

姜雨薇, 赵巧华, 孙德勇, 等. 2012. 太湖水体上行漫射衰减系数的变化特征研究. 环境科学学报, 32 (1): 164-172.

李佳华. 2005. 沉水植物对有机污染物胁迫的响应及其在湖泊生态修复中的作用. 南京: 南京大学.

李佳璐. 2015. 基于水下光场的沉水植物恢复区域划分研究. 北京: 中国环境科学研究院.

李金中, 李学菊. 2006. 人工沉床技术在水环境改善中的应用研究进展. 农业环境科学学报, 25 (S2): 825-830.

李佩. 2012. 附着藻类及浮游植物与苦草的相互关系研究. 武汉: 华中农业大学.

李强. 2007. 环境因子对沉水植物生长发育的影响机制. 南京: 南京师范大学.

李强, 霍守亮, 王晓伟, 等. 2013. 巢湖及其入湖河流表层沉积物营养盐和粒度的分布及其关系研究. 环境工程技术学报, 3 (2): 147-155.

李强, 王国祥. 2008. 冬季降温对菹草叶片光合荧光特性的影响. 生态环境, 17 (5): 1754-1758.

梁新民. 2019. 摇蚊幼虫人工采集养殖技术. 科学种养, (6): 60-61.

林海, 殷文慧, 董颖博, 等. 2019. 沉水植物对逆境胁迫的响应研究进展. 环境科技, 32 (1): 63-67, 73.

刘宝兴. 2007. 苏州河生态恢复过程中底栖动物的研究. 上海: 华东师范大学.

刘嫦娥, 陈亮, 和树庄, 等. 2012. 水体水质理化性质与沉水植物生长的生物学特征相关性研究. 环境科学与技术, 35 (11): 1-5, 15.

刘杰. 2006. 太湖底泥种子库特点及其在污染水体生态修复中作用. 长沙: 湖南农业大学.

刘帅磊. 2017. 广州流溪河与生态修复塘底栖动物群落结构特征及生态健康评估. 广州: 暨南大学.

刘笑菡, 冯龙庆, 张运林, 等. 2012. 浅水湖泊水动力过程对藻型湖区水体生物光学特性的影响. 环境科学, 33 (2): 412-420.

刘学功, 李金中, 李学菊. 2008. 生物生态技术在城市景观河道水环境改善中的应用研究. 海河水利, (4): 37-39.

刘玉超, 于谨磊, 陈亮, 等. 2008. 浅水富营养化湖泊生态修复过程中大型沉水植物群落结构变化以及对水质影响．生态科学，27（5）：376-379.

刘子亭，余俊清，张保华，等．2006．烧失量分析在湖泊沉积与环境变化研究中的应用．盐湖研究，14（2）：67-72.

刘宗亮．2017．原位修复技术抑制城市河道污染底泥氮磷释放．合肥：安徽理工大学.

马孟枭，张玉超，钱新，等．2014．巢湖水体组分垂向分布特征及其对水下光场的影响．环境科学，35（5）：1698-1707.

牛淑娜，张沛东，张秀梅．2011．光照强度对沉水植物生长和光合作用影响的研究进展．现代渔业信息，26（11）：9-12.

欧伏平，黄艳芳，田琪，等．2003．洞庭湖区内湖生态环境现状及修复对策．内陆水产，28（12）：36-38.

欧阳坤．2007．沉水植物逆境生理及其净化作用研究．长沙：中南林业科技大学.

钱伟斌，张莉，王圣瑞，等．2016．湖泊沉积物溶解性有机氮组分特征及其与水体营养水平的关系．光谱学与光谱分析，36（11）：3608-3614.

秦伯强．2007．湖泊生态恢复的基本原理与实现．生态学报，27（11）：4848-4858.

任久长，周红，孙亦彤．1997．滇池光照强度的垂直分布与沉水植物的光补偿深度．北京大学学报（自然科学版），（2）：211-214.

尚士友．1998．柔性沉水植物切割捡拾装置的试验研究．农业工程学报，14（4）：119-123.

尚士友，杜健民，张云．2003．乌梁素海富营养化及其防治研究．内蒙古农业大学学报：自然科学版，24（4）：7-12.

沈佳．2008．沉水植物菹草生物学特性及对污染水体净化能力的研究．天津：南开大学.

沈佳，许文，石福臣．2008．菹草石芽大小和贮藏温度对萌发及幼苗生长的影响．植物研究，28（4）：477-481.

宋海亮，吕锡武，李先宁，等．2004．水生植物滤床处理太湖入湖河水的工艺性能．东南大学学报（自然科学版），34（6）：810-813.

宋玉芝，王敏，赵巧华，等．2011．太湖沉水植物光补偿深度反演及影响因子分析．农业环境科学学报，30（10）：2099-2105.

苏文华，张光飞，张云孙，等．2004．5种沉水植物的光合特征．水生生物学报．（4）391-395.

汤春宇．2019．基于流水状态植被恢复技术的河道生态修复研究．上海：上海海洋大学.

汤春宇，谭梦，石雨鑫，等．2018．挂壁式种植技术在硬直驳岸河道生态修复中的应用——以苏州城区河道为例．环境工程，36（11）：13-17.

屠清瑛，章永泰，杨贤智．2004．北京什刹海生态修复试验工程．湖泊科学，16（1）：61-67.

王航海，胡靖华，黄燕燕，等．2019-11-1．一种城市河道的生态修复方法．CN201410127782.5.

王华，逄勇，刘申宝，等．2008．沉水植物生长影响因子研究进展．生态学报，28（8）：3958-3968.

王锦旗，郑有飞，王国祥．2013．玄武湖菹草种群的发生原因及人工收割对水环境的影响．水生生物学报，37（2）：300-305.

王青，潘继征，吴晓东，等．2018．太湖流域湖荡湿地有色溶解有机物特征分布与来源解析．江苏农业科学，46（21）：279-285.

王珊，张克峰，李梅，等．2013．饮用水处理系统中摇蚊幼虫的污染及防治技术研究．供水技术，7（1）：22-26.

王韶华，赵德锋，廖日红．2006．关于北京后海水体光照强度及沉水植物光补偿深度的研究．水处理技术，32（6）：31-33.

王书航，姜霞，王雯雯，等．2014-5-7．一种确定目标水域沉水植物恢复区域的方法．CN103778319A.

王韬. 2019. 沉水植物菹草生长与繁殖对全球不同升温情景模式及富营养化的响应特征研究. 武汉：华中农业大学.

王晓菲. 2012. 水生动物对富营养化水体的联合修复研究. 重庆：重庆大学.

王兴民. 2006. 沉水植物生态恢复机理的探索研究. 保定：河北农业大学.

王阳阳, 霍元子, 曲宪成, 等. 2011. 贡湖水源地水体营养状态评价及富营养化防治对策. 水生态学杂志, 32 (2): 75-81.

吴亚林. 2018. 滇池水体和沉积物氮磷组成及沉积特征研究. 南京：南京师范大学.

夏朴成. 2007. 田螺人工养殖关键技术. 农家科技, (9): 28.

谢贻发. 2008. 沉水植物与富营养湖泊水体、沉积物营养盐的相互作用研究. 广州：暨南大学.

徐健. 2018. 鄱阳湖 DOC 和 CDOM 的特性、时空分布及其遥感监测. 南昌：江西师范大学.

薛培英, 赵全利, 王亚琼, 等. 2018. 白洋淀沉积物–沉水植物–水系统重金属污染分布特征. 湖泊科学, 30 (6): 1525-1536.

杨明生. 2009. 武汉市南湖大型底栖动物群落结构与生态功能的研究. 武汉：华中农业大学.

叶勇, 翁劲, 卢昌义, 等. 2006. 红树林生物多样性恢复. 生态学报, 26 (4): 1243-1250.

殷子瑶, 江涛, 杨广普, 等. 2020. 1986—2017 年胶州湾水体透明度时空变化及影响因素研究. 海洋科学, 44 (4): 21-32.

雍艳丽. 2010. 长春新立城水库浮游藻类特征及磷、碱性磷酸酶活性的关系. 长春：东北师范大学.

游灏. 2006. 五种沉水植物对富营养化水体的生态适应性研究. 南京：南京农业大学.

于露, 张磊, 柴丽娜. 2020. 沿海滩涂围垦区生态整治与修复方法研究——以东台市弶港镇为例. 环境科学与管理, 45 (1): 147-151.

余俊清, 安芷生, 王小燕, 等. 2001. 湖泊沉积有机碳同位素与环境变化的研究进展. 湖泊科学, 13 (1): 72-78.

袁小楠, 梁振林, 吕振波, 等. 2017. 威海近岸人工鱼礁布设对生物资源恢复效果. 海洋学报, 39 (10): 54-64.

张晨, 陈孝军, 王立义, 等. 2011. 于桥水库菹草过度生长对水质的影响及成因分析. 天津大学学报, 44 (1): 1-6.

张佳华, 孔昭宸, 杜乃秋. 1998. 烧失量数值波动对北京地区过去气候和环境的特征响应. 生态学报, (4): 343-347.

张敏, 宫兆宁, 赵文吉, 等. 2016. 近 30 年来白洋淀湿地景观格局变化及其驱动机制. 生态学报, 36 (15): 4780-4791.

张木兰. 2008. 改性当地土壤除藻—沉水植物生态恢复复合技术研究. 北京：中国科学院生态环境研究中心.

张修峰. 2013. 浅水湖泊底栖藻类—浮游藻类竞争及相关底栖—水层耦合作用. 上海：华东师范大学.

张豫等. 2016-6- 27. 基于底栖动物–藻类–水生植物–鱼类的河流水生态环境自我修复方法. CN201511022403. 7.

张运林, 秦伯强, 陈伟民, 等. 2003. 太湖水体透明度的分析、变化及相关分析. 海洋湖沼通报, (2): 30-36.

张运林, 秦伯强, 朱广伟, 等. 2005, 长江中下游浅水湖泊沉积物再悬浮对水下光场的影响研究——以龙感湖和太湖为例. 中国科学（D 辑：地球科学）, 35 (S2): 101-110.

郑润生, 许山. 2015-7-29. 一种景观水环境的生态修复与净化方法. CN201510230902. 9.

钟非, 刘保元, 贺锋, 等. 2007. 水生态修复对莲花湖底栖动物群落的影响. 应用与环境生物学报, 13 (1): 55-60.

周红，任久长，蔡晓明．1997．沉水植物昼夜光补偿点及其测定．环境科学学报，17（2）：256-258.

周茂飞．2017．氧化剂联合生物促生剂与沉水植物修复黑臭河道底泥研究．南京：南京信息工程大学．

周志芳．1992．中华米虾生态及海水驯化的研究．沈阳大学学报，4（3）：70-74.

朱丹婷．2011．光照强度、温度和总氮浓度对三种沉水植物生长的影响．杭州：浙江师范大学．

朱光敏．2009．水体浊度和低光条件对沉水植物生长的影响．南京：南京林业大学．

朱亮，苗伟红，严莹．2005．河流湖泊水体生物–生态修复技术述评．河海大学学报（自然科学版），35（1）：59-62.

邹丽莎，聂泽宇，姚笑颜，等．2013．富营养化水体中光照对沉水植物的影响研究进展．应用生态学报，24（7）：2073-2080.

左军．2019．城市河湖生态治理工程措施的应用研究．河南建材，（4）：96-98.

Cao T, Ni L Y, Xie P, et al. 2011. Effects of moderate ammonium enrichment on three submersed macrophytes under contrasting light availability. Freshwater Biology, 56（8）：1620-1629.

Frisk M G, Miller T J, Latour R J, et al. 2011. Assessing biomass gains from marsh restoration in Delaware Bay using Ecopath with Ecosim. Ecological Modelling, 222（1）：190-200.

Klimaszyk P, Borowiak D, Piotrowicz R, et al. 2020. The Effect of Human Impact on the Water Quality and Biocoenoses of the Soft Water Lake with Isoetids: Lake Jeleń, NW Poland. Water, 12：945.

Rybicki N B, Carter V. 1998. Light and temperature effects on irradiance in water column. Aquatic Botany, （61）：181-205.

Szoszkiewicz K, Ferreira T, Korte T, et al. 2006. European river plant communities: The importance of organic pollution and the usefulness of existing macrophyte metrics. Hydrobiologia, 566（1）：211-234.

Vadeboncoeur Y, Peterson G, Zanden M J V, et al. 2008. Benthic algal production across lake size gradients: Interactions among morphometry, nutrients and light. Ecology, 89（9）：2542-2552.

Van T K, Haller W T, Bowes G. 1976, Comparison of the photosynthetic characteristics of three submersed aquatic plants. Plant Physiology, 58（6）：761-768.

Wang Y J, Li H B, Xing P, et al. 2017. Contrasting patterns of free-living bacterioplankton diversity in macrophyte-dominated versus phytoplankton blooming regimes in Dianchi Lake, a shallow lake in China. Chinese Journal of Oceanology and Limnology, 35（2）：336-349.

Winton M D D, Clayton J S, Champion P D. 2000. Seedling emergence from seed banks of 15 New Zealand lakes with contrasting vegetation histories. Aquatic Botany, 66（3）：181-194.

Xie D, Zhou H J, Zhu H, et al. 2015. Differences in the regeneration traits of Potamogeton crispus turions from macrophyte-and phytoplankton-dominated lakes. Scientific Reports, 5：12907.